长白母猪

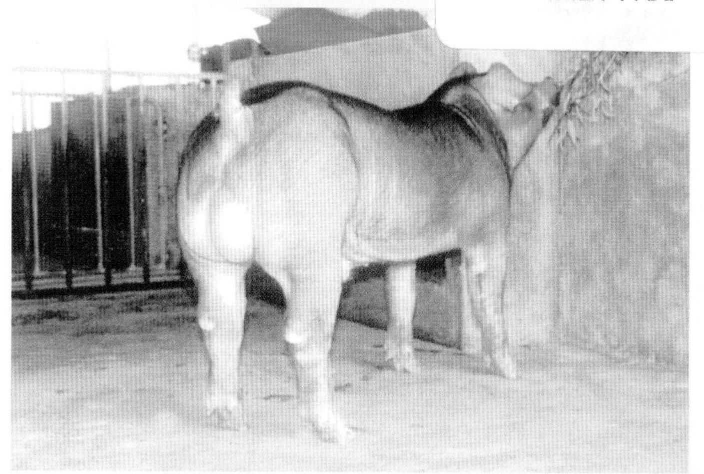

杜洛克公猪

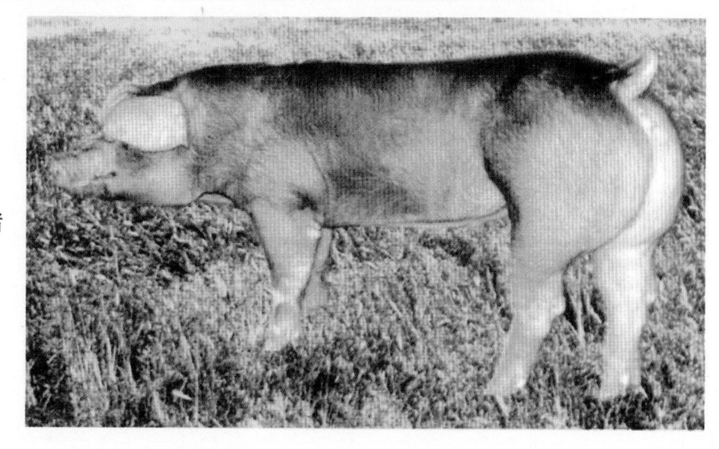

杜洛克母猪

汉普夏公猪

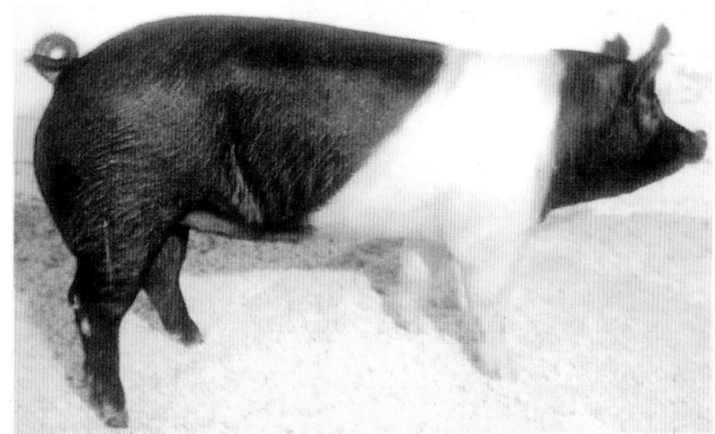

汉普夏母猪

皮特兰母猪

梅山猪母猪

大花白猪母猪
（周光宏供稿）

民猪公猪
（周光宏供稿）

内江公猪

新淮猪母猪

苏太猪公猪

分娩舍

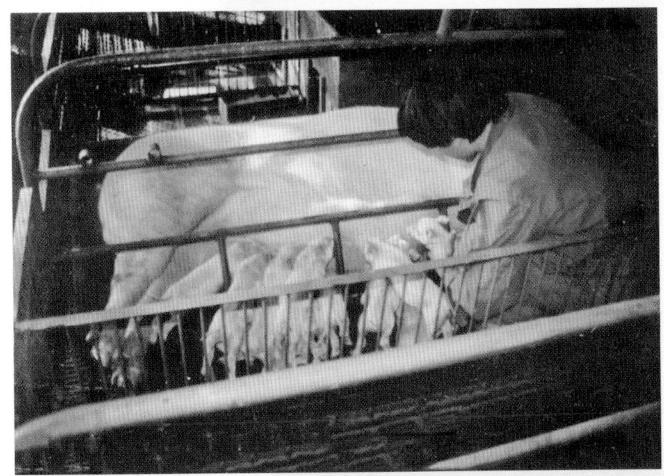
接产（天津市宁河原种猪场提供）

保育舍

塑料大棚双
列式猪舍

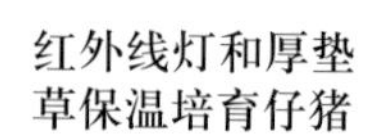

红外线灯和厚垫
草保温培育仔猪

塑料大棚
保育猪舍

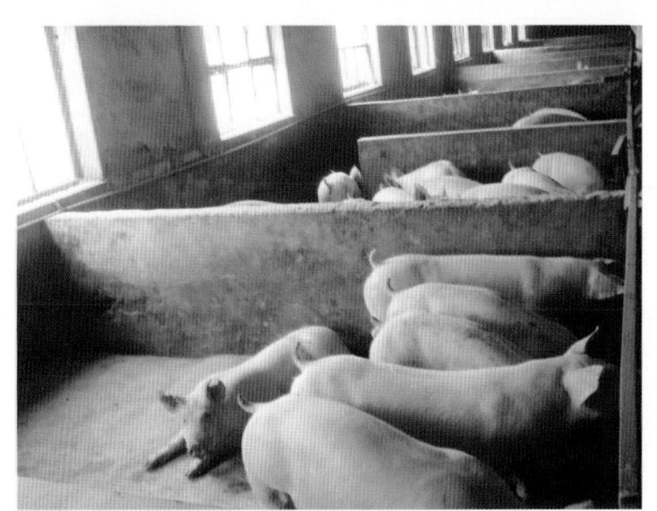

封闭式肥育猪舍

敞开式肥育猪舍

敞开式肥育猪舍

发酵床肥育猪舍

封闭式发酵床猪舍

塑料暖棚发酵床猪舍

# 科 学 养 猪

## （第3版）

编著者

苏振环　赵克斌　王立贤

郑友民　陈　隆

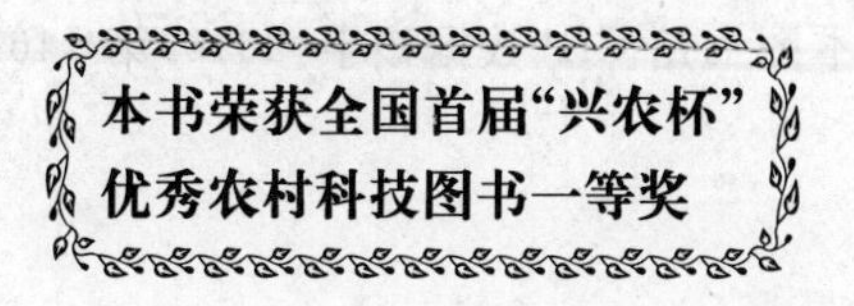

本书荣获全国首届“兴农杯”

优秀农村科技图书一等奖

金盾出版社

## 内 容 提 要

本书由中国农业科学院畜牧研究所专家编著。本书已重印37次，发行181万余册，深受读者的欢迎。根据当前养猪技术的发展，编著者在第3版中主要对猪的品种、猪的繁殖与杂交利用、猪的饲养管理和猪病预防措施等做了必要的修改和补充，增加了发酵床养猪和猪群健康管理等内容。本书比较系统全面地介绍了国内外养猪生产的先进技术和成功经验，内容贴近生产实际，科学实用，文字通俗简练。适合养猪户、猪场工作人员和农业院校师生阅读参考。

**图书在版编目(CIP)数据**

科学养猪/苏振环等编著．—3版．—北京：金盾出版社，2012.4(2019.1印重)
ISBN 978-7-5082-6533-9

Ⅰ.①科…　Ⅱ.①苏…　Ⅲ.①养猪学　Ⅳ.①S828

中国版本图书馆CIP数据核字(2010)第146229号

**金盾出版社出版、总发行**
北京市太平路5号(地铁万寿路站往南)
邮政编码:100036　电话:68214039　83219215
传真:68276683　网址:www.jdcbs.cn
北京天宇星印刷厂印刷、装订
各地新华书店经销
开本:850×1168 1/32　印张:9　彩页:8　字数:209千字
2019年1月第3版第43次印刷
印数:1846 001～1849 000册　定价:27.00元

# 目　录

# 第一章　农村养猪存在的主要问题及创新思路

我国是养猪大国，猪的存栏数和猪肉的产量都占世界第一位。近30年来，随着社会经济的发展，我国的养猪生产已从传统的分散养猪方式逐步转变为现代化的规模养猪方式。即由广大农民的庭院副业生产，逐步向养殖小区的标准化生产和大型猪场的专业化和工厂化生产转变。

近30年来，我国的养猪业虽然有了长足的发展，但与世界养猪发达国家相比，整体养猪水平还有很大的差距。由于我国地域广阔，养猪发展水平参差不齐，尤其是经济欠发达地区的农民养猪户，需要加快普及科学养猪知识速度，逐步过渡到标准化规模养殖，真正成为农民增收的支柱产业。

## 第一节　农村养猪存在的主要问题

### 一、目前农村养猪生产的几种方式

目前农村养猪生产方式大致可分为：一是饲养1～10头商品猪的农户和饲养50头以下商品猪的专业户养猪，这部分出栏商品猪的比例占全国40%左右；二是近年来发展较快的规模化养猪生产，年出栏50头以上商品猪的猪场越来越多，占全国出栏商品猪的50%～55%；三是有大型龙头企业组织，并控制有种猪生产繁殖体系的大型现代化养猪场，在全国养猪生产的发展中起了很重要的作用，占全国出栏商品猪的5%～10%。

当前，我国畜牧业正处于向现代畜牧业转型的关键时期，各种矛盾凸显：生产方式落后，规模化程度不高；饲料添加剂和兽药使用不规范，猪肉产品质量存在安全隐患；疫病防控形势依然严峻；生猪市场价格，依然1年一小波动，3年一大波动；低水平规模饲养带来的环境污染日趋加重。这些问题的存在，已不能适应全社会对畜产品有效供给和质量安全、公共卫生安全以及生态环境安全的要求。同时，也影响农户养猪的直接经济效益。

## 二、农村养猪生产存在的主要问题

**（一）猪的饲养管理技术落后**　养猪生产在不发达地区的大部分农户养猪还停留在粗放管理阶段。有的农户养猪仍沿用传统的饲养管理方法，这对现在的商品养猪生产和饲养瘦肉型猪种是完全不适用的。

1. *后备母猪膘情不好，不发情，配不上种*　母猪年产仔胎数少，不足2胎，主要是仔猪断奶过晚所致。目前，规模化、集约化养猪场一般为21～35天断奶，而有的农户却是60天或更长时间才给仔猪断奶。因此，也使得母猪泌乳时间过长，体重减轻过大，造成母猪断奶后不能正常发情配种，影响年产仔胎数。另外，由于哺乳时间长，母猪吃得多，造成饲料浪费。

2. *仔猪饲养管理粗放*　主要表现是仔猪补料时间晚、饲料质量差、营养含量不全等。有的农户在仔猪出生20日龄才开始给仔猪诱食补料，严重影响仔猪生长发育。由于仔猪补料晚，在母猪吃料时，仔猪舔食母猪饲料，母猪饲料的营养远比不上仔猪料，有的仔猪吃了母猪料引起消化不良，造成腹泻等疾病。有的农户即使给仔猪补料，其质量也差，过早地加入一些农副产物和劣质粗饲料，无法满足仔猪生长发育需要，不但影响仔猪快速生长，而且易使仔猪患病或成为僵猪。

3. *小猪断奶后，环境改变过大，造成多方面的应激*　小猪断奶后，食物来源由奶变成料，由母猪的抚育变成独立生活，由产房舒适的温度环境变为一般环境，再加上重新组群后互相争斗，以及断奶后的阉割等，都对小猪产生很大的应激，影响生长发育，甚至得病死亡。

4. 对于生长肥育猪生产，有的农户喜欢养大肥猪，过晚出栏，造成饲料浪费，在经济上很不合算 瘦肉型猪一般体重100千克左右出栏，最高以不超过130千克为宜，地方猪种的杂交猪，体重以最多不超过90千克或100千克为宜。

**(二)饲料单一，调制不当** 山区农户养猪，往往使用单一的饲料喂猪，或使用青绿多汁饲料喂猪。对于生长肥育猪和种猪多使用农产品的副产品喂猪，粗纤维含量较高，能量和蛋白质较少，不能满足这类猪对营养的需求。即使用较好质量的米糠喂猪，也不应超过猪日粮总量的50%；在使用青绿多汁饲料喂肥育猪和种猪时，也不要超过精饲料的1倍，最好按重量比为1∶1。对于哺乳仔猪和保育猪，不应喂给粗纤维含量过高的饲料，要喂给高能量、高蛋白质、适口性好的饲料。农村养猪户应尽量使用多种饲料喂猪。有条件的地区，可把饲料加工成配合饲料喂猪。养猪户也可购买饲料公司或饲料加工厂的全价饲料或浓缩饲料；如果购买浓缩饲料，按说明加入能量饲料即可。饲养标准的形成是经过多年、多批次试验研究的结果。按照饲养标准饲养猪，就能使猪正常生长发育、繁殖，减少疾病和死亡，取得好的经济效益。但目前在养猪欠发达地区的农户对饲养标准的认知甚少，更谈不上使用饲养标准，这种状况应尽快加以改变。

**(三)猪的品种混杂，杂交组合混乱，市场竞争能力差**

1. 对猪品种类型认识不清楚，对各种类型猪在生产中的主要作用认识不清 如什么是瘦肉型猪、什么是肉脂型猪等的概念不清。统统采用同一种饲养方法和营养水平，不能采用良种良法饲养。在生产商品猪过程中，没有采用最优杂交组合，对品种间的杂交认识不清，所用杂交的父、母本不清楚等。

2. 目前，我国广大农村所饲养的猪，大多数是以地方品种为主的杂交一代和二代猪　这些含有地方猪种血缘较多的猪生长速度慢，饲料利用效率低，出栏率低。造成此种情况的原因：①传统养猪观念的影响，认为地方猪好养，可以利用自家的农副产品；②养猪商品化的意识不强，商品肥育猪多是自销；③养猪不计成本，仍认为养猪是副业。

**（四）猪舍简陋，环境条件差**　农村很多养猪户根本不重视猪舍的建造，对猪生长和生产的环境根本不重视。因此，很多猪舍建造结构不合理、面积过小，过于简陋，冬季见不着阳光不保温，夏季闷热潮湿或雨季多积水；猪粪尿不及时清扫，蚊、蝇满天飞。不清洁的卫生条件，给细菌、病毒繁衍创造了条件，使传染病发生的概率增加。养猪户应把猪舍建在地势较高、远离道路、厕所和污水坑的位置，猪舍要面积适当，还应建造母猪分娩舍和仔猪保育舍。这类猪舍最好配备温度控制设备，或为哺乳仔猪和断奶小猪创造良好生活环境的小气候或小环境。

**（五）防疫意识淡薄，用药混乱**　农户养猪防疫意识淡薄主要表现在：①一般猪舍不设消毒设施，有的从养猪那天起，猪舍就未消过毒；②不重视猪病疫苗的防疫接种，有许多养猪农户对疾病认识不足，不知道注射什么疫苗，且没有渠道购买疫苗，使猪的防疫工作无法进行，使猪病频发；有的养猪户虽然给猪注射疫苗，但对疫苗的来源、保存、运输控制不严，或不按免疫程序为猪接种，致使达不到预期防疫效果；③对外购猪疫情控制不严，有的养猪户急于从外面购猪补栏，忽视了防止疾病传播；④猪生病后，养猪户不能对症下药治疗，而是在没有确诊的情况下，盲目滥用药品；有的用药量不足，或不连续用药，使病情得不到控制；有的用药量过大，提高成本；有的几种药同时使用，忽视了药物配伍禁忌，造成药效降低，不能起到治疗作用。

**（六）农村养猪还是以传统生产方式多，规模小，形不成商品效应**　在农村经济不发达地区或山区，农户养猪还相当普遍，但也正在向小规模专业户养猪过渡。猪的品种、饲料、饲养管理方法、防疫、猪舍建设和环境及猪的销售，都还是以传统方式为多。所以，形不成有效市场竞争力，商品效益很低，农民增收困难。

## 第二节　农村养猪的创新思路

要解决当前农村养猪存在的问题，应当尽快转变养猪观念，提倡应用科学饲养管理技术，适应市场经济发展规律，走标准化规模养殖之路，提高抗风险能力。

### 一、转变养猪观念

现今的养猪生产已不是过去的小农经济生产，而是在市场经济发展中的一种商品生产。过去“养鸡为换盐、养牛为耕田、养猪为肥田”的观念，已不适应现今商品经济社会的发展。那种养猪为攒钱，零钱变整钱和有啥喂啥的养猪方法，已不适应农业、农村和农民实现现代化发展目标的要求，也绝对不会使农民富起来。故养猪要以市场经济的发展为导向，适应市场的需求，以规模化带动标准化，以标准化提升规模化，努力实现“生产水平明显提高、养殖效益稳定增加、畜产品质量安全可靠、资源开发利用适度、生态环境友好和谐”的综合目标。

### 二、大力推行标准化生产

畜禽标准化生产，就是在场址布局、栏舍建设、生产设施配备、良种选择、投入品使用、卫生防疫、粪污处理等方面，严格执行法律法规和相关标准的规定，并按程序组织生产的过程。规模猪场要达到“六化”，即：种猪良种化，养殖设施化，生产规范化，防疫制度化，粪污处理无害化和监管常态化。要因地制宜，选用高产、优质、高效的良种猪种，品种来源清楚、检疫合格，实现畜禽品种良种化；养殖场选址布局应科学合理，符合防疫要求，畜禽圈舍、饲养与环境控制设备等生产设施设备，能满足标准化生产的需要，实现养殖设施化；落实畜禽养殖场备案制度，制定并实施科学规范的畜禽饲养管理规程，配制和使用安全高效饲料，严格遵守饲料、饲料添加剂和兽药使用有关规定，实现生产规范化；完善防疫设施，健全防疫制度，有效防止动物重大疫病发生，实现防疫制度化；畜禽粪污处理方法得当，设施齐全且运转正常，达到相关排放标准，实现粪污处理无害化或资源化利用；积极配合当地畜牧主管部门依照《畜牧法》、《饲料和饲料添加剂管理条例》、《兽药管理条例》等法律、法规，对饲料、饲料添加剂和兽药等投入品使用，畜禽养殖档案建立和畜禽标志使用实施有效监管，从源头上保障畜产品质量安全，实现监管常态化。

**（一）养猪联合体、养猪协会和养猪合作社** 这种组织是由农民养猪户自发组织形成的，行政给予协助，养猪户自愿参加，实行自我服务，有一定分工的群众养猪组织。在组织中有专职人员或兼职人员对联合体（协会）进行管理，联合体（协会）有自己的章程，有的还要求养猪户参加股份。联合体（协会）设一定的人员，分工管理猪的饲养、饲料生产，种猪、小猪、肥育猪的购销，兽医防疫体系的服务和各种信息技术服务等，形成上下结合、优势互补的养猪配套服务体系。这种组织的形成，多以一个自然村或乡、镇为单位，实行“五个统一”，即：统一管理资金借贷与回收，统一进行猪的品种改良，统一组织饲料供应，统一组织技术服务，统一组织生猪销售。

**（二）签约合同养猪** 这种组织是由与养猪生产有关的行政事业单位参与的半官方组织。一般由当地的食品公司、畜牧兽医服务单位与养猪户签订生猪购销协议。食品公司或畜牧兽医服务单位按合同收购养猪户的肥猪和 20～40 千克的壳郎猪，统一销售，为养猪户打通销售流通渠道。上述服务单位也可提供养猪和疫病防治技术，提供良种猪和饲料，组织养猪户进行人员技术培训。合同养猪组织的出现，使农村养猪户的饲养技术大为提高，同时使销售肥育猪或小猪的风险减少了，调动了农户养猪的积极性。合同养猪的牵头单位应具有一定的抗风险能力、推广养殖技术能力和销售能力。

**（三）“公司＋农户”养猪组织**　“公司＋农户”也称“龙头企业＋农户”养猪组织。这种养猪组织中的公司是养猪农户的坚强后盾。只有公司（或企业）市场经济力量雄厚，该组织才能顺利发展。这种组织能将分散的养猪户集中起来，越是在经济不发达地区越好组织，在继续发挥农户能动性的同时，创造一种联合力量，发挥整体养殖效益作用。把劳动力、资本和技术有效地组合在一起，建立分工协作关系，解决了个体养猪户无投资、无技术等问题，减轻了农户自己采购饲料、猪苗的风险与辛苦，尽可能缩短流通环节，减少成本费用开支。这种组织形式充分发挥了公司（企业）对养猪户的引导、组织、服务功能，把产品加工和产品的流通有机地结合起来，有利于发展规模生产力，有利于农业经济大规模和小生产的结合，既发挥了规模经济的优越性，又吸纳了家庭分散经营的优点。该组织的具体做法是：公司（或龙头企业）为个体养猪户提供良种猪苗、饲料、疫苗、兽药，并提供相应技术服务，回收肥猪进行销售或加工，在养猪户与市场的连接方面起到桥梁作用。对养猪户的管理可分为：申请入户，交付定金，发放猪苗和相应的生产资料，对养猪户进行技术指导和相关服务，统一回收肥猪及结算账目等 6 个环节。实践证明，农村分散的养猪户是很难与市场经济接轨的，只有走公司（企业）和养猪户联合的道路，才能经受住市场风险，取得好的养猪经济效益。

“公司（企业）＋农户”养猪形式，也存在不足，需要在实践中进一步摸索完善。该组织形式成败的关键是处理好公司(企业)和养猪户的关系。双方要互相依存,互相信任,在参与市场竞争过程中缺一不可,各自发挥自己的资源优势。在利益分配上要坚持平等互利,实现效益的合理分配。

目前,全国"公司+农户"组织较为成功的有:广东省温氏集团模式、河南省双汇集团模式、四川省铁骑力士集团模式、湖南新五丰模式等。他们操作的共同特点是:与养猪户建立合同饲养关系,公司按价负责提供小猪、饲料、技术服务,养猪户负责饲养肉猪,定时定猪体重,按合同价格收购肥猪。

## 三、转变猪病防治观念,严格执行卫生防疫制度

目前,农村养猪多重视猪病的防治,而不重视猪场的消毒和防疫。对猪传染病发生的3个主要环节,即发生猪病的传染源、传播途径和易感体不能综合考虑,只重视易感体,忽略猪发病必有的传染源和传染途径。不要等猪发了病再去治疗,而应该考虑怎么让猪不得病。因此,要改变养猪观念,树立养重于防、防重于治的观念。杜绝传染源,切断传染途径,饲养好被称为易感动物的猪。为了预防猪传染病的暴发,应采取以下措施。

第一,加强猪的抗病育种工作,培育抗病的猪新品种。有条件的猪场可以实行猪群的净化工作,逐步淘汰带病的猪群,建立健康的猪群。

第二,减少猪群的大规模流动,尽量少从外地引猪。非引猪不可的,应加强被引猪的检疫检验工作,不引带菌、带毒的猪。猪引进后一定要按规程进行隔离观察。

第三,做好猪场和猪的消毒工作,定期对猪场进行消毒,严格实行空舍和带猪消毒制度。加强出入猪场人员和车辆的消毒管理。将疫病的防治工作前移,防疫费用前移,也就是说将更多的资金购买消毒药和防疫疫苗,而不是购买治病的药物。

第四，实行全进全出的饲养制度，防止猪病的交叉感染，便于猪舍的空舍消毒。

第五，结合当地猪传染病发生情况和猪场的实际情况，建立自己猪场的防疫制度和免疫程序。

第六，加强环境卫生管理，及时处理猪场的粪尿，防止猪场污染。同时，在猪场的内外种植树木、花草，美化、绿化猪场的环境。

## 四、突出抓好养猪场粪污的无害化处理

近年来，我国畜牧业发展对生态环境的影响日益显现。2007年畜禽粪污化学需氧量(COD)排放量达到1 268.3万吨，占全国COD总排放量的41.9%。养猪场(户)要正确处理好发展和环境保护的关系。要结合本地情况，对猪场实施干清粪、雨污分流改造，从源头上减少污水产生量。具备粪污消纳能力的养猪场，按照生态农业理念统一筹划，以综合利用为主，推广种养结合生态模式，实现粪污资源化利用，发展循环农业；也可规划建设畜禽粪便处理中心(厂)，生产有机肥料，变废为宝。在抓好粪污治理的同时，要按有关规定做好病死猪的无害化处理。

# 第二章　猪的品种和品系

## 第一节　品种和品系的概念与分类

### 一、猪品种和品系的概念

科学养猪离不开猪的优良品种或品系。养猪和种庄稼一样，只有种子好，才能获得好的收成。只有培育出猪的优良品种或品系，才能使猪生长快，产仔多，省饲料，获得最大经济效益。近20年我国养猪生产发生了很大变化。养猪生产正从传统的生产方式逐步向现代化养猪生产方式转变，传统的一家一户的农村养猪方式正向标准化、规模化和专业化养猪方式转变。猪的品种选育也逐步被猪的品系选育所替代。尤其是从国外引进的优良瘦肉猪品种，更具专门化品系的特征。因此，有必要对猪的品种、品系和专门化品系概念做进一步说明。

**(一)猪品种概念**　猪的品种是人类为了生产上和生活上的需求，在一定的社会条件和自然条件下，通过选种选配而培育出来的。品种必须具备：①来源相同，也就是在血缘上是基本相同的，其遗传基础也非常相似；②适应性相似，也就是对自然地理条件、气候等有良好的适应性；③经济性状相似，也就是体型结构、生理功能和主要生产经济性状相似；④遗传性稳定，也就是能把优良性状稳定地遗传给后代；⑤品种应具有一定结构，也就是在品种内要有各具特点的类群；⑥具有足够的数量，也就是品种必须具有相当大的群体。1959 年我国规定：猪的品种应具有 10 万头以上的群体；到了 20 世纪 80 年代，改为应具有 2 000 头以上的基础母猪和相应的公猪。

**(二)猪品系概念**　猪的品系是指具有一些突出优点，并能将这些优点稳定地遗传下去的一定的群体。品系应具有：①突出的优点和独特的经济性状，这些优点和经济性状能与其他品系相区别；②相对稳定的遗传特性，系内个体间具有一定程度的亲缘关系，而且遗传优势明显，在杂交时能产生一定的杂种优势；③具有一定数量的种用群体，使其在进行自群繁育时能够稳定保持其突出的优点。

**(三)猪专门化品系概念**　猪的专门化品系是具有一个或几个特别突出的优良经济性状，有特定作用与特定品系配套杂交生产优质杂种猪的特点。在某种意义上，其具备的突出优点比品系要少，但比品系更优良。猪的专门化品系分为用作父本品系和母本品系两种，父本品系一般具备生长速度快，饲料利用率高，胴体品质好等特点；母本品系一般具备一定的生长速度和较好的胴体品质，应突出繁殖性状、温驯的母性和较好的适应性状。

## 二、猪品种和品系的分类

我国是世界养猪大国，猪种资源极其丰富，猪的品种和类群较多。根据来源可划分为地方品种，培育品种和引进品种三大类；根据猪胴体瘦肉含量，又可分为脂肪型(或脂肉型)品种、肉脂型品种和瘦肉型(或称腌肉型、肉用型)品种。地方猪品种多数属于脂肪型品种，培育猪种多数属于肉脂型(最近几年培育的猪种有些达到瘦肉型猪种指标)。近20年引进的猪种全部为瘦肉型猪种，近些年引进的瘦肉型猪多属品系群或专门化品系群。

地方品种猪的主要优点是：繁殖力高，产仔多，母性好，抗逆性和适应性强；肉的品质好。主要缺点是：生长速度慢，胴体瘦肉含量低，体型较小，产肉量少。可用作杂交配套系的原始母系。

引进猪种的主要优点是：体型较大，产肉量较多，生长速度快，胴体瘦肉含量高。培育品种弥补了地方猪种和引进品种猪的缺点，继承了二者的优点。表现为生长速度加快了，肉产量增加了，繁殖性能较高，肉质较好等特点。一般可用作杂交配套系的父系。

## 第二节　猪的品种

### 一、主要引进品种

#### (一)大白猪

1. *产地和特点*　大白猪原产于英国，是世界上著名的瘦肉型猪品种(系)，现已分布全世界。近10多年我国引进的大白猪在生长速度、饲料利用效率、瘦肉产量等生产性能方面，比10多年前引进的有了很大提高。目前，我国已引进的大白猪有英国系、法国系、美国系、瑞典系和比利时系等，但以英系大白猪分布较多。

2. *体型外貌*　大白猪体型较大且匀称，全身被毛白色，四肢健壮，腿臀肌肉发达，鼻和耳型由于品系不同而稍有不同，多数品系猪的鼻为直型，少数为稍上翘，耳型在直立的基础上，有的品系猪为耳直立前倾，有的直立稍后倾，有的耳郭向前，有的耳郭向侧等。大白猪多数四肢较高，但也有的品系稍矮。成年公猪体重250～400千克，成年母猪体重230～350千克。

3. *生长肥育性能*　大白猪生长发育快，饲料利用效率高，屠宰后胴体瘦肉含量高。目前，我国大白猪的生产性能和胴体性状，随引进时间的先后和品系群的不同而不同。20世纪90年代后和21世纪初引进的大白猪，要比20世纪90年代前引进的在生长肥育性能等方面有新的提高。其生长速度、饲料利用效率、胴体瘦肉含量等都有所提高。一般5月龄左右体重可达100千克，从体重30千克至100千克阶段的日增重可达800～900克，高的可达1 000克左右，每千克增重消耗配合饲料2.5～2.8千克，好的可达

2.2～2.5 千克，体重 100 千克时屠宰，胴体瘦肉率为 65%左右，高的可达 66%～68%。

4. 繁殖性能　大白猪性成熟较晚，一般 5 月龄后出现第一次发情，发情周期 18～22 天，发情持续期为 3～4 天。一般体重 110～120 千克开始配种。初产母猪窝产仔数 9～10 头，经产母猪窝产仔数 10～12 头。

5. 杂交利用　在我国农村养猪生产中，大白猪一般做父本杂交改良地方猪种；在大规模养猪场，大白猪多做第一父本或母本生产商品猪。用我国地方猪种做母本，用大白猪作父本，进行两品种杂交，可有效地提高商品猪的生长速度和瘦肉含量，日增重一般可达 500～600 克，胴体瘦肉率为 48%～52%；用大白猪做第二父本，用长白猪与我国地方猪种杂交的杂种做母本，其商品猪的胴体瘦肉率为 56%～58%；用大白猪做父本，与我国培育的肉脂型品种猪杂交，其商品猪胴体瘦肉率为 58%～62%；如果用大白猪做父本，用长白猪做母本，生产的杂种猪做母本，再用杜洛克公猪或皮特兰公猪配种，其洋三元杂种商品猪的胴体瘦肉率在 65%以上。

(二)长白猪

1. 产地和特点　长白猪原产于丹麦，是世界上著名的瘦肉型猪种之一。近十年引进的长白猪多属于品系群，体型外貌不完全相同，但生长速度、饲料利用效率、胴体瘦肉含量等性能都有所提高。目前，我国引进的长白猪多为丹麦系、瑞典系、荷兰系、比利时系、法国系、德国系、挪威系、加拿大系和美国系，但以丹麦系或新丹麦系长白猪分布最广。

2. 体型外貌　长白猪全身被毛为白色，体长，故称长白猪。由于近些年引进的长白猪多为品系群，体型外貌不完全一致，头小清秀、耳向前平伸、体躯前窄后宽呈流线型的品种特征已不多见。有的长白猪的耳型较大，虽也前倾平伸，但略下耷；有的长白猪体躯前后一样宽，流线型已不明显；有的四肢很粗壮，不像以前长白猪四肢较纤细。成年公猪体重 250～400 千克，成年母猪体重 200～350 千克。

3. 生长肥育性能　在营养和环境适合的条件下，长白猪生长发育较快。一般 5～6 月龄体重可达 100 千克，肥育期日增重可达 800 千克左右，每千克增重消耗配合饲料 2.5～3.0 千克。国内测定最好的生产性能是：5 月龄体重可达 100 千克，肥育期日增重为 900 克以上，每千克增重消耗配合饲料 2.3～2.7 千克。体重 100 千克时屠宰，胴体瘦肉率为 65%～67%。

4. 繁殖性能　由于长白猪产地来源不一样，其繁殖性能也不完全一样。一般母猪 7～8 月龄、体重达 110～120 千克时开始配种。初产母猪窝产仔数一般为 9～11 头，经产母猪窝产仔数为 11～13 头。

5. 杂交利用　在农村长白猪多做父本与地方猪种进行杂交，其杂种在饲料营养和适宜的条件下，肥育期日增重可达 600 克以上；体重 90 千克时屠宰，胴体瘦肉率可达 47%～54%。长白猪与我国培育猪种杂交，其商品猪肥育期日增重可达 700 克左右，胴体瘦肉率可达 52%～58%。长白猪与大白猪或杜洛克猪杂交，其商品猪肥育期日增重可达 800 克以上，胴体瘦肉率可达 64%以上。

（三）杜洛克猪

1. 产地和特点　杜洛克猪原产于美国东北部的新泽西州等地，因其被毛呈红色，故又称红毛猪。我国最早从美国、匈牙利和日本引入。由于杜洛克猪生长快、胴体瘦肉率高，一般在杂交利用中做终端父本。目前，我国杜洛克猪主要来源于匈牙利、美国、加拿大、丹麦和我国的台湾省，以我国台湾省和美国的杜洛克猪分布较多。

2. 体型外貌　杜洛克猪全身被毛呈砖红色或棕红色，色泽深浅不一。两耳中等大，略向前倾，耳尖下垂。头角清秀，嘴较短且直。背腰在生长期呈平直状态，成年后有的呈弓形。四肢粗壮结实，蹄呈黑色。成年公猪体重 300～400 千克，成年母猪体重 250～350 千克。

3. 生长肥育性能　在饲料营养、管理和环境适宜的条件下，杜洛克猪 5～6 月龄体重可达 100 千克，肥育期日增重可达 800 克左右，每千克增重消耗配合饲料 2.4～2.9 千克；有的种猪场测定的最好性能为日增重 850 克以上，每千克增重消耗配合饲料 2.3～2.7 千克。体重 100 千克时屠宰，胴体瘦肉率可达 65％，高的可达 68％。

4. 繁殖性能　杜洛克猪繁殖性能不如大白猪和长白猪。公猪开始繁殖适宜使用年龄为 9～10 月龄，体重 120～130 千克；母猪适宜的初配年龄为 8 月龄以上，体重 100～110 千克。初产母猪窝产仔数为 9 头左右，经产母猪窝产仔数为 10.5 头左右，但有的猪场其经产母猪窝产仔数可达 11 头以上。

5. 杂交利用　由于杜洛克猪生长速度快，胴体瘦肉率高，一般在杂交中做父本。在大型养猪场杜洛克猪多做终端父本。用杜洛克公猪配大长母猪（大白猪配长白猪的杂种）或长大母猪（长白猪配大白猪的杂种）生产商品猪。用杜洛克公猪与我国地方猪种进行两品种杂交，其一代杂种猪的日增重可达 500～700 克，胴体瘦肉率为 50％以上；用杜洛克公猪与培育猪种或瘦肉型猪品种或品系杂交，其杂种猪的日增重可达 600～800 克，胴体瘦肉率可达 56％～64％。

（四）皮特兰猪

1. 产地和特点　皮特兰猪原产于比利时布拉邦特省的皮特兰地区。是由法国的贝叶杂交猪与英国的巴克夏猪进行回交，然后再与英国大约克夏猪杂交育成的。主要特点是瘦肉率高，后躯和双肩肌肉丰满。

2. 体型外貌　毛色灰白色并带有不规则的深黑色斑点，有的出现少量棕色毛。头部清秀，颜面平直，体躯宽短，双脊间有一条深沟，后躯丰满肌肉发达。两耳向前倾平伸稍向下斜。成年公猪体重 200～300 千克，成年母猪体重 180～250 千克。

3. 生长肥育性能　在较好的饲料营养和适宜的环境条件下，肥育期日增重为 700～800 克，每千克增重消耗配合饲料 2.5～2.8 千克。皮特兰猪采食量少，后期增重较慢，生长速度不如大白猪和长白猪。肉质较差，肌纤维较粗，灰白水样肉(PSE)的发生率较高，但胴体瘦肉率较高，最高可达 78%。

4. 繁殖性能　公猪达到性成熟后一般具有较强的性欲，母猪母性较好。据饲养皮特兰猪的种猪场测定数据表明，皮特兰猪的繁殖能力为中等，经产母猪一般窝产仔 10～11 头。母猪前期泌乳较好，中后期泌乳较差。

5. 杂交利用　杂交利用中皮特兰猪主要做父本或终端父本，可以显著提高杂交猪的瘦肉率和后躯丰满程度。但由于皮特兰猪的肉质较差，有条件的猪场在生产商品猪过程中，皮特兰猪与杜洛克猪的杂种一代可以做终端父本，这样既可提高商品猪的瘦肉率，又可减少灰白水样劣质肉(PSE)的出现。

### (五)汉普夏猪

1. 产地和特点　原产于美国肯塔基州，是美国分布最广的瘦肉型猪种之一。在我国汉普夏猪的数量不如长白猪、大白猪和杜洛克猪多。其主要特点是生长发育较快，抗逆性较强，饲料利用率较好，胴体瘦肉率较高，但繁殖性能不如长白猪和大白猪。

2. 体型外貌　头和身体的中后躯被毛为黑色，肩颈结合处有一白带，白带包括肩和前肢。头中等大，耳直立，体躯较长，背宽大略呈弓形，体型紧凑。成年公猪体重 300～400 千克，成年母猪为 250～350 千克。

3. 生长肥育性能　在饲料营养和管理环境较好的条件下，肥育期日增重可达 800 克以上，每千克增重消耗配合饲料 2.8 千克左右。体重 90 千克时屠宰，胴体瘦肉率可达 64%左右。

4. 繁殖性能　性成熟较晚，母猪一般在 7～8 月龄、体重 90～110 千克时开始发情和配种，发情期 19～22 天，发情持续期 2～3 天。初产母猪窝产仔数 8 头左右，经产母猪窝产仔 10 头左右。

5. 杂交利用　汉普夏猪在杂交利用中，一般做父本。用汉普夏公猪与长太（长白公猪配太湖母猪）杂种母猪杂交，其三品种杂交猪在肥育期日增重 700 克左右，胴体瘦肉率可达 56%左右。

**（六）斯格猪**

1. 产地和特点　原产于比利时。过去我国引有少量斯格猪，1999 年河北省安平县引进了由 23，33 两个父系和 15，12，36 三个母系组成的 5 系配套猪。其主要特点：父系生长快，饲料利用效率好，胴体瘦肉率较高；母系发情明显、泌乳力强。

2. 体型外貌　全身被毛白色，鼻直，腿臀肌肉发达，背腰较长宽。父系猪耳直立、稍向前倾；母系猪的 12 系耳向前伸，36 系和 15 系耳直立，稍前倾。

3. 生长肥育性能　生长发育较快，5～6 月龄体重可达 100 千克，父系猪肥育期日增重为 800 克以上，每千克增重消耗饲料 2.6 千克左右，胴体瘦肉率为 65%～67%。母系猪的日增重、饲料利用效率和胴体瘦肉率低于父系。

4. 繁殖性能　祖代母系猪的经产母猪窝产仔数一般 11～13 头，父母代猪经产母猪窝产仔数一般 11.8～12.8 头，每头母猪平均年育成断奶仔猪 23～25 头。母系猪的母性好，泌乳力较强，繁殖力较高。

5. 杂交利用　斯格猪一般是父母系杂交配套生产商品猪，其商品猪生长快，肥育期日增重 800 克左右，每千克增重消耗饲料 2.2～2.8 千克。胴体肉质品质好，屠宰率已增加至 75%～78%，胴体瘦肉率为 64%～66%。

## 二、主要培育猪种

### (一)湖北白猪

1. 产地和特点　湖北白猪是华中农业大学和湖北省农业科学院利用大白猪、长白猪、荣昌猪与本地通城猪、监利猪杂交培育而成的瘦肉型猪种。该品种于1986年通过湖北省新品种鉴定。主要特点:胴体瘦肉率较高,肉质品质好,繁殖性能优良,能耐受长江中下游地区夏季高温、冬季湿冷的气候条件。

2. 体型外貌　全身被毛白色,头稍轻直长,两耳前倾稍下垂,背腰平直,腿臀肌肉较丰满,肢蹄结实。成年公猪体重250～300千克,成年母猪体重200～250千克。

3. 生长肥育性能与胴体性状　在良好的饲养条件下,6月龄体重可达90千克。在每千克日粮含消化能12.56～12.98兆焦、粗蛋白质含量为14%～16%的营养水平下,体重20～90千克阶段,日增重600～650克,每千克增重消耗配合饲料3～3.5千克。体重90千克时屠宰,屠宰率75%,眼肌面积30～40平方厘米,腿臀比例30%～33%,胴体瘦肉率58%～62%。

4. 繁殖性能　小母猪初情期在3～4月龄,性成熟期4～4.5月龄,适宜配种年龄是7.5～8月龄。母猪发情周期为20天左右,发情持续期3～5天。初产母猪窝产仔数9.5～10.5头,3胎以上经产母猪窝产仔数12头以上。

5. 杂交利用　湖北白猪在杂交生产商品猪时,多做母本,或做第一父本。用杜洛克猪、大白猪和长白猪做父本,分别与湖北白猪进行杂交,其一代杂种猪体重20～90千克阶段,日增重分别为611克、596克和546克,每千克增重消耗配合饲料分别为3.4千克、3.48千克和3.42千克,胴体瘦肉率分别为64%,62%和61%。杂交效果以杜×湖一代杂种为最好。

### (二)三江白猪

1. 产地和特点 产于东北三江平原,是东北农学院(现东北农业大学)和黑龙江省红兴隆农场管理局等单位,利用长白猪和东北民猪杂交培育而成的我国第一个瘦肉型猪品种。1983年通过省品种审定。主要特点:具有较快的生长速度,抗寒性强,胴体瘦肉多且肉质品质良好等优点。

2. 体型外貌 全身被毛白色,毛丛稍密,头轻嘴直,耳下垂或稍前倾。背腰宽平,腿臀肌肉较丰满,肢蹄结实。具有肉用型猪的体躯结构。成年公猪体重250～300千克,成年母猪体重200～250千克。

3. 生长肥育性能与胴体性状 按三江白猪饲养标准饲养,6月龄肥育猪体重可达90千克,每千克增重消耗配合饲料3.5千克。体重90千克时屠宰,胴体瘦肉率近58%,眼肌面积为28～30平方厘米,腿臀比例为29%～30%。

4. 繁殖性能 三江白猪继承了东北民猪繁殖性能较高的优点,性成熟早,发情明显,配种受胎率高,母猪适宜配种年龄为8月龄左右,体重90千克以后。初产母猪平均窝产仔数10.17头,经产母猪窝产仔数在12头以上。

5. 杂交利用 三江白猪在育成的当时,多做杂交利用的父本,与当地猪杂交表现出好的配合力和杂种优势。目前,三江白猪多做杂交母本。用杜洛克公猪杂交,其杂种猪的日增重为650克以上,胴体瘦肉率62%以上,且肉质品质优良。

### (三)浙江中白猪

1. 产地和特点 浙江中白猪是浙江省农业科学院利用金华猪、长白猪和大白猪杂交培育的瘦肉型猪种。1980年通过省品种审定。主要特点:具有较高的繁殖力,对高温、高湿气候条件有较好适应能力。

2. 体型外貌 全身被毛白色,体型中等偏大,头颈轻细,面部平直或微凹，耳中等大，前倾或稍下垂，背腰平直，腿臀肌肉丰满。成年公猪体重200～250千克，成年母猪体重180～250千克。

3. 生长肥育性能与胴体性状　据测定，生长肥育期的日增重为550～680克，每千克增重消耗配合饲料3.1～3.3千克。体重90千克时屠宰，屠宰率为72%～73.9%，眼肌面积31～34平方厘米，胴体瘦肉率为57%～58%。

4. 繁殖性能　繁殖性能良好，母猪初情期5.5月龄左右，初产母猪平均窝产仔数9头以上，经产母猪平均窝产仔数12头以上。近年来，经过对繁殖性状的强化选择后，浙江中白猪的产仔数有了进一步的提高，核心群母猪窝产仔数达到13～14头。

5. 杂交利用　浙江中白猪在品种育成时，一般做杂交父本。近年来，由于浙江中白猪具有较高的繁殖性能，多做杂交母本。用杜洛克猪、长白猪和大白猪杂交，其二元杂种猪均具有较高的杂种优势率。与杜洛克猪杂交，其杂种一代猪170日龄左右体重达90千克，肥育期日增重700克以上，每千克增重消耗配合饲料3.2千克以下。肥育猪体重90千克时屠宰，胴体瘦肉率为62%左右。

(四)南昌白猪

1. 产地和特点　南昌白猪的中心产地是江西省南昌市及其近郊的新建、进贤、安义等县和抚州市的临川区。南昌白猪是用大白猪、滨湖黑猪、中约克夏猪和苏白猪多品种杂交培育而成。具有适应性强，瘦肉率较高，生长较快等特点，适于做商品猪生产的母本材料。

2. 体型外貌　被毛全白，耳较小直立，背长而平直，四肢坚实。有效乳头7对以上。

3. 生长肥育性能　6月龄平均体重95千克左右，体长108厘米左右。体重20～100千克阶段的日增重为650克左右，料重比为3.21∶1。体重96千克时屠宰，屠宰率为76%左右，胴体瘦肉率为58.59%。

4. 繁殖性能　初产母猪窝产仔数10.28头左右，窝产活仔数

8.84头，20日龄窝重为39.81千克。

5. 杂交利用　以南昌白猪为母本，杜洛克猪为父本进行两品种杂交，其杂种一代日增重697克左右，料重比为3.02∶1。与长白猪杂交，长×南杂种的日增重可达648克左右，料重比为3.18∶1，胴体瘦肉率为62.41％。

(五)军牧一号白猪

1. 产地和特点　军牧一号是由原解放军军需大学利用斯格猪与三江白猪杂交而育成。主要特点是生长快，饲料报酬高，瘦肉率较高。

2. 体型外貌　全身被毛白色，头中等大，嘴中等长且直，耳中等大小前倾；肩宽背平，臀部丰满突出，体格较大，四肢粗壮；乳头6～7对。

3. 生长肥育性能　170日龄体重达到90千克，肥育期日增重718克左右，料重比为3.02∶1，屠宰率为74％左右，眼肌面积为40平方厘米左右，胴体瘦肉率为62％左右。

4. 繁殖性能　初产母猪平均窝产仔数8～10头，经产母猪平均窝产仔数10～12头。

5. 杂交利用　以军牧一号为父本与民猪母猪杂交，体重37～79千克阶段，日增重525克，料重比为3.78∶1。

以军牧一号为母本，杜洛克猪为父本，杂种一代猪日增重659克，料重比3.21∶1，胴体瘦肉率为59.8％。

(六)苏太猪

1. 产地和特点　苏太猪是江苏省苏州市太湖猪育种中心利用杜洛克猪与高产太湖猪杂交培育而成。具有较强的适应性，产仔数多，肉质品质较好。在杂交生产商品猪中做母本。

2. 体型外貌　全身被毛黑色，耳中等大而垂向前下方，头面有清晰皱纹，嘴中等长而直，腹较小，后躯较丰满。

3. 生长肥育性能与胴体性状　苏太猪生长速度比地方猪种

快,170日龄体重可达85千克,肥育期日增重600克以上,每千克增重消耗配合饲料3.18千克左右,屠宰率为72.85%,胴体瘦肉率55.98%,背膘厚2.33厘米。

4. 繁殖性能　苏太猪150日龄左右性成熟,母猪发情明显。初产母猪平均窝产仔数11.68头,窝产活仔数平均10.84头;经产母猪平均窝产仔数14.45头,窝产活仔数13.26头。苏太猪基本保持了太湖猪高繁殖力的特点。

5. 杂交利用　苏太猪与大白猪或长白猪公猪杂交,生产商品猪都表现出较好的杂种优势。其杂种猪160日龄左右体重可达90千克,肥育期日增重650克左右,胴体瘦肉率为59%左右;每千克增重消耗配合饲料2.92千克左右。

### (七)北京黑猪

1. 产地和特点　原北京黑猪是由北京双桥农场、北京北郊农场用巴克夏猪、长白猪和河北定县猪,杂交培育而成,于1982年通过北京市品种鉴定。目前,北京黑猪只剩北郊系,又经多年纯种选育,生产和生长性能都有所提高。

北京黑猪体型较大,生长速度较快,母性较好,与长白猪、大白猪和杜洛克猪杂交效果较好。

2. 体型外貌　全身被毛黑色,外形清秀,两耳向前上方直立,面微凹,嘴直,四肢强健,腿臀较丰满。成年公猪体重约260千克,成年母猪体重约220千克。

3. 生长肥育性能与胴体性状　北京黑猪经过多年的保种和培育,生长性能及胴体瘦肉含量都有较大的提高。据近年测定数据,其生长肥育期日增重可达700克以上,每千克增重消耗配合饲料3.0千克左右。体重90千克时屠宰,瘦肉率达55%～57%,且肉质品质优良。

4. 繁殖性能　北京黑猪7.5月龄体重达到100千克时开始配种。初产母猪窝产仔数9～10头,经产母猪窝产仔数11.5头,产活仔数10头左右。据测定,母猪可年产2.2胎,提供10周龄小猪22头。

5. 杂交利用　北京黑猪在杂交过程中适宜做母系。与长白猪、大白猪和杜洛克猪杂交,都表现出较好的配合力。在生长速度和瘦肉产量方面都表现出较好的杂种优势。

(八)上海白猪(农系)

1. 产地和特点　上海白猪培育于上海地区,主要由约克夏猪、苏白猪和太湖猪杂交培育而成。主要特点是肉质品质优良,繁殖力较高,生长较快,适宜做杂交母本。

2. 体型外貌　全身被毛白色,体型中等,体质结实,紧凑,头面平直或微凹,耳中等大小略向前倾。背宽,腹稍大。成年公猪体重250千克左右,成年母猪体重170千克左右。

3. 生长肥育性能与胴体性状　上海白猪在体重20～90千克的肥育期,日增重为600克左右,每千克增重消耗配合饲料3.5千克左右。体重90千克时屠宰,平均屠宰率为70%,眼肌面积为26平方厘米,腿臀比例占27%,胴体瘦肉率为52%～53%。

4. 繁殖性能　核心群初产母猪窝产仔数10头以上,经产母猪窝产仔数12头以上。公、母猪多在8～9月龄、体重100千克左右开始配种。

5. 杂交利用　目前,上海白猪多做杂交的母本,与杜洛克猪和大约克夏猪杂交,其三元杂种猪肥育期日增重可达700克以上。用杜洛克猪、长白猪与上海白猪杂交,其三元杂种猪"杜长上",肥育期日增重可达750克以上。体重90千克时屠宰,胴体瘦肉率为60%以上。

## 三、主要地方猪种

(一)民　猪

1. 产地和特点　民猪原产于东北和华北北部部分地区。主要特点:具有较强的抗寒能力,体质健壮,产仔较多,脂肪沉积能力强,肉质品质较好。适于粗放管理等。

2. 体型外貌　全身被毛黑色,毛密而长,绒毛较多,猪鬃较多。体躯扁平,背腰狭窄,臀部倾斜,四肢较粗壮。耳大下垂。

3. 生长肥育性能与胴体性状　民猪在肥育期的日增重为450克左右。体重90千克时屠宰,胴体瘦肉率为45%左右。民猪胴体瘦肉率在我国地方猪种中是较高的,只是随体重增加,脂肪沉积增加,瘦肉率才下降。

4. 繁殖性能　民猪性成熟较早,母猪4月龄左右出现初情,发情明显。初产母猪窝产仔数11头左右,3胎及3胎以上母猪窝产仔数13头左右。

5. 杂交利用　以民猪做母本产生的两品种一代杂种母猪,再与第三品种公猪杂交所得三品种杂交后代,其肥育期日增重比二品种杂交猪高。

(二)内江猪

1. 产地和特点　内江猪产于四川省的内江地区。现有种猪12万头以上,主要分布于内江、资中、简阳等市、县。内江猪对外界刺激反应迟钝,对逆境有良好的适应性。在我国炎热的南方和寒冷的北方都能正常繁殖生长。

2. 体型外貌　体型较大,体质疏松。头大嘴短,额面横纹深陷成沟,额皮中部隆起成块。耳中等大、下垂。体躯宽深,背腰微凹,腹大,四肢较粗壮。皮厚,全身被毛黑色,鬃毛粗长。根据头型可分为"狮子头"、"二方头"和"毫杆嘴"3种类型。成年公猪体重约169千克,母猪体重约155千克。

3. 生长肥育性能　在农村较低营养水平饲养条件下,内江猪体重10～80千克阶段,饲养期309天,日增重226克,屠宰率为68%,瘦肉率为47%。在中等营养水平下限量饲养,体重13～91千克阶段,饲养期为193天,日增重404克,每千克增重消耗配合饲料、青料和粗料分别为3.51千克、4.93千克和0.07千克。体重90千克屠宰，屠宰率为67%，胴体瘦肉率为37%。

4. 繁殖性能 小公猪54日龄时出现性行为，62日龄时在睾丸和附睾中出现成熟精子。公猪一般5～8月龄初次配种。母猪平均113日龄初次发情，6～8月龄初次配种。母猪发情周期平均21天，持续期3～6天。初产母猪平均窝产仔数9.5头，3胎及3胎以上母猪平均窝产仔数10.5头。

5. 杂交利用 内江猪与地方品种或培育品种杂交，一代杂种猪日增重和每千克增重消耗饲料均表现杂种优势。用内江猪与北京黑猪杂交，杂种猪体重22～75千克阶段，日增重550～600克，每千克增重消耗配合饲料2.99～3.45千克，杂种猪日增重杂种优势率为6.3%～7.4%。

用长白猪做父本与内江猪母猪杂交，一代杂种猪日增重杂种优势率为36.2%，每千克增重消耗配合饲料比双亲平均值低6.7%～8.1%。胴体瘦肉率为45%～50%。

(三)荣昌猪

1. 产地和特点 荣昌猪原产于重庆市西部，四川省东南部，中心产区为重庆市的荣昌县和四川省的隆昌县。据近年调查，在重庆市各区县及四川省、云南省和贵州省都有分布。目前，在全国各地存栏的荣昌猪有800万头以上。主要特点是猪肉品质优良，适应性较强，杂交用配合力较强。在我国西南地区，以纯种或二元杂种进行繁育。白色猪鬃品质优良，盛销欧美。

2. 体型外貌 除两眼或头部有大小不等的黑斑外，其余被毛均为白色，也有少数为全身纯白。按毛色特征可分为"金架眼"、"黑眼膛"、"黑头"、"两头黑"等。其中以"黑眼膛"和"金架眼"数量最多，约占70%。是地方猪种中体型较大的猪种之一，结构匀称，头中等大小，面微凹，额面皱纹横行，有旋毛，耳中等大小下垂，背腰微凹，腹大而深，四肢粗壮结实。成年公猪体重110～

120 千克，体斜长 100～120 厘米；成年母猪体重 80～110 千克，体斜长 100～150 厘米。

3. 生长肥育性能与胴体性状　据近年测定，在中等营养水平下，180 日龄体重可达 78.8 千克，瘦肉率为 48.4%；肥育猪在高营养水平下，173～184 日龄体重可达 90 千克，日增重 620～670 克。

4. 繁殖性能　性成熟早，公猪 5～6 月龄可用于配种，母猪初配期为 6～8 月龄。在选育群，初产母猪窝产仔数为 8.5 头左右，经产母猪窝产仔数为 11.7 头左右。母猪的母性较好，仔猪成活率较高。

5. 杂交利用　用长白猪和杜洛克猪公猪与荣昌母猪杂交，配合力好，一代杂种猪均具有一定杂种优势。长荣杂种猪日增重的杂种优势率为 14%～18%，杜荣杂种猪的胴体瘦肉率可达 49%～54%。

**(四)宁 乡 猪**

1. 产地和特点　宁乡猪原产于湖南省宁乡县的草冲和流沙河一带。主要分布于宁乡、益阳、安化、怀化及邵阳等县、市。宁乡猪具有早熟易肥，脂肪沉积能力强和性情温驯等特点。

2. 体型外貌　宁乡猪分“狮子头”、“福字头”和“阉鸡头”3 种类型。头中等大小，额部有形状和深浅不一的横行皱纹。耳较小且下垂，颈短粗。背多凹陷，腹大下垂，斜臀。四肢短粗，多卧系。尾尖、尾帚扁平。被毛短而稀，毛色为黑白花，又可分为“乌云盖雪”、“大黑花”和“小黑花”3 种。成年公猪体重 113 千克左右，成年母猪体重 93 千克左右。

3. 生长肥育性能　宁乡猪沉积脂肪能力较强，4 月龄、6 月龄、8 月龄和 9 月龄时，胴体中脂肪比例分别为 28%，34%，40%和 46%左右。按“肉脂型生长肥育猪饲养标准”饲养，体重从 22～96 千克阶段，日增重 587 克，每千克增重耗消化能 51.5 兆焦。体重 37 千克以前，增重较慢；37～75 千克时增重最快，饲料利用率较高；75 千克以后增重速度下降，胴体脂肪增多。因此，以体重 75～80 千克时屠宰为宜。体重 90 千克左右屠宰，屠宰率 74％，花板油占胴体重的 10.6％，胴体瘦肉率为 35％左右。

4. 繁殖性能　性成熟较早，公猪 3 月龄左右性成熟，5～6 月龄、体重 30～35 千克时开始配种；母猪 4 月龄左右性成熟，6 月龄左右开始配种。母猪发情征候明显，发情周期 19～23 天，妊娠期平均 113 天。初产母猪窝产仔数 8.5 头左右，产活仔数 8 头左右；经产母猪窝产仔数 10 头左右，产活仔数 9.5 头。

5. 杂交利用　用长白猪、中约克夏猪与宁乡猪进行正反杂交，其两品种杂种猪都表现出杂种优势。长×宁和约×宁一代杂种猪体重 20～85 千克阶段，日增重分别为 434 克和 438 克，每千克增重耗消化能 46 兆焦左右；胴体瘦肉率为 45％～50％。

(五)金华猪

1. 产地和特点　金华猪产于浙江省金华地区。主要特点是性成熟早，肉质品质好，皮薄骨细，适于腌制优质火腿等。

2. 体型外貌　体型中等偏小。耳中等大下垂。背微凹，腹大下垂。四肢细短，蹄坚实呈玉色。毛色以中间白、两头黑为特征，故称“两头乌”或“金华两头乌猪”。头型可分为寿字头、老鼠头和中间型 3 种。成年公猪体重 110 千克左右，成年母猪体重 95 千克左右。

3. 生长肥育性能与胴体性状　在每千克配合饲料含消化能 12.56 兆焦、粗蛋白质 14％和精、青料比例 1∶1 的营养条件下，金华猪肥育期的日增重为 464 克。体重 67 千克时屠宰，屠宰率 72％，胴体瘦肉率 43％。

4. 繁殖性能　金华猪性情温驯，母性好，性成熟早。一般 5～6 月龄、体重 60 千克以上初配。初产母猪平均窝产仔数 10.5 头，3 胎以上母猪平均窝产仔数 13.8 头，平均产活仔数 13.4 头。

5. 杂交利用 用长白公猪与金华猪杂交，一代杂种猪体重13～76千克阶段，在低营养条件下日增重362克，胴体瘦肉率51%以上。用长白猪、大白猪与金华猪杂交，其三品种杂种猪，平均日增重可达600克以上，胴体瘦肉率58%以上。

### (六)陆川猪

1. 产地和特点 陆川猪产于广西东南部陆川县。主要分布在广西陆川、玉林、博白、容县、北流等20多个县(市)。据近年资料调查，陆川母猪群体总数约83万头。纯繁育种约1.3万头。主要特点：母猪母性好，适应性强，早熟易肥，皮薄肉嫩，体躯矮小，骨骼纤细等。

2. 体型外貌 毛色呈黑白花，除头、背、腰、臀和尾为黑色外，其余毛色为白色。在黑白毛交界处，黑色处有1条4～5厘米宽的皮“晕”。头较短小，嘴特长，额较宽，有“Y”字形或菱形皱纹，中间多有白毛，俗称“一点头”。耳小直立，略向前外伸，背腰凹下，腹大拖地，四肢短粗。成年公猪体重80～130千克，成年母猪体重70～120千克。

3. 生长肥育性能与胴体性状 在一般饲养条件下，体重10～75千克阶段，日增重430克左右。体重60～70千克时屠宰，屠宰率68%左右，胴体瘦肉率37%左右。肉质品质良好。

4. 繁殖性能 陆川猪多在6月龄、体重30～35千克开始配种，初产母猪窝产仔数10头左右，经产母猪窝产仔数12.4头左右。自然交配公母比为1∶30～40头，人工授精公母比为1∶200～300头，一次性配种受胎率可达95%以上。

5. 杂交利用 陆川猪为母本，与长白猪、大白猪、杜洛克猪等引进的猪种杂交，表现出明显的杂种优势。据测定，二品种杂交(长陆或杜陆)，其杂种肥育期日增重提高46%左右，饲料消耗降低20%，瘦肉率提高24.5%。三品种杂交(杜长陆或大杜陆)，其杂种猪肥育期日增重提高60%左右，饲料消耗降低为26.7%，瘦肉率提高43.2%。

(七)太 湖 猪

1. 产地和特点 太湖猪产于江苏省和浙江省的太湖地区,是二花脸、梅山、枫泾、嘉兴黑、横泾、米猪和沙乌头等猪的总称。主要特点是产仔数高,为我国乃至全世界猪种中窝产仔数最高的猪种。品种内类群结构丰富,有广泛的遗传基础。

2. 体型外貌 体型中等,以梅山猪最大,二花脸、枫泾和嘉兴黑猪次之。额头皱纹多、深,耳特大,软而下垂,耳尖同嘴角齐或超过嘴角,形如大蒲扇,全身被毛黑色为多,有的类群猪腹部皮肤呈紫红色,也有的鼻吻或尾尖为白色。梅山猪的四肢末端为白色。成年公猪体重140～190千克,成年母猪体重100～170千克。

3. 生长肥育性能与胴体性状 太湖猪的生长肥育和胴体性能,由于类群和营养水平不一样,有一定的区别。在肥育期日增重为332～444克,屠宰率为65%～70%,75千克左右屠宰,胴体瘦肉率为39.9%～45%。

4. 繁殖性能 太湖猪性成熟较早。母猪在一个情期内排卵数较多,一般17～31枚。初产母猪窝产仔数在12头以上,3胎及3胎以上母猪平均窝产仔数16头,产活仔数约14头。

5. 杂交利用 用长白猪和大白猪做父本,分别与太湖猪杂交,其两品种杂种猪,在肥育期日增重可达500克左右。用杜洛克猪和长白猪分别做第一、第二父本与太湖猪杂交,其三品种杂种猪在肥育期的日增重可达600克以上;体重87千克时屠宰,胴体瘦肉率为53%～58%。

# 第三章　猪的营养需要与饲料

## 第一节　各种营养素在猪体内的功能

猪之所以能够正常生长和繁殖，是因为饲料提供了营养物质。为了把猪养好，首先必须了解猪需要哪些营养物质以及这些养分在猪的生长和繁殖过程中所起的作用。

猪维持生命、生长和繁殖所需的营养物质，可概括为蛋白质、脂肪、碳水化合物、无机盐、维生素和水六大类。除水之外，所有养分都只能通过饲料提供。

### 一、蛋白质

**（一）蛋白质的概念**　饲料中含氮物质的总称为粗蛋白质。粗蛋白质包括纯（真）蛋白质和氨化物两部分。蛋白质的基本结构单位是氨基酸。蛋白质是对猪具有头等重要而又不可替代的营养物质。猪的肌肉、神经、结缔组织、皮肤、内脏、被毛、蹄壳及血液等，均以蛋白质为基本组成成分。此外，猪的体液和激素的分泌，精子、卵子的生成，都离不开蛋白质。

纯（真）蛋白质是由氨基酸组成的；氨化物是指非蛋白质含氮物，也称非蛋白氮。尿素和硝酸盐等均属非蛋白氮。对于非蛋白氮，猪一般不能利用，多数随新陈代谢完结在粪、尿中排出。因此，用尿素喂猪是不科学的。

**（二）蛋白质的作用**　蛋白质除了是猪有机体的重要组成成分外，在碳水化合物和脂肪缺乏时，蛋白质通过转化，可代替碳水化合物和脂肪，起到碳水化合物和脂肪相同的作用。但是，碳水化合物和脂肪却不能替代蛋白质的功能。因此,蛋白质是最重要的营养物质之一,也是饲料中较易缺乏的营养物质。

## 二、氨基酸

**(一)氨基酸的基本概念**　氨基酸是一种含有氨基的有机酸,是蛋白质的基本组成成分。如果按氨基酸对猪的营养需要来讲,可分为必需氨基酸和非必需氨基酸两大类。所谓必需氨基酸是指在猪体内不能合成,或能合成而合成的速度及数量不能满足猪正常生长和生产的需要,必须由饲料来提供的氨基酸。所谓非必需氨基酸是指在猪体内合成较多,而不需要由饲料供给也能保证猪的正常生长和生产需要的氨基酸。

目前已知的氨基酸约有 20 种。对于猪来说,必需氨基酸有 10 种,即赖氨酸、蛋氨酸、色氨酸、苏氨酸、精氨酸、组氨酸、亮氨酸、异亮氨酸、苯丙氨酸和缬氨酸。

**(二)氨基酸的作用**　氨基酸是组成蛋白质的基本单位。饲料中蛋白质的优劣,主要是由氨基酸含量的多少、特别是必需氨基酸含量的多少和各种氨基酸的比例是否平衡所决定的。凡是含必需氨基酸数量多、比例合适的蛋白质,就是高品质蛋白质。对于猪来说,赖氨酸、蛋氨酸、胱氨酸、色氨酸及苏氨酸是最重要的氨基酸。饲料中各种氨基酸保持平衡,有利于提高猪的生长和生产性能,有利于节省蛋白质用量。

由于饲料蛋白质中各种必需氨基酸的含量有很大差异,因此应多种饲料搭配饲喂。例如,玉米中赖氨酸含量较少,豆饼中含量较多,把玉米和豆饼混合在一起,即可取长补短,互相弥补,达到互补平衡的要求。

## 三、碳水化合物

碳水化合物是植物性饲料的主要成分,分解吸收后能供给猪体热能。碳水化合物进入猪体后，就像炉子里加了煤一样，被氧化后产生热能，用来作为呼吸、运动、循环、消化、吸收、分泌、细胞更新、神经传导及维持体温等各种生命活动的能源。满足日常消耗的能量后剩余的碳水化合物，可以转化为脂肪。

饲料中的碳水化合物由无氮浸出物和粗纤维两部分组成。无氮浸出物的主要成分是淀粉，也有少量的简单糖类。无氮浸出物易消化，是植物性饲料中产生热能的主要物质。粗纤维包括纤维素、半纤维素和木质素，总的来说难于消化，过多时还会影响饲料中其他养分的消化率，故猪饲料中粗纤维含量不宜过高。当然，适量的粗纤维在猪的饲养中还是必要的，因其除能提供部分能量外，还能促进胃肠蠕动，有利于消化和排泄以及具有填充作用，使猪具有饱腹感。

## 四、脂　肪

脂肪同碳水化合物一样，在猪体内的主要功能是氧化供能。脂肪的能值很高，所提供的能量是同等重量碳水化合物的两倍以上。除供能外，多余部分可蓄积在猪体内。此外，脂肪还是脂溶性维生素和某些激素的溶剂，饲料中含一定量的脂肪时，有助于这些物质的吸收和利用。同时，植物性饲料的脂肪中还含有幼猪生长所必需、但又不能由猪体自行合成的 3 种不饱和脂肪酸，即亚油酸、亚麻油酸和花生四烯酸，幼猪缺乏这些脂肪酸时，会出现生长停滞、尾部坏死和皮炎等症状。

除米糠、蚕蛹和部分油饼外，猪饲料中通常含脂肪不多。

## 五、维 生 素

维生素是饲料所含的一类微量营养物质，在猪体内既不参与组织和器官的构成，又不氧化供能，但它们却是机体代谢过程中不可缺少的物质。目前已发现的维生素有 30 余种，其化学性质各不相同，且各具特异的功能，日粮中缺乏某种维生素时，猪会表现出独特的缺乏症状，从而严重损害猪的健康、生长和繁殖，甚至引起死亡。

通常根据溶解性将维生素分成脂溶性与水溶性两大类。前者包括维生素 A、维生素 D、维生素 E、维生素 K，后者包括 B 族维生素和维生素 C。脂溶性维生素在猪体内可以有较多的储存，因此猪可以较长时间地耐受缺乏脂溶性维生素的日粮而不出现缺乏症；相比之下，水溶性维生素则在体组织中储存量不大，故需每日通过日粮摄取水溶性维生素，以补其不足。

**（一）脂溶性维生素**

1. 维生素 A　维生素 A 的主要功能是保护黏膜上皮健康，维持生殖功能，促进生长发育和防止夜盲症。猪缺乏维生素 A 时，表现食欲不佳、视力减退或夜盲。仔猪生长停滞、眼睑肿胀、皮毛干枯、易患肺炎。母猪不发情或流产、死胎，所产仔猪弱小。公猪则有性欲低下、精液质量不良等现象。

动物性饲料一般含维生素 A 较多；部分植物性饲料，尤其是青绿多汁饲料中则含有大量的胡萝卜素。胡萝卜素又称维生素 A 原，可在猪的小肠和肝脏中转化成维生素 A，供机体利用。

2. 维生素 D　维生素 D 又称抗佝偻病维生素，与猪体中钙、磷的吸收和代谢有关。缺乏时幼猪会患佝偻病（软骨病），成年猪产生骨质疏松症。

植物性饲料一般含维生素 D 较少，但其所含的麦角固醇经阳光（紫外线）照射可转变成维生素 D；此外，猪皮肤中的 7-脱氢胆固醇经紫外线照射亦可转变成维生素 D。因此，使猪多晒太阳和喂给晒干的草粉（如苜蓿、紫云英、豆叶粉等），都能改善猪的维生素 D 供给状况。

3. 维生素 E　维生素 E 又叫生育酚或抗不育维生素。不仅能保持正常的生殖功能，且有抗氧化的作用。缺乏时公猪的精液数量减少、精子活力降低，母猪则可能不孕。此外，还会发生白肌病、心肌萎缩，并有四肢麻痹等症状。青绿饲料和种子的胚芽中富含维生素E。

4. 维生素K　维生素K与机体的凝血作用有关，缺乏时会导致凝血时间延长、全身性出血，严重时可出现死亡。猪的肝脏及绿叶植物中含维生素K较多，猪消化道内的微生物亦有合成维生素K的能力。

**（二）水溶性维生素**

1. 维生素$B_1$　维生素$B_1$又称硫胺素，有增进食欲、促进消化的功能。缺乏时早期表现为食欲减退、消化不良、呕吐、腹泻，严重时可出现心肌坏死和心包积液现象。米糠、麸皮和酵母富含维生素$B_1$，青饲料、优质干草中含量也多，猪一般不易缺乏。

2. 维生素$B_2$　维生素$B_2$又称核黄素，与猪体内蛋白质和碳水化合物的氧化代谢有关。缺乏时表现为食欲不振、被毛粗糙、眼睑分泌物增多。母猪发生胚胎早期死亡和泌乳力下降；公猪睾丸萎缩。处于寒冷环境时，猪对维生素$B_2$的需要量增加。动物性饲料及青绿饲料，尤其是豆科植物中含维生素$B_2$较多。

3. 烟酸　烟酸又称尼克酸，维生素$B_5$，维生素pp。能促进机体对碳水化合物的利用，加快猪的生长。缺乏时除使生长减慢外，还会导致皮疹，故又称抗癞皮病维生素。酵母、鱼粉等饲料中富含烟酸，麸皮、米糠、花生饼及青绿饲料中含量亦较丰富。

4. 维生素$B_6$　维生素$B_6$为吡啶衍生物，它以吡哆醇、吡哆醛和吡哆胺存在于饲料中，其生物活性相同，目前市场上出售的商品为吡哆醇。维生素$B_6$是猪体氨基酸代谢和蛋白质合成所必需的一种维生素。维生素$B_6$供应不足时，猪最初表现为生长受阻，继之出现贫血、皮炎、痉挛和运动失调。油料作物子实、油饼、酵母和鱼粉等饲料是维生素$B_6$的良好来源。

5. 泛酸　泛酸又称维生素$B_3$。缺乏泛酸会导致脱毛、鹅步和母猪繁殖力下降。酵母含泛酸极为丰富，糠麸、油饼和草粉中亦含泛酸较多。

6. 维生素 $B_{12}$　维生素 $B_{12}$ 的组成中含有金属元素钴，故亦称钴胺素。维生素 $B_{12}$ 在血液形成过程中起重要作用，缺乏时猪表现食欲减退、生长迟缓，并可发生皮炎。严重缺乏时，发生恶性贫血。大多数动物性饲料中都含有维生素 $B_{12}$。

7. 维生素 C　维生素 C 又称抗坏血酸，能增进机体抗病力，预防中毒和出血，还能促进肠道对铁的吸收。猪缺乏维生素 C 时表现为皮肤、口腔黏膜和齿龈出血或溃疡，或有创伤时不易痊愈。各种青绿饲料中都含有较多的维生素 C，猪体也有合成维生素 C 的能力，故缺乏症不多见。

## 六、矿 物 质

**(一)矿物质的基本概念**　矿物质又称无机盐。饲料由干物质和水组成，饲料失去水，剩余物为干物质，干物质由有机物和无机物组成。干物质经过充分燃烧后，有机物变成热量挥发掉，剩余的为无机物变成灰分，由于含有少量的碳元素和杂质，总称为粗灰分。根据矿物质在猪体内含量的多少，分为常量(也称大量)元素和微量元素两大类。常量元素包括钙、磷、钾、钠、硫、氯和镁等。在常量元素中，猪饲料中常缺乏钙、磷和钠、氯，因此须在饲料中额外加以补充。微量元素包括铜、铁、锌、硒、碘、锰和钴等。这些微量元素有的在饲料中常常缺少，所以饲料中缺什么就要额外补什么，这就是补加矿物质添加剂的根据所在。

**(二)矿物质的作用**　矿物质在猪身体内的含量是很少的，但对机体的作用是非常大的，也是其他物质不能替代的。

矿物质的第一个作用是构成身体的重要物质，如钙、磷是组成骨骼的主要成分；第二个作用是参与机体内多种酶的组成，与糖类、脂肪、蛋白质的代谢过程密切相关；第三个作用是参与调节机体内的酸碱度，保持酸碱平衡，维持正常生命活动；第四个作用是保持机体血液、淋巴及渗透压的恒定，使细胞获得充足的营养，以维持正常生理活动。由此可见，无机盐在机体内的作用不次于蛋白质、碳水化合物等。

（三）常量元素

1. 钙和磷　钙和磷是猪体内含量最高的两种元素，绝大部分存在于骨骼中。因为二者是按一定的比例在骨中沉积的，所以，日粮中的钙和磷也应保持适当比例。一般认为，猪日粮中钙、磷比例以1～2∶1为宜。

日粮中钙和磷含量不足或比例不当，会造成二者在骨骼中的沉积异常，而使骨骼发生病变。此时幼猪表现为佝偻病，成年猪则为骨质疏松症。通常青饲料中含钙、磷较多，比例亦较适宜；精饲料和粗饲料中则含磷相对较多，钙较少。不过，谷实及农副产品中的磷，多以猪所不能利用的植酸磷形式存在，故利用率较低，以有效磷为指标表示猪饲料的含磷量时，通常认为其有效率只有30%左右。

2. 钠和氯　钠和氯对维持机体渗透压、酸碱平衡和水的代谢有重要作用。饲料缺钠会使猪对养分的利用率下降，并影响母猪的繁殖力；缺氯时则会导致生长受阻。钠和氯通常以食盐的形式补给。

钾、硫和镁也是猪所需要的常量元素，通常饲料中不缺。

（四）微量元素

1. 铁　铁为形成血红蛋白所必需的元素，因此缺铁时会发生营养性贫血，导致皮肤和结膜苍白、腹泻、水肿等。大猪一般不缺乏。圈舍为水泥地面时，哺乳仔猪则因为不采食或仅采食很少饲料，又不接触泥土，而母乳中则含铁甚少，所以极易缺铁。因此，对刚出生的仔猪最好立即注射补铁、补硒针，最迟不晚于5日龄。新生仔猪可在大腿内侧肌注补铁针剂（每头份含铁200毫克、硒2毫克)。

2. 铜 铜与机体多种功能有关,缺铜可引起多种疾病,如贫血和骨骼生长障碍。猪对铜的需要量不多,一般饲料均能满足。但为满足猪生长发育和生产需要,应在饲料中添加一定量的铜制剂。铜的添加量参考饲养标准。

3. 锌 锌为机体多种代谢所必需。饲料缺锌时,猪的皮肤抵抗力减弱,导致皮肤不全角化、结痂、脱毛以至停止生长。牧草和谷实饲料中都含有锌,糠麸中尤多,故缺锌症通常少见。从预防角度出发(尤其是饲养在水泥地面圈舍的猪),其配合饲料中常加入一定数量的锌。

4. 碘 碘是甲状腺合成甲状腺素的必需原料。缺乏时可发现猪的颈部变粗,体况和生产性能恶化。缺碘母猪产下的仔猪软弱和异常,死亡率高。碘缺乏是地区性的,缺碘时可用碘化钾和碘化钙等进行补充。

5. 硒 缺硒症状为皮下水肿、肌肉变性、心肌萎缩和肝细胞坏死等,有时可见到外观正常的仔猪骤然死亡。我国有十几个省、自治区、直辖市的部分地区缺硒,东北缺硒地区的玉米常南运做饲料使用。因此,饲料中缺硒问题值得重视。补硒时常用亚硒酸钠。

添加微量元素,往往是用其无机盐,猪饲养标准中所述猪的需要量是指对某元素(例如"铁")的需要量,而不是指无机盐(如硫酸亚铁)的需要量。为方便计算和使用,现把某些常用矿物质饲料中各微量元素的含量介绍如表3-1。

**表3-1 常用矿物质饲料中的微量元素含量 (%)**

| 原料名称 | 化学分子式 | 微量元素含量 |
|---|---|---|
| 硫酸亚铁 | $FeSO_4 \cdot 7H_2O$ | Fe=20.1 |
| 碳酸亚铁 | $FeCO_3 \cdot H_2O$ | Fe=41.7 |
| 碳酸亚铁 | $FeCO_3$ | Fe=48.2 |

续表 3-1

| 原料名称 | 化学分子式 | 微量元素含量 |
| --- | --- | --- |
| 氯化亚铁 | $FeCl_2 \cdot 4H_2O$ | Fe=28.1 |
| 氯化铁 | $FeCl_3 \cdot 6H_2O$ | Fe=20.7 |
| 氯化铁 | $FeCl_3$ | Fe=34.4 |
| 亚硒酸钠 | $Na_2SeO_3$ | Se=46.0 |
| 硫酸铜 | $CuSO_4 \cdot 5H_2O$ | Cu=25.5 |
| 氧化铜 | $CuO$ | Cu=79.9 |
| 氢氧化铜 | $Cu(OH)_2$ | Cu=65.2 |
| 硫酸锰 | $MnSO_4 \cdot 5H_2O$ | Mn=22.8 |
| 碳酸锰 | $MnCO_3$ | Mn=47.8 |
| 氧化锰 | $MnO$ | Mn=77.4 |
| 氯化锰 | $MnCl_2 \cdot 4H_2O$ | Mn=27.8 |
| 碳酸锌 | $ZnCO_3$ | Zn=52.1 |
| 硫酸锌 | $ZnSO_4 \cdot 7H_2O$ | Zn=22.7 |
| 碘化钾 | $KI$ | I=76.4 |
| 碘酸钙 | $Ca(IO_3)_2$ | I=65.1 |

注：纯度为 100%时

## 七、水

对猪来说，水尽管不是营养物质，然而它的作用却是举足轻重的。首先，水是组成体液的重要成分，猪体内的水分占 55%～65%，只有在有水存在的条件下，细胞的新陈代谢才能正常进行。其次，水是各种营养物质的最佳溶剂和运输媒介，营养物质的消化、吸收与输送以及废物的排出，均需溶解在水中才能进行。此外，体温的保持和调节都离不开水。猪得不到水比得不到饲料更难维持生命。猪在饥饿时，消耗体内绝大部分的脂肪及一半以上的蛋白质尚能生存，但如果体内水分减少8%时，即出现严重的干渴感，食欲丧失，消化作用减弱，而失掉体内20%的水就会有生命危险。所以，每天都应保证猪获得充足干净的饮水，特别是母猪在哺乳期，每天分泌大量乳汁，保证水的供应就显得尤为重要。

各种饲料的含水率不同。一般精饲料含水率为8%～15%，青干草类含水率为17%左右，野草野菜含水率约70%，水生植物及瓜类含水率可达90%以上。

猪的需水量随饲料种类、天气冷热而不同，饲料干、天气热时，需水量就大。

## 八、粗纤维

粗纤维是猪饲料中的一种难以消化的物质。在精饲料中约含5%的粗纤维，在糠麸类饲料中约含10%，在干草类中含20%～30%，在谷壳类中含30%～40%。

粗纤维包括纤维素、半纤维素和木质素3种。猪可以少量地消化粗纤维中的纤维素和半纤维素，很难消化木质素。含粗纤维多的饲料质地粗糙、适口性差，不仅本身不易被猪消化分解，而且在和其他营养含量丰富的饲料一起饲喂时，还会阻碍营养物质的消化吸收，造成营养浪费。

猪是单胃动物，不像牛、羊等反刍动物胃中有微生物作用，故不能用含粗纤维多的饲料喂猪。如玉米秸、麦秸、稻草和粗谷糠等，都不能作为猪的饲料。在精饲料极缺乏的地区，可用青绿多汁饲料喂猪，也不要用粗纤维多的饲料喂猪。尤其是在规模化和集约化生产的养猪场，要求猪的生长速度快，出栏时间短，以尽快取得经济效益，绝对不应采用含粗纤维多的饲料喂猪。粗纤维多的饲料，含能量和蛋白质等营养成分低，不利于猪的生长，使猪的肥育期加长，增加养猪成本，影响猪场的经济效益。但粗纤维有增强肠蠕动作用，对预防妊娠母猪便秘有一定作用。

## 第二节　猪的饲料与日粮配合

### 一、饲料分类及其营养特性

饲料是发展养猪业的基础。猪饲料的种类很多,成分各异,饲用价值也各不相同。为达到科学利用饲料的目的,有必要根据饲料的营养特性分类。根据应用习惯,可将猪饲料分为精饲料、青绿多汁饲料、粗饲料、无机盐饲料和饲料添加剂五大类。

**(一)精饲料**　精饲料指含能量和蛋白质较为丰富的饲料。根据蛋白质含量再分为能量饲料与蛋白质饲料两部分。

1. 能量饲料　能量饲料的基本特点是淀粉含量丰富,粗纤维少,易消化,消化能含量高。能量饲料含粗蛋白质一般在10%左右,相对来讲钙少磷多。各种维生素中则以胡萝卜素较缺乏,B族维生素含量较高。

(1)玉米　玉米具有适口性好和养分消化率高的特点,是一种最常用的能量饲料。不过,玉米仅含粗蛋白质7%～10%,且缺乏赖氨酸与色氨酸。此外,单用玉米一种饲料喂猪时,会使猪体脂肪变软,降低胴体品质。因此,使用玉米时须适当搭配大麦和豆类(或优质青草粉)。

(2)大麦　大麦与玉米相比,含粗纤维略多,所以,消化能含量略低。不过,大麦含赖氨酸较多,故蛋白质品质稍高于玉米。大麦缺乏胡萝卜素,维生素 $B_2$ 含量亦较低。用大麦饲喂肥育猪时效果优于玉米,所得猪体脂肪白而硬,肉质细致紧密。

(3)高粱　高粱的淀粉含量略低于玉米,脂肪含量亦较少。同玉米一样,高粱的蛋白质含量不高,也缺乏赖氨酸与色氨酸。高粱因含较多鞣酸而适口性欠佳,多喂容易便秘。高粱含胡萝卜素、钙和维生素D较少。

(4)稻谷　稻谷含粗纤维较多(7%～11%),而粗蛋白质含量尚不及玉米,缺乏赖氨酸与蛋氨酸。稻谷外壳坚硬,必须粉碎后饲喂。稻谷粉的营养价值仅为玉米的75%左右。

(5)碎米　碎米的能量高于玉米,且纤维含量很低。但是,碎米的粗蛋白质含量也较低,缺乏赖氨酸与蛋氨酸。

(6)燕麦　燕麦含粗蛋白质较多,约为10%,且其中含有较多的赖氨酸和色氨酸,故品质较佳。不过,燕麦的粗纤维含量较高(10%左右),故有机物消化率低于玉米和大麦。燕麦含胡萝卜素、维生素 $B_2$ 和烟酸均较少,并缺乏钙。饲喂燕麦过多时,猪体脂肪有可能变软。

(7)麸皮　麸皮的特点是适口性好,且粗蛋白质含量较高,通常在12%以上,高者可达17%。不过,麸皮的粗纤维含量较高,约为10%。麸皮中富含磷、维生素 $B_1$,烟酸含量亦较高,缺乏钙、胡萝卜素和维生素 D。麦麸因含粗纤维较多,体积大,并含较多植酸,因而具有轻泻性。

(8)米糠　优质米糠一般含粗蛋白质12%和脂肪10%～15%。其粗蛋白质优于玉米。另外,米糠还含有丰富的维生素 $B_1$ 和烟酸。尽管米糠的粗纤维含量也较高,但因其富含脂肪,故仍具有较高水平的消化能。米糠因含脂肪较多,易于氧化酸败,不利于贮存;饲喂过多可能降低胴体脂肪品质。含钙少而含磷多是米糠的一个突出特点。

(9)甘薯干　甘薯干是某些地区喂猪的主要精料,含淀粉70%以上,是优良的能量饲料。甘薯干含钙和磷较一般谷实为多,只是粗蛋白质含量很低(3%左右)。晒制过程中遇雨时,甘薯干容易霉烂。霉烂的甘薯干不可用作猪饲料,以防中毒。

2. 蛋白质饲料　干物质中含粗蛋白质20%以上,含粗纤维18%以下的饲料,属于蛋白质饲料。按其来源性质,又可分为动物性和植物性蛋白质饲料。植物性蛋白质饲料通常包括豆饼、棉籽饼、菜籽饼、花生饼等各种饼粕；动物性蛋白质饲料则指鱼粉、血粉、肉骨粉和蚕蛹等。蛋白质饲料的能值通常低于能量饲料。

目前，我国一方面蛋白质饲料资源严重不足，而另一方面却将诸多的豆饼、花生饼、菜籽饼、棉籽饼等饼粕直接下田做肥料施用，这是极大的浪费。因为植物只能利用其氮源的 50%，而作为饲料，氮源利用率可达 90%。所以，将饼粕类先做饲料，再用粪肥下田，是一举数得的大好事。

(1)豆饼(粕)　豆饼是优良的植物性蛋白质饲料，含粗蛋白质40%以上，且蛋白质品质优良，含有较多的赖氨酸和色氨酸。豆饼的饲养效果良好。豆饼的 B 族维生素含量高于一般谷实，惟维生素 $B_1$ 含量较低。

大豆经压片、溶剂浸提制油后的残渣为大豆粕。低温(400℃～600℃)浸提制备的大豆粕是目前使用量最多、范围最广的植物性蛋白质原料。大豆粕粗蛋白质含量 45%左右，比其他油粕含蛋白质和可消化养分高，赖氨酸含量在 2.5%～3%，色氨酸 0.6%～0.7%，蛋氨酸 0.5%～0.7%。从氨基酸组成和消化率来看，是目前最优良的植物性蛋白质饲料。维生素 A、维生素 D、维生素 $B_2$ 含量低，其他维生素含量较高。大豆粕的主要优点是：①色泽和风味好，对猪等畜禽适口性均佳；②产量大，来源广，品质稳定；③氨基酸组成平衡，饲料报酬高；④可作为鱼粉等动物性蛋白质的部分替代品；⑤合理加工的大豆粕不含抗营养因子；⑥成分稳定，不易变质、霉坏。由于大豆粕具有极高的营养价值，是目前养猪生产主要的蛋白质饲料原料，任何阶段的猪饲料中均可使用。对肥育猪而言，大豆粕的用量应加以限制，这是因为大豆粕中粗纤维含量较高，且含有较多的多糖及寡糖，仔猪缺乏相应的消化酶，采食过多易造成腹泻。

(2)棉籽饼　棉籽饼的粗蛋白质含量略低于豆饼，赖氨酸含量也较低，且其消化率差。因此，作为蛋白质来源，棉籽饼的价值远低于豆饼。棉籽饼的另一缺点是粗纤维含量高，这影响了它的消化能。此外，棉籽饼还含有一种称为棉酚的有毒物质，棉籽饼占日粮比例过大时，可引起中毒，甚至死亡。日常饲养工作中应将棉籽饼用量限制在占日粮的10%以下。

常用的棉籽饼去毒方法有以下几种：①将棉籽饼煮沸1～2小时，冷却后饲喂；②于5%的石灰水中浸泡10小时，或用1%～2%的硫酸亚铁溶液浸泡24小时后饲喂；③将棉籽饼发酵后饲喂。

棉籽饼含磷多而含钙少，且缺乏胡萝卜素与维生素D。

棉籽榨油后，其残渣不带壳时，称棉仁饼。棉仁饼的粗蛋白质含量高于棉籽饼。

(3)菜籽饼　菜籽饼的粗蛋白质含量一般低于豆饼，蛋白质中氨基酸比较齐全，蛋氨酸含量较豆饼高。菜籽饼含钙、磷均较丰富。

菜籽饼的缺点是含有一种名为硫代葡萄糖苷的物质，其代谢产物对猪有毒。除通过育种途径培育无毒油菜品种以外，对普通菜籽饼可采取以下脱毒措施。

①坑埋法。选高燥地块，挖宽50厘米、深70厘米、长度随菜籽饼量而定的长方形坑，土湿时须晒干。坑底薄薄地铺一层麦秸隔土，将粉碎好的菜籽饼按1∶1加水拌匀后埋入坑内，当离坑口约10厘米时，铺盖一层厚麦秸隔土，然后覆土约30厘米厚。经2个月发酵脱毒后即可喂用。

②水洗法。按1∶6比例将菜籽饼投入清水中，浸泡1天后换水，连续3次后即可喂用；或按1∶4比例用温水浸泡，保持水温40℃左右，夏季泡1天，冬季泡2天，取出用清水冲洗过滤2次，即可喂用。

③湿蒸法。将粉碎的菜籽饼和草粉(或统糠)分层铺放在大蒸锅内，每层适当洒水，在最上层盖上湿麻袋，水煮开后蒸4小时再

喂猪。

不去毒饲喂时，菜籽饼用量以不超过日粮的10%为好。

(4)花生饼　花生饼粗蛋白质含量在40%以上，但赖氨酸、色氨酸和蛋氨酸含量均低于豆饼，含磷较少，缺乏胡萝卜素与维生素D，不过烟酸与泛酸含量特别丰富，适口性好。

花生饼通常含残油较多，贮存于温暖潮湿的环境中容易酸败变苦，且易产生有致癌作用的黄曲霉素。因此，花生饼的贮存时间不宜过长，一般夏季最好不超过1个月，冬季不超过2～3个月。据试验，将花生饼晒干后，用干沙或干糠、干玉米粒埋起来，可保存较长时间而不变质。

(5)鱼粉　鱼粉是优质动物性蛋白质饲料。优质鱼粉的粗蛋白质含量可高达50%～70%，消化率高，且其中富含一般饲料所缺乏的赖氨酸、蛋氨酸和色氨酸。鱼粉含钙、磷较多，含碘及B族维生素，尤其是维生素$B_{12}$也较丰富。

(6)肉骨粉　因肉骨比例不同，各种肉骨粉的蛋白质含量差异较大。通常肉骨粉含粗蛋白质40%～60%，蛋白质中含有较多的赖氨酸。肉骨粉中含钙、磷不仅数量多，而且比例适宜。B族维生素，特别是烟酸和维生素$B_{12}$的含量也较高。

(7)血粉　血粉仅含少量无机盐，但其粗蛋白质含量在80%左右，是粗蛋白质含量最高的蛋白质饲料之一。用凝血块经高温、压榨、干燥制成的血粉溶解性差，消化率低(70%左右)；直接将血液于真空蒸馏器中干燥所制成的血粉则溶解性好，消化率高(96%左右)。血粉含赖氨酸较多，但缺乏异亮氨酸。血粉适口性较差，一般用量应控制在5%以内。过多时还可能引起腹泻。

(8)单细胞蛋白质饲料　这类饲料有酵母、藻类、细菌等。目前工业生产的主要是石油酵母，其蛋白质含量接近鱼粉，除蛋氨酸外，其他氨基酸均较丰富，消化率也高。此外，国内有些地方用造纸废液培养饲用酵母，其粗蛋白质含量为46%～55%，喂猪时效果与石油酵母相似。不过，纸浆废液中含有害金属，培养和饲用酵母时须检测其含量是否超过安全标准。

(二)青绿多汁饲料　青绿多汁饲料主要是指各种青饲料和块根、块茎及瓜类，这类饲料含水分多，干物质含量相对较低。

1. 青饲料　凡用作饲料的绿色植物，如野草、野菜、树叶、水生作物、人工栽培的牧草和绿肥作物等，统称为青饲料。

青饲料的特点可概括如下：①养分比较全面，氨基酸种类齐全，利用率高，还含有比较丰富的维生素和无机盐；②粗纤维含量低，易消化，适口性好；③单位面积土地养分产量高，生产成本低；④来源广泛。

(1)苜蓿　苜蓿系多年生豆科牧草。植株通常可利用 6～8 年，生长快，每年可割 3～4 次，一般每 667 平方米(1 亩，下同)产 3 000～4 000 千克。鲜苜蓿中含干物质 20%～30%。粗蛋白质占鲜重的 5%左右，含赖氨酸、色氨酸较多；无氮浸出物占鲜重的 10%～12%。此外，钙和钾以及维生素 $B_1$、维生素 $B_2$、维生素 C、维生素 D、维生素 E、维生素 K 和胡萝卜素含量丰富。苜蓿的适口性好，猪喜食。

苜蓿的粗纤维含量随生长期的延长而增加，故应注意适时收割。一般以孕蕾期或开花期收割为宜。除青割喂猪外，也可将苜蓿制成草粉后与其他饲料配合饲喂，或制成颗粒饲喂，则可提高猪的采食量。

(2)聚合草　聚合草又名紫草根，为多年生丛生型草本植物。每年可割 3～5 茬，每 667 平方米产草 1 万～2 万千克。聚合草含干物质 13%左右，其中约 3%为粗蛋白质，6%为无氮浸出物，胡萝卜素、烟酸、泛酸、维生素 $B_1$、维生素 $B_2$ 等含量亦较丰富。聚合草的青绿茎叶可以整株或切碎后饲喂，也可打浆后与其他饲料搭配饲喂，制成青贮或草粉后饲用也可获得良好效果。

(3)紫云英　紫云英又名红花草。含干物质 10%～14%，干物质中粗蛋白质和粗纤维含量均高于苜蓿。紫云英宜在盛花期收割,通常用植株的上部 2/3 喂猪。将其制成草粉后喂猪亦可。

(4)苦荬菜 苦荬菜又名苦麻菜。1 年生或越年生草本植物。适应性强,优质高产。每年可割 3~8 次,每 667 平方米产量为 5 000~7 500 千克,约含干物质 8%~20%、粗蛋白质 4%、无氮浸出物 4.5%~7.5%。苦荬菜可整株、切碎或打浆后饲喂,虽稍有苦味,但为猪所喜食,有促进食欲和提高母猪产奶量的作用。

(5)牛皮菜 牛皮菜又名莙荙菜,2 年生草本植物。适应性强,适口性好,产量高。北方春播后每年可收获 4~5 次,每 667 平方米产量为 4 000~5 000 千克。牛皮菜约含干物质 10%、粗蛋白质 2.3%、无氮浸出物 3%~4%。喂猪时以切碎拌料饲喂为好。

(6)苋菜 苋菜为 1 年生草本植物。再生性强,茎叶柔嫩多汁,适口性好,1 年可收 3~4 茬,每 667 平方米产量为 1 万~1.5 万千克。苋菜含干物质约 12%、粗蛋白质 2.5%、无氮浸出物 4%。其茎叶切碎或打浆喂猪,猪很爱吃,亦可青贮或发酵后饲喂。

(7)甘薯藤 鲜甘薯藤约含干物质 14%、粗蛋白质 2.2%、无氮浸出物 7%,且含维生素较多,是营养价值较高的青饲料。据试验,以密植(每 667 平方米 4 500~5 500 株)割藤方式栽培利用时,每 667 平方米可产鲜秧 2 200~2 600 千克,而甘薯并不减产或仅减产少许。

(8)绿萍 绿萍又称红萍。具有繁殖快、产量高、适口性好的特点。可鲜饲或发酵后饲喂。其含干物质约 6%、粗蛋白质 1.6%、无氮浸出物 2.1%。

2. 块根、块茎和瓜类 块根、块茎和瓜类具有以下特点:一是含水分多,最多可达 90%以上;二是淀粉和糖是干物质的主要成分;三是粗纤维含量少,通常在 1%左右;四是含钾相对较多,而含钙、磷、钠则较少。

(1)胡萝卜 胡萝卜含干物质10%,每667平方米产量在1 000千克以上。因含糖较多,故适口性好。胡萝卜含有大量胡萝卜素及较多的维生素C、维生素K和B族维生素。少量饲喂时以生喂为好,饲喂量大时则以煮熟为宜,以免引起消化道疾病。

(2)甘薯 甘薯含干物质25%左右,其中约85%是淀粉,消化率高,适口性好。每667平方米产量一般为1 500～2 000千克,高者可达5 000千克。饲喂时生、熟均可。甘薯在贮存过程中易感染黑斑病,感染黑斑病的甘薯不可再做猪饲料,以免引起中毒。

(3)甜菜 甜菜又名甜萝卜。产量很高,茎、叶可做猪饲料。甜菜含干物质约15%,其中60%是无氮浸出物,且相当一部分是糖,故适口性好。

(4)马铃薯 马铃薯含干物质约21%,其中淀粉占80%。马铃薯含B族维生素和维生素C较多。熟喂可提高马铃薯的消化率,故以熟喂为好。也可青贮饲喂。发芽的马铃薯中含有较多的毒素——龙葵精,故发芽后不可再做饲料。

(5)芜菁 芜菁又名洋蔓菁、大头菜。每667平方米产量为2 500～3 000千克。芜菁含干物质约12%,其中70%左右是无氮浸出物。芜菁含糖比胡萝卜高20%,易贮藏,是猪的优良饲料。

(6)蕉藕 蕉藕又名芭蕉藕、芭蕉芋。为1年生草本植物,适合我国南方种植。蕉藕块茎含干物质约18%,其中70%以上为无氮浸出物。蕉藕块茎除鲜喂外,也可晒干磨粉喂猪。其地上茎叶也是猪的好饲料,可切碎生喂或青贮后饲喂。

(7)南瓜 南瓜平均每667平方米产量为3 000～4 000千克。含干物质10%以上,其中60%为无氮浸出物,维生素A也较丰富。切碎或打浆后生喂,适口性好。

**(三)无机盐饲料** 猪采食的饲料主要是植物性饲料,然而植物性饲料所含的无机盐,不论是数量还是比例,均与猪的需要不相适应,因而必须补充。食盐和钙、磷为常用的常量元素饲料。微量元素则多作为无机盐营养添加剂应用。

1. 食盐 大多数植物性饲料含钠和氯均较少,故常用食盐来补充,给量一般占日粮的 0.3%。饲喂酱渣、泔水等含盐饲料时,须注意防止食盐过量。在缺碘地区常用碘化食盐,其配制方法为:将 120 克碘化钾溶于 1 000 毫升水中,均匀地喷洒于 100 千克食盐内。这种碘化食盐含碘 0.076%,喂给量与普通食盐相同。

缺硒地区则用硒盐,如辽宁省营口市盐化厂生产的硒盐,含硒量 15～30 毫克/千克,喂硒盐量可与普通食盐相同。

2. 钙、磷 钙、磷饲料的种类很多,含钙、磷多少也各不相同。在饲养过程中,可根据日粮具体情况选用适当的钙、磷饲料。常用的钙、磷饲料包括磷酸钙和碳酸钙,磷酸钙主要包括磷酸一钙、磷酸二钙和磷酸三钙,碳酸钙主要包括石粉和贝粉。

**(四)饲料添加剂** 配合饲料中常加入一些微量成分,以促进猪的生长和提高饲料利用效率。这些微量成分统称饲料添加剂。

饲料添加剂分营养性和非营养性两类。营养性添加剂包括氨基酸、维生素和微量元素。非营养性添加剂包括抗生素等生长促进剂、抗氧化剂、保健剂和防霉剂等。

1. 营养性添加剂

(1)维生素类 随着集约化养猪的发展,长年不断供给富含维生素的青绿饲料较困难,加之,随着营养科学的进展,各种维生素在猪体内的作用及需要量逐步确立。因此,在饲料内添加维生素,日益得到广泛应用。常用的维生素添加剂有维生素 A、维生素 D 及 B 族维生素内的几种,或用市售畜用多种维生素。添加量的确定,除依据营养需要外,还应考虑日粮组成、环境条件(气温、饲养方式等)、饲料中维生素的利用率、畜牧对维生素的损耗及其他逆境等影响。同时,用量的确定必须考虑添加剂的稳定性及生物学效价,如人工合成的维生素 A,其效价可达 100%,而鱼肝油中的维生素 A 仅为 20%～75%。此外,脂溶性维生素易氧化。

(2)微量元素类 补饲微量元素对于猪的生长和饲料利用效率有着非常明显的促进作用。常用的微量元素添加剂,主要是铁、铜、锰、锌、碘及硒的硫酸盐、碳酸盐和其他化合物,如硫酸亚铁、硫酸铜、硫酸锰、碳酸锰、亚硒酸钠、碘化钾等。由于这些无机盐在日粮中添加剂量很少,必须注意混合技术,一定要混匀,特别是用量极少的盐类(如亚硒酸钠),应事先用一定量载体将其混匀,制成预混料,然后再按需要量加入饲料中。在配制微量元素添加剂时,应根据矿物质饲料中含微量元素的百分比(参阅表 3-1)计算出应添加的无机盐量。比如配制含铜 125 毫克/千克的饲料,也就是在 1 000 千克饲料中含铜 125 克;而硫酸铜的含铜量为 25.5%,那么,1 000 千克饲料中需添加硫酸铜为 125÷0.255=490 克。

微量元素类在饲料中的添加量,应符合饲养标准规定。

(3)氨基酸类 为保持日粮氨基酸平衡,提高日粮蛋白质品质及降低日粮的蛋白质用量,常加入部分合成氨基酸。用于猪日粮中的人工合成氨基酸,主要是植物性饲料中最缺的蛋氨酸和赖氨酸,特别是无鱼粉的仔猪饲料中,这两种氨基酸的含量有时不能满足仔猪的需要,必须添加日粮的 0.1%~0.2%,才能满足需要。使用时须注意氨基酸的效价,一般 L-型氨基酸比 D-型氨基酸效价高 1 倍,但 L-蛋氨酸与 D-蛋氨酸效价相等。工业合成的具有羟基的蛋氨酸类似物,其效价为 1.2 克等于 1 克蛋氨酸。其他氨基酸如苏氨酸、色氨酸及甘氨酸,也有添加的,但因目前国内生产量尚少,应用还不普遍。

2. 非营养性添加剂 非营养性饲料添加剂种类很多,它们的共同特点是从各自不同的作用提高饲料的效率。

(1)生长促进剂 属于非营养性添加剂,主要作用是刺激动物生长,保持畜体健康,提高饲料利用率。

①抗生素和抗菌药物。它们是当前我国养猪生产中应用最多的一种添加剂。猪饲料中常用的有土霉素、杆菌肽、盐霉素、喹乙

醇、磺胺类及呋喃类等药物。

在饲料中添加抗生素或抗菌药物,目前存在着分歧意见与不同评价,有些国家已限制或禁止使用,但有些国家仍在广泛应用。

②有机酸类。有机酸可增加消化道酸度,提高胃蛋白酶活性,加速蛋白质分解。在初生仔猪人工乳或仔猪饲料中添加有机酸,可改善仔猪的发育状况。以柠檬酸和延胡索酸效果最稳定。有试验报道,在仔猪饲料中添加1.5%～2%延胡索酸,日增重比对照组高11%,饲料转化率提高7%。延胡索酸还能使无机盐(钙、磷、镁、锌及铁等)的吸收率提高约30%。此外,常用的有机酸还有柠檬酸钠(常用量为日粮量的1%)和甲酸钙。有报道,饲料中添加0.9%～1.5%的甲酸钙,饲料转化率可提高4%左右,生长速度提高12%,并可减少腹泻。甲酸钙含钙30%,在应用甲酸钙时,对其他含钙饲料量应予以调整。有机酸如果与250毫克/千克铜并用,或与250毫克/千克的泰乐菌素并用,效果更好。

③酶制剂。酶制剂可辅助、促进饲料消化吸收,对早期断奶仔猪尤为重要。仔猪本身酶系统发育不全,有必要在人工乳或饲料内添加酶制剂,如蛋白酶、淀粉酶、脂肪酶与纤维素酶等,用于弥补仔猪本身酶的不足,以提高营养物质的利用率。饲料中添加酶,最理想的效果就是将植物的细胞壁(不能被猪利用的纤维素)转化为糖类,还有可能使某些秸秆类或某些干草能够被猪利用。据报道,在哺乳仔猪饲料中添加纤维素酶,用量分为添加0.3%和0.1%的两组,分别比对照组增重高17%和6%,采食量多16%和8%。纤维素酶可破坏植物纤维组织和细胞膜,使其细胞内的蛋白质和碳水化合物等营养成分更易消化吸收,并能降低仔猪腹泻的发病率。

④生物制剂。生物制剂也称为益生素,是近年来才应用于饲料内的添加剂。我国生产的有止痢灵(又名乳康生、促菌生),是由乳酸杆菌与无毒的蜡样芽胞杆菌制成的活菌制剂。其作用是调整猪消化道内的菌群,使有益菌迅速占优势,抑制致病菌。对预防仔

猪腹泻有效，而且不产生抗药性。

(2)特殊用途添加剂

①驱虫剂。用于驱虫的添加剂有越霉素A及潮霉素B。这两种驱虫剂与人用抗生素无交叉耐药性，为非吸收性物质，不会残留在畜产品内，长期添加无副作用。其作用机制是可麻痹寄生虫的运动神经，而将虫体排出体外。最显著的作用是阻止虫卵膜形成，将寄生虫的发育环打断。添加后20天可见虫卵数锐减，60天后虫卵消失。潮霉素B的使用历史较久且范围广，在猪饲料内添加浓度为12毫克/千克；越霉素A目前仅在亚洲和南美洲使用，添加量为5～10毫克/千克。

②抗氧化、防腐剂。在多雨、潮湿地区，为抑制饲料发霉、腐败，可向饲料内添加防腐剂，如丙酸、丙酸钠和丙酸钙，其用量视饲料含水多少而定，一般用量为0.3%～1%。抗氧化剂通常用来保护饲料中易氧化的成分，如用天然的或人工合成的生育酚(维生素E)和卵磷脂以及其他人工合成的化合物，如羟乙基喹啉等，每吨饲料用量限定在150克之内。

③饲用香料。仔猪宜尽早开食，由于仔猪嗅觉灵敏，如果用人工乳代替母乳，须添加带有母乳香味的饲用香料。随人工乳成分的改变，也要逐渐改变饲用香料，常用的有奶香、草莓香、橘香等香料。

3. 无公害食品生猪饲养允许使用的部分抗寄生虫和抗菌药及使用规定　见表3-2。

## 二、饲料的加工与调制

饲料加工与调制的目的有三：一是提高饲料的适口性、采食量和利用率；二是改善饲料的保存效果，提高其营养价值；三是对饲料中有害物质的脱毒处理。现将常用的方法简介如下。

表 3-2 无公害食品生猪饲养允许使用的部分抗寄生虫和抗菌药及使用规定

| 名称 | 制剂 | 用法与用量 | 休药期（天） |
| --- | --- | --- | --- |
| 伊维菌素 | 预混 | 混饲，每 1000 千克饲料 330 克，连用 7 天 | 5 |
| 杆菌肽锌 | 预混 | 混饲，每 1000 千克饲料 4～40 克（0～4 月龄） | — |
| 青霉素钠（钾） | 注射 | 肌内注射，1 次量，每千克体重 2 万～3 万单位 | — |
| 越霉素 A | 预混 | 混饲，每 1000 千克饲料 5～10 克 | 15 |
| 恩拉霉素 | 预混 | 混饲，每 1000 千克饲料 2.5～20 克 | 7 |
| 硫酸庆大霉素 | 注射 | 肌内注射，1 次量，2～4 毫克/千克体重 | 40 |
| 潮霉素 B | 预混 | 混饲，每 1000 千克饲料 10～13 克，连用 8 周 | 15 |
| 喹乙醇 | 预混 | 混饲，每 1000 千克饲料 1000～2000 克，35 千克体重以上禁用 | 35 |
| 复方磺胺嘧啶钠预混剂 | 预混 | 混饲，1 次量，15～30 毫克/千克体重，连用 5 天 | 5 |
| 硫酸泰乐菌素 | 预混 | 混饲，每 1000 千克饲料 10～100 克，连用 5～7 天 | 5 |
| 维吉尼亚霉素 | 预混 | 混饲，每 1000 千克饲料 10～25 克 | 1 |
| 盐霉素钠 | 预混 | 混饲，每 1000 千克饲料，25～75 克 | 5 |
| 硫酸新霉素 | 预混 | 混饲，每 1000 千克饲料，77～154 克，连用 3～5 天 | 3 |
| 黄霉素 | 预混 | 混饲，每 1000 千克饲料，生长肥育猪 5 克，仔猪 10～25 克 | — |

（摘自 NY 5030—2001《无公害食品　生猪饲养兽药使用准则》）

**(一)粉碎**　各种干粗饲料,如干甘薯藤、干青草、豆荚以及一般子实类饲料等,须经粉碎后才能喂猪。粉碎时以采用 3～4 毫米直径的筛孔为宜。

**(二)青贮**　青贮是使贮存的青饲料营养物质损失减少、保存时间延长的好方法。所有的青绿多汁饲料,如甘薯藤、青菜、块根、块茎类都可以青贮,但以含糖较多的原料为好。青贮饲料具有质地柔软、酸香适口、消化率高的特点,制作过程中养分损失一般不超过 10%,可以起到调整和改善青饲料供应的作用。

青贮方法主要有堆贮、窖贮和袋贮 3 种。堆贮以选择高燥倾斜的地面为宜,而且最好先在底部铺垫一层 0.3～0.5 米厚的干草、秸秆或砻糠,然后逐层堆积青贮原料,随堆随踩。堆积完毕后,覆以塑料薄膜,四周以泥土密封,顶部再覆盖厚 0.6 米以上的湿黏土,压实原料。窖贮应选择在地势高、土质坚实和地下水位较低的地方进行。窖的结构要坚固,内壁光滑垂直,不透气,不渗水,底部应至少高出地下水位 0.5 米以上。青贮数量较少时,可挖圆形窖,深 1.7 米,直径为 1 米,挖好后晒 2～3 天即可应用。青贮量大时可挖方形窖,一般窖深 1 米,窖底宽 3 米,窖口宽 4 米,窖长则根据具体贮量决定。袋贮即将原料装入约 0.2 毫米厚的塑料袋内青贮,塑料袋的大小可根据需要决定,容量为 50～5 000 千克。袋贮比堆贮和窖贮灵活性大,可以 1 天或几天的用量为 1 袋。袋贮时由袋子的底部堆起,堆的形状和体积要与袋子相吻合,最后将袋口由下向上收拢,并将袋口捆扎两道,以防漏气。此外,对青贮袋要严加保护,特别应预防鼠类咬破。

不论是袋贮、堆贮还是窖贮,均须注意以下几个问题:①青贮原料中应有一定量的糖分,以供乳酸菌发酵;②原料含水分不宜过高或过低,过高会导致原料含糖太少,影响发酵,且易造成养分流失;过低则原料不易压实,不利于乳酸菌繁殖;③原料须预先切短至 2～3 厘米,以利于压实;④装填后应封严,以便乳酸菌发育而抑制其他微生物繁殖。

**（三）浸泡**　饼粕、豆类、谷实等饲料，可在磨成粉后再用水浸泡，使其吸水发胀、变软，容易消化。饼粕、谷类浸泡后的水中还有养分，可用来喂猪。浸泡还可使有些饲料的毒素和异味减轻，使之更适于做猪饲料。

**（四）打浆**　打浆就是将青绿多汁饲料用打浆机打成浆液，便于猪采食和咀嚼，也有利于消化液与食糜混合，可提高饲料的利用率。据试验，打浆生喂比切碎生喂采食快，干物质和蛋白质的消化率亦较高。常用的打浆方法有干打浆和水打浆两种。

## 三、饲养标准与日粮配合

**（一）饲养标准的概念**　饲养标准是指不同类型和不同生理状态的猪，每日所应该获得的养分数量或其日粮所应具有的养分浓度。饲养标准是生产实践经验与大量科研成果的总结。猪的饲养标准包括消化能、粗蛋白质、钙、磷、食盐、各种氨基酸、微量元素和维生素等共计 30 余项指标，分别以焦（或千焦、兆焦）、%、克和毫克等为单位表示。有关饲养标准的具体内容详见本书饲养管理章节。饲养标准中除了规定养分需要量外，通常还以饲料成分表（见附表）的形式，对不同饲料所含各种养分的数量加以说明。

**（二）日粮配合**

1. 日粮配合的意义　日粮配合指根据猪的营养需要和饲料的养分含量拟定科学配方。日粮配合工作应遵循以下基本原则：①选用适宜的饲养标准作为日粮养分供给水平的依据；②选择原料时应尽量做到兼顾日粮的养分含量、消化性、适口性和成本诸因素，充分利用本地原料，做到在保证养分供应的前提下尽量降低饲料成本；③日粮的体积应与猪的采食能力相适应。

2. 全价饲料、浓缩料与饲料添加剂　全价饲料指根据一定的饲料配方，采用多种饲料原料配制而成的日粮，其中所含的能量和各种养分均与猪的营养需要相符合。因此，具有优良的饲养效果。

浓缩料的特点是蛋白质、无机盐和维生素含量高，与能量饲料配合后即可成为全价饲料。

饲料添加剂的主要成分为微量元素、维生素及其他微量添加成分，与能量饲料、蛋白质饲料及其他饲料混合后，可制成全价饲料。

3. 日粮配合方法 农户养猪时，常从饲料厂购入浓缩料或饲料添加剂，并在此基础上将其配制成全价饲料。如果自己配制，可试用试差法。

(1)利用浓缩饲料预混料配合 利用浓缩饲料预混合饲料配合猪日粮的方法，详见本书第五章相关内容。

(2)利用试差法配合 试差法也叫百分比法。首先确定配合饲料的各种原料及其所占的估计百分数，然后从饲料营养价值表中查出初定配方中各种饲料的营养成分，再用该成分值乘以原料的百分数，最后把同类(如消化能)的各种原料的乘积相加，把该值与饲养标准规定的营养需要量对照比较，如两值相差太大，应重新调整原料百分数，使其达到与标准相符或接近。

例如，要制定一个适合体重120～150千克的母猪妊娠前期饲料配方，其步骤如下。

第一步，从饲养标准表中查出妊娠前期母猪每千克饲料中的养分含量：消化能11.72兆焦，粗蛋白质11%，钙0.61%，磷0.49%，赖氨酸0.35%。

第二步，确定所选用的饲料，如玉米、稻谷、麦麸、米糠、豆饼、菜籽饼、骨粉等，并按表3-3查出每千克饲料的养分含量。

表 3-3　每千克饲料养分含量

| 饲　料 | 消化能（兆焦） | 粗蛋白质（%） | 钙（%） | 磷（%） | 赖氨酸（%） |
|---|---|---|---|---|---|
| 玉　米 | 14.35 | 8.5 | 0.02 | 0.21 | 0.26 |
| 稻　谷 | 11.59 | 6.8 | 0.03 | 0.27 | 0.27 |
| 麦　麸 | 10.59 | 13.5 | 0.22 | 1.09 | 0.67 |
| 米　糠 | 11.34 | 11.6 | 0.06 | 1.58 | 0.56 |
| 豆　饼 | 13.56 | 41.6 | 0.32 | 0.50 | 2.49 |
| 菜籽饼 | 11.59 | 37.4 | 0.61 | 0.75 | 1.18 |
| 骨　粉 | — | — | 30.12 | 13.46 | — |

第三步，初步确定各种饲料的配合比例，并根据饲料营养成分计算出每种饲料所含有的主要营养量（表 3-4）。饲料配比量按 98%计，留出 2%作为微量元素和食盐等添加剂补加量。

表 3-4　初步确定各种饲料的百分比及营养成分

| 饲料 | 配 比（%） | 消化能（兆焦） | 粗蛋白质（%） | 钙（%） | 磷（%） | 赖氨酸（%） |
|---|---|---|---|---|---|---|
| 玉　米 | 36.5 | 14.35×0.365<br>=5.24 | 8.5×0.365<br>=3.10 | 0.02×0.365<br>=0.007 | 0.21×0.365<br>=0.077 | 0.26×0.365<br>=0.095 |
| 稻　谷 | 20.0 | 11.59×0.2<br>=2.32 | 6.8×0.2<br>=1.36 | 0.03×0.2<br>=0.006 | 0.27×0.2<br>=0.054 | 0.27×0.2<br>=0.054 |
| 麦　麸 | 10.0 | 10.59×0.1<br>=1.06 | 13.5×0.1<br>=1.35 | 0.22×0.1<br>=0.022 | 1.09×0.1<br>=0.109 | 0.67×0.1<br>=0.067 |
| 米　糠 | 10.0 | 11.34×0.1<br>=1.134 | 11.6×0.1<br>=1.16 | 0.06×0.1<br>=0.006 | 1.58×0.1<br>=0.158 | 0.56×0.1<br>=0.056 |

续表 3-4

| 饲　料 | 配　比 (%) | 消化能 (兆焦) | 粗蛋白质 (%) | 钙 (%) | 磷 (%) | 赖氨酸 (%) |
|---|---|---|---|---|---|---|
| 豆　饼 | 15.0 | 13.56×0.15 =2.03 | 41.6×0.15 =6.24 | 0.32×0.15 =0.045 | 0.5×0.15 =0.075 | 2.49×0.15 =0.374 |
| 菜籽饼 | 5.0 | 11.59×0.05 =0.58 | 37.4×0.05 =1.87 | 0.61×0.05 =0.031 | 0.75×0.05 =0.038 | 1.18×0.05 =0.059 |
| 骨　粉 | 1.5 | — | — | 30.12×0.015 =0.452 | 13.46×0.015 =0.202 | — |
| 合　计 | 98 | 12.364 | 15.08 | 0.569 | 0.713 | 0.705 |

注：表中各乘式的被乘数为每千克饲料中的养分含量(从表 3-3 而来)，乘数为初步确定饲料所占的百分比

第四步，调整配方和平衡饲料营养成分。将以上计算结果与标准需要(见第一步)进行比较，并得出差值(表 3-5)。

表 3-5　初步确定各饲料养分与标准需要量比较

| 项　目 | 消化能 (兆焦/千克) | 粗蛋白质 (%) | 钙 (%) | 磷 (%) | 赖氨酸 (%) |
|---|---|---|---|---|---|
| 标准需要量 | 11.72 | 11.0 | 0.61 | 0.49 | 0.35 |
| 初步确定配方计算结果 | 12.36 | 15.08 | 0.569 | 0.713 | 0.70 |
| 差　值 | +0.64 | +4.08 | −0.041 | +0.223 | +0.35 |

第五步，根据表 3-5 计算差值可知，初定配方中消化能比标准高 0.64%，粗蛋白质高 4.08%，磷高 0.223%，赖氨酸高 0.35%。因此，应该调整蛋白质、磷和赖氨酸高的饲料，也就是把含蛋白质和赖氨酸高的豆饼和含磷多的麦麸百分比降低，把稻谷百分比上

升。豆饼降至 5%,麦麸降至 7%,玉米降至 30.5%,稻谷上升至 39%。调整后的各饲料营养值见表 3-6。

**表 3-6　调整后的各饲料营养值**

| 饲　料 | 消化能（兆焦） | 粗蛋白质（%） | 钙（%） | 磷（%） | 赖氨酸（%） |
|---|---|---|---|---|---|
| 豆　饼 | 13.56×0.05 =0.68 | 41.6×0.05 =2.08 | 0.32×0.05 =0.016 | 0.5×0.05 =0.025 | 2.49×0.05 =0.125 |
| 麦　麸 | 10.59×0.07 =0.74 | 13.5×0.07 =0.95 | 0.22×0.07 =0.015 | 1.09×0.07 =0.076 | 0.67×0.07 =0.047 |
| 玉　米 | 14.35×0.305 =4.38 | 8.5×0.305 =2.59 | 0.02×0.305 =0.006 | 0.21×0.305 =0.064 | 0.26×0.305 =0.079 |
| 稻　谷 | 11.59×0.39 =4.52 | 6.8×0.39 =2.65 | 0.03×0.39 =0.012 | 0.27×0.39 =0.105 | 0.27×0.39 =0.105 |

第六步,把调整后的几种料替换到初步确定的配方中进行计算(表 3-7)。

**表 3-7　调整后的饲料配方及养分含量**

| 饲　料 | 配　比（%） | 消化能（兆焦） | 粗蛋白质（%） | 钙（%） | 磷（%） | 赖氨酸（%） |
|---|---|---|---|---|---|---|
| 玉　米 | 30.5 | 4.38 | 2.59 | 0.006 | 0.064 | 0.079 |
| 稻　谷 | 39.0 | 4.52 | 2.65 | 0.012 | 0.105 | 0.105 |
| 麦　麸 | 7.0 | 0.74 | 0.95 | 0.015 | 0.076 | 0.047 |
| 米　糠 | 10.0 | 1.13 | 1.16 | 0.006 | 0.158 | 0.056 |
| 豆　饼 | 5.0 | 0.68 | 2.08 | 0.016 | 0.025 | 0.125 |
| 菜籽饼 | 5.0 | 0.58 | 1.87 | 0.031 | 0.038 | 0.059 |
| 骨　粉 | 1.5 | — | — | 0.452 | 0.202 | — |
| 合　计 | 98.0 | 12.03 | 11.30 | 0.538 | 0.668 | 0.471 |

第七步，将调整后的配方计算结果与标准需要量进行比较(表3-8)。

**表 3-8　调整后计算结果与标准需要量比较**

| 项　目 | 消化能(兆焦) | 粗蛋白质(%) | 钙(%) | 磷(%) | 赖氨酸(%) |
| --- | --- | --- | --- | --- | --- |
| 标准需要量 | 11.72 | 11.0 | 0.61 | 0.49 | 0.35 |
| 初步确定配方计算结果 | 12.03 | 11.3 | 0.54 | 0.67 | 0.47 |
| 差　值 | +0.31 | +0.3 | −0.07 | +0.18 | +0.12 |

从上表差值可以看出，消化能、粗蛋白质和钙含量的计算结果与标准需要量相差不多，不需要再调整。只有磷和赖氨酸含量比标准值多些，由于磷是总磷，有部分不能被利用，可以忽略不计，故高一些也是正常的。如果想平衡，可在配方中添加 0.5%的石粉(或贝壳粉等)，即可保持钙、磷平衡。赖氨酸比标准高 0.12%，仍属正常范围，故无须再调整。至此，体重 120～150 千克的母猪妊娠前期的饲料配方，全部设计完成。

# 第四章　猪的繁殖与杂交

## 第一节　猪的繁殖

### 一、猪的生殖器官及功能

**(一)公猪的生殖器官**　公猪的生殖器官由睾丸、附睾、阴囊、输精管、尿道、副性腺(包括精液囊、前列腺、尿道球腺)、阴茎及包皮组成(图 4-1)。

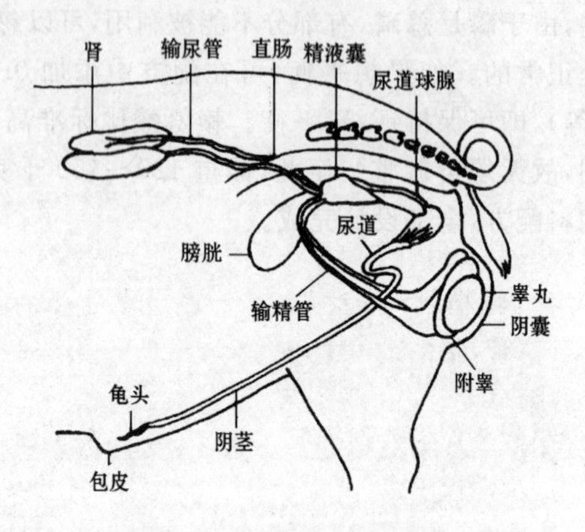


图 4-1　公猪的生殖器官

**(二)公猪生殖器官的功能**

1. 睾丸　睾丸是产生精子和睾酮的组织,是最主要的腺体。睾丸由血管、神经、间质、结缔组织及产生精子的组织构成。

睾丸外部包有睾丸白膜，是一层坚韧的纤维膜，血管分布少，主要是结缔组织。白膜的纤维束由睾丸的前段进入睾丸实质中，形成睾丸纵隔，同时睾丸周围许多纤维束进入睾丸实质中，把睾丸分成若干个小叶。小叶内由许多又细又长的小管子构成，叫做曲细精管，管中有许多细胞，精子由此产生。各曲细精管间的特殊间质细胞，可以分泌雄性激素——睾酮，它有维持公猪雄性特征和激发公猪交配欲的作用。

2. 附睾　附睾是精子后期成熟和贮存精子的组织器官。附睾与睾丸相连，位于睾丸的上缘稍外方。附睾中具备保存精子的适宜条件，附睾可以分泌酸性分泌物，温度比睾丸低，使精子长期保持不活动的休眠状态，精子在附睾中可停留 2 个月时间。附睾的另一个作用是分泌脂蛋白，在精子外表形成一层保护性薄膜，使精子在母猪生殖道中有较大的抵抗力，从而增加精子在母猪生殖道内的存活能力。

3. 阴囊　阴囊有保护睾丸和调节睾丸内温度的作用。如果睾丸温度和腹腔温度相等，就不能产生精子。因此，患隐睾症的公猪不能产生正常的精子，以至造成公猪不育。从检测得知，阴囊的温度要比腹腔的温度低 3℃～4℃。

4. 输精管　输精管是从附睾排出精子的通道。它与精液囊相结合形成射精管，猪的射精管较小，在尿生殖道的起始部，开始于黏膜形成的精阜上。

5. 副性腺体　副性腺体是精液囊、前列腺、尿道球腺等的总称。精液囊分泌黏稠而富含球蛋白的白色或浅黄色胶状液，这些胶状液在猪的阴道中很快凝结成块，形成黏稠的颗粒栓塞，防止精液从阴道中倒流出。精液囊位于膀胱附近的尿道的上面。猪有两个精液囊。前列腺位于膀胱颈上面靠近尿道起始部。前列腺分泌富含蛋白质的中性而不透明液体，促进精子运动。前列腺分泌液是刺激精子活动的激活剂。尿道球腺是一对近似圆柱体的腺体，位于尿道骨盆部的两侧，它的作用是分泌少量的碱性黏稠分泌物冲洗尿道，为精子通过做准备。

6. 阴茎和包皮　阴茎是公猪交配的器官，主要由海绵体及血管组成，公猪交配时海绵体充血使阴茎膨大勃起。

**(三)母猪的生殖器官**　母猪生殖器官由卵巢、输卵管、子宫角、子宫、阴道等组成(图 4-2)。

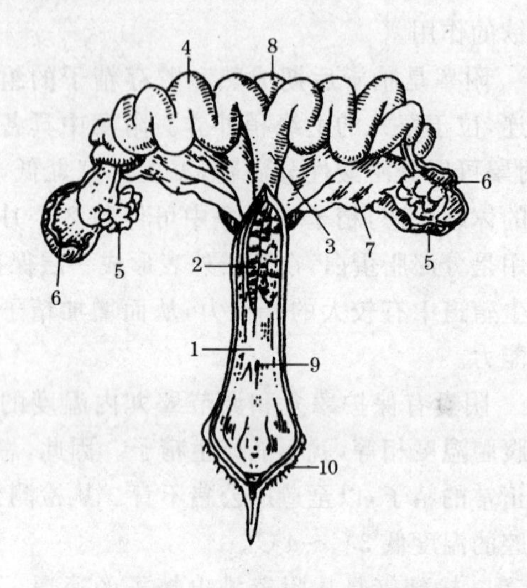


**图 4-2　母猪的生殖器官**

1. 阴道　2. 子宫颈　3. 子宫体　4. 子宫角　5. 卵巢
6. 输卵管　7. 子宫阔韧带　8. 膀胱　9. 尿道外口　10. 阴唇

**(四)母猪生殖器官的功能**

1. 卵巢　母猪的卵巢位于子宫角和输卵管的上端，分左右 2 个。卵巢的外表为卵圆形，表面因滤泡和黄体突出而形成结节。卵巢的上部有一深的切迹，称卵巢窝，血管从此进入卵巢窝紧接输卵管。卵巢的第一个功能是产生雌性细胞——卵细胞，卵巢的第二个功能是产生性激素。主要的雌性激素是动情素(雌二醇)，它能刺激猪乳腺的生长，促进母猪生殖道发育、维持母猪第二性征和交配欲的作用。在排卵后，滤泡萎缩，逐渐形成黄体，并分泌助孕素（孕酮），刺激子宫继续生长，抑制子宫肌肉收缩，造成适宜于胚胎在子宫壁上生长发育的条件，保证了妊娠。另外，卵巢还能分泌松弛素，促使子宫颈、耻骨联合、骨盆韧带松弛，抑制子宫肌肉收缩，更有利于胎儿在母猪体内生长发育。

2. 输卵管　输卵管是连接卵巢和子宫的1条弯曲的管子，靠卵巢一端有个很大的喇叭口，称输卵管伞部，伞被覆于卵巢表面，距卵巢很近。卵子从卵巢排出后，自然落入输卵管的喇叭口内，并沿着管子向下行，由于输卵管另一端与子宫角相连，卵子最终行至子宫内。输卵管是精子和卵子结合的地方。当母猪发情时，卵子排出落入输卵伞中，下行至输卵管1/3处，正好遇到向上游的精子，使精卵相结合——称为受精。受精的合子沿输卵管运行至子宫附植、发育。

3. 子宫　子宫是受精卵附植并进行胚胎发育和胎儿生长的地方。子宫位于腹腔内及骨盆腔的前部，在直肠的下方，膀胱的上方。子宫分外层浆膜、中层肌肉和内层黏膜3层。内层黏膜（子宫内膜）中有子宫腺。在母猪妊娠期子宫腺特别发达，机能旺盛，分泌子宫乳，对胚胎和胎儿的生长发育有好处。子宫分为子宫角、子宫体和子宫颈三部分。子宫角分左右各1条，呈弯曲带状，长50～90厘米，外形似小肠，俗称花肠。子宫角内壁黏膜呈现许多扁平卵圆形的隆凹物，称为子宫叶。子宫角是胚胎和胎儿生长发育的地方。子宫体是2条子宫角汇合的地方，与子宫颈相连，为一短圆筒形。子宫颈是阴道通向子宫的门户，猪发情配种时，子宫颈张开，让精子通过，妊娠后密闭起来，保护胎儿正常生长发育。猪没有明显的子宫颈阴道部。子宫颈内腔称子宫颈管，猪的子宫颈管比其他家畜长。

4. 阴道及外阴部　阴道和外阴部是母猪的交配器官，也是排泄道和分娩时胎儿的通道。阴道是指由子宫颈口起至尿道口前方的部分。阴道前庭是阴门至处女膜间的一段。外阴部包括阴门、阴唇和阴蒂。

## 二、种猪的选择

### (一)种公猪的选择

1. 外形鉴定　对种公猪外观要求是:头大额宽,胸宽深,背宽平,体躯深,腿臀丰满发达,骨骼粗壮,四肢有力,体质结实,合乎本品种的特征。

2. 繁殖功能　对公猪繁殖功能的选择要注意以下几点:①生殖器官不正常的公猪应淘汰;②要检查精液品质;③性征要表现明显,性功能旺盛,淘汰没有性欲的公猪,但需注意公猪配种的调教,经调教仍不能交配的才能淘汰。

3. 主要经济性状

(1)生长速度　测定体重20～90千克(地方猪种测定结束体重可适当小些)或断奶至6月龄阶段平均日增重(克/日)。

(2)饲料利用效率　测定体重20～90千克或断奶至6月龄阶段每千克增重所消耗的饲料量。

(3)背膘厚　用活体测膘仪或活体测膘尺,测定体重90千克或6月龄时的活体背膘。具体测定方法是,测定肩胛后角上方、胸腰椎结合部和腰、荐椎结合部距背中线4～6厘米(因品种而异)处的3点膘厚,取其平均值作为背膘厚的指标。

种公猪生长速度、饲料利用率和背膘厚的选择标准因不同品种而异,但至少要达到本品种的标准。也可以用上述3个性状构成选择指数,根据指数的大小进行选择。

### (二)种母猪的选择

1. 外貌鉴定　母猪的选择也要进行外貌鉴定。母猪的乳头要整齐,有效乳头不少于14个。应淘汰有异常乳头(内翻乳头、瞎乳头、小乳头)的个体。外生殖器正常,四肢强健。体躯要有一定的深度。

2. 繁殖性能　后备猪一般在7～8月龄时配种。此时主要淘汰发情迟缓或因繁殖疾患不能做种用的母猪。当母猪有繁殖成绩后,要重点选择窝产活仔数多、泌乳力强和断奶窝重大的母猪。对窝产仔数很低、泌乳力差、断奶窝重小的母猪,根据具体情况淘汰。

### 三、合理利用我国的猪种资源

**(一)我国地方优良猪种的保存和利用**　我国地方优良猪种有48个,都是在各种特定的生态条件下经过长期培育而成的。主要特点如下。

1. 适应性强　地方猪种经过长期的自然选择和人工选择,都表现出较强的适应性。地方猪比任何外来品种猪都更能适应当地的环境条件,抗病力强,南方猪耐暑,北方猪抗寒。这些特点在商品猪生产中非常重要,可以把本地猪作为杂交母本,以引入的优良瘦肉型猪做父本进行杂交,使其杂交后代既能提高产肉量和生长速度,又能适应不同地区的自然条件、生态环境和饲料条件。

2. 繁殖力高　大部分地方猪种都表现出性成熟早、发情征候明显、生殖器官疾患少、受胎率高、窝产仔数多和母性强等特点。在杂交猪生产中,繁殖力高这一特点应充分利用。

3. 肉质好　我国大部分地方猪种肉质优良。肉色鲜红,肌纤维嫩,肌肉含脂率较高,肉味好。

4. 缺点　地方猪种胴体脂肪含量高,肥育性能差,品种内生产性能变异程度和变异范围较大。

地方猪的保种关键是,免受外来品种的混杂或被灭绝,并在此基础上开展本品种选育,进一步提高生产性能。在地方猪种的利用方面应因地制宜地开展经济杂交,充分发挥地方猪种在商品猪生产中的作用。

**（二）我国培育猪种的选育和利用**　多年来，我国培育了许多肉脂型品种猪，如哈白猪、新淮猪、北京黑猪等，胴体瘦肉率一般为45%～56%。这些猪种直接作为商品猪还不能满足人们对瘦肉的需要。因此，一方面要开展品系繁育，培育产肉能力高的品系，进行系间杂交，生产杂优猪；另一方面在本品种选育的基础上，进行杂交。用国外的优良瘦肉型猪种杂交，既可提高培育猪种的产肉能力，又可充分发挥培育品种繁殖力较高、肉质好、生活力强的亲代杂种优势。此外，我国近几年来育成了几个瘦肉型猪种，如三江白猪、湖北白猪、浙江中白猪等。这些猪种胴体瘦肉率一般为57%～62%。对这些品种猪的利用应重点放在品系选育、系间杂交和作为经济杂交的父本或母本。

**（三）国外引入猪种的选育和利用**　从国外引入的瘦肉型猪种，主要是作为培育新品种或新品系的亲本和经济杂交中的父本。近些年来，我国从国外引进了许多优良猪种，如长白猪、大约克夏猪、杜洛克猪、皮特兰猪、斯格猪配套系和汉普夏猪等品种（系）。这些优良猪种在我国猪的育种和经济杂交中起了很大作用。由于引入猪种要长期使用，这就不仅要保种，妥善保存这些优良的基因资源，而且还应加强选育。选育应以保持原有优良特性为前提，从加强它们对当地条件的适应性入手，在此基础上扩大繁育，逐步提高其生产性能。具体措施如下。

1. *集中饲养*　引入的同一猪种应相对集中饲养在以繁育该品种为主要目的的良种场，如过于分散就难以保持一定数量的种群进行选育。同时，也会由于近交系数的增长而造成不利影响。

2. *逐渐过渡*　对引入猪种的饲养管理应采取逐渐过渡的办法，使之逐步适应当地的气候条件、生态环境和饲养管理条件，提高适应性。

3. *加强饲养管理*　对引入猪种应尽可能创造与原产地相似的饲养管理条件，如饲料粗蛋白质水平要求较高等。

4. 选育提高　引入猪种多用作经济杂交的父本。因此，选育的重点应放在日增重、饲料利用效率和胴体品质等经济性状的保持和提高方面。特别应重视对肉质性状的选择，如降低长白猪的灰白水样肉的发生率。长白猪和大约克夏猪的肢蹄健壮性较差，应逐步选育提高。

5. 建立繁育体系　在建立原种场的基础上，还应建立原种繁殖场，扩大繁殖和推广。

6. 品系选育　在引入品种或品系的基础上，选育出适合我国条件的瘦肉型猪品种或品系。

## 四、配　种

配种是猪繁殖的一个关键环节，必须切实地做好。

**(一)配种的方法**　交配的方法有本交和人工授精。本交又可分为自由交配和人工辅助交配。

1. 本　交

(1)自由交配　自由交配就是在公、母猪交配时没有人为的帮助。这种方法不提倡，因为这种交配耗时较多，公、母猪消耗体力较大，而且当公猪第一次爬跨配不准，或几次配不准时，可能造成其终身不能做种用。

(2)人工辅助交配　交配场所应选择离公猪舍较远、安静而又平坦的地方。具体做法是：让母猪站在适当的地点，辅助人员在公猪爬跨母猪时，一手将母猪尾巴拉向一侧，另一手牵引公猪包皮将阴茎导向母猪阴门，根据公猪肛门附近肌肉一收一伸，判断公猪是否射精。与配公、母猪体格大小最好相仿，否则应采取一些辅助措施。

2. 人工授精　猪的人工授精技术是养猪业中一项先进的繁殖技术。采用人工授精是加快养猪业发展的有效措施之一。可提高优良公猪的利用率，减少公猪饲养头数，克服公、母猪体格大小相差悬殊造成的配种困难;配种不受地域限制,扩大配种地区范围,可代替种猪的引进,避免传染病的传播,有利于杂交改良工作的进行;可提高母猪的受胎率,增加窝产仔数和窝重。人工授精主要包括采精、精液品质检查、精液稀释、保存、运输和输精 6 个方面。人工授精是大规模的配种工作,必须设置专门的机构——人工授精站(或人工授精室),开展这项工作。近年来,我国猪的人工授精工作取得了一定的成绩,但远远不能满足当今发展瘦肉型猪的杂交生产和品系培育的要求。应根据地区繁殖母猪头数、分布、交通等情况,合理配置人工授精机构,建立和完善猪的人工授精体系。同时,不断改进人工授精技术,提高受胎率。

**(二)配种的方式** 公、母猪交配的方式,按照母猪一个发情期内配种次数,分为单次配种、重复配种、双重配种和多次配种。

1. 单次配种 母猪在一个发情期内,只用 1 头公猪交配 1 次。

2. 重复配种 母猪在一个发情期内,用同 1 头公猪先后配种 2 次,两次配种间隔 12～18 小时。育种猪场和商品猪场均可采用此法,既可增加窝产仔数,又不会混乱血缘关系。

3. 双重配种 母猪在一个发情期内,用不同品种的 2 头公猪或同一品种的 2 头公猪,先后间隔 5～10 分钟各配 1 次。商品猪场可采用此法。

4. 多次配种 母猪在一个发情期内,进行 3 次以上配种,这种方式并不能明显提高窝产仔数,故一般不太提倡。

**(三)配种工作的实施** 无论是集体养猪还是农户养猪,对于猪群的配种都应首先做好配种的计划工作,并应做好现场的各项组织工作。

1. 确定分娩制度 根据当地的气候条件、饲料资源和生产需要等确定采用长年分娩或季节分娩的分娩制度。

2. 制定配种计划 配种计划是全年生产计划的重要组成部

分。它是选种选配工作的具体体现，是制定全年猪群周转计划、劳动组织和饲养管理措施等的依据。因此，要根据猪群的生产目的和实际情况制定周密的配种计划，力求为每头母猪选择配合力好的种公猪配种繁殖。

3. 做好配种准备工作 配种准备阶段应对种公猪和繁殖母猪进行健康检查。对公猪检查精液品质，对母猪检查发育或膘情，针对出现的问题采取相应的措施。另外，还应做好配种的其他准备工作。

## 五、种猪的繁殖障碍及防治

### (一)种公猪的繁殖障碍及其防治

1. 性欲减退或完全丧失 有的是因先天性生殖器官发育不良而丧失交配能力；有的是因疾病以致性激素分泌异常；有的是因为饲养管理不当，如喂得过肥，尤其是维生素、矿物质不足引起营养失调而造成繁殖障碍。此外，爬跨调教方法不当和饲养环境不良也是诱发因素。主要防治措施是：对先天性生殖器官发育不良的公猪予以淘汰，治疗性激素分泌异常的猪；加强饲养管理，保证营养平衡，使公猪保持良好的体况。

2. 公猪有性欲，但不能交配 主要原因是由于阴茎和包皮异常或发炎疼痛、肢蹄软弱、关节炎、肌肉痛等而不能交配。对上述病症应及时诊断和治疗，久治不愈的应予淘汰。

3. 精子异常而不受胎 由于睾丸和副性腺功能降低，造成精子数少(或无)、活力低(或无)、畸形精子多等现象。上述精子异常多是某些疾病后遗症引起的，应及时对症治疗。

### (二)繁殖母猪的繁殖障碍及其防治

1. 不发情 后备母猪到配种适龄而不发情，原因有先天性生殖器官发育不良、畸形及性激素分泌失调等。对先天性生殖器官发育不良和畸形者予以淘汰。因饲养管理不良，失去机体平衡的母猪，改善饲养条件，供给青饲料或添加维生素和矿物质等可以得到改变。如果妊娠期和哺乳期饲养管理正常，母猪断奶后5～7天大部分即可发情，配种后就能受胎。但有的母猪不发情，原因主要是仔猪哺乳期间母猪营养不良。因此，在母猪泌乳期要根据哺育仔猪多少供给饲料，保证营养充足和全面。如果母猪断奶15天后还不发情，应考虑用性激素诱发。

2. 交配后不受胎　发情母猪与繁殖功能正常的公猪交配后，一般受胎率为80%～95%。有些不受胎的母猪，虽然卵泡正常发育，表现发情，接受公猪爬跨，但不排卵，这是因为卵泡消失或者转为水肿或囊肿，或者子宫有炎症，受精卵不着床（附植）。另外，后备母猪生殖器官异常也可能不受胎。母猪断奶后5～7天发情，配种受胎率高，窝产仔数多，因此，要掌握好这一时机。对于疾病造成的不孕应及时治疗。

3. 异常分娩和死胎　秋天分娩多发生一种叫做木乃伊的死胎，其原因主要是由于乙型脑炎等病原体感染所致。高温、高湿的环境易造成死胎。流产和早产是由于母猪腹部受到打击、咬架、跌倒、饲料中毒、感冒与热性病等原因引起的；特别是妊娠20～40天时最易引起流产。因此，在管理上要特别细致。另外，猪细小病毒可引起初产母猪流产和产死胎，在猪细小病毒病流行地区，初产母猪应注射猪细小病毒疫苗。

## 第二节　猪的人工授精技术

猪的人工授精又称人工配种，它是人为地采集公猪精液，经过处理后，再输入母猪的生殖器官内，使其受胎的一种方法。

### 一、猪人工授精的优点

**（一）提高良种公猪的利用率**　1头优良的种公猪，在本交情况下，一年只能负担20～40头母猪的配种，如果是季节性产仔，只能负担15～30头母猪的配种；而采用人工授精技术，1头优良种公猪的精液可给100或几百头母猪输精。从而扩大了优良种公猪的利用效率，有效地提高了猪群的质量。

**(二)人工授精可以加速猪群改良速度**　由于1头公猪1次采集的精液可以为许多头母猪输精，因而促进了猪群改良。

**(三)人工授精可以避免一些传染病的发生**　由于人工授精是按严格的消毒方法操作，避免了公猪直接接触母猪可能造成的某些传染病的传播。

**(四)人工授精可以克服公、母猪体格大小不同造成不易交配的困难**　如我国地方猪种一般体格偏小，而引入猪种一般体格偏大，在杂交过程中，造成配种困难。而采用人工授精方法，可以不受体格大小的限制。

**(五)人工授精可以克服远距离公、母猪不能互相交配的困难**　在养猪生产中，为了改良猪种，更新血缘，采用远距离运送优良种公猪的精液，为母猪输精，解决了公、母猪不在同一地区饲养难以交配的问题。

**(六)人工授精可以减少种公猪的饲养量，节约饲料，降低饲养成本**　我国是世界上的养猪大国，猪的饲养量大，每年出栏商品猪4亿～5亿头。因此，需要很多种公猪去配种。假如按全国饲养种公猪210万头计算，每头每年消耗精饲料700千克，全年约需精饲料14.7亿千克。如果全部实行人工授精，公猪数量可以减少到原来的1/3，即为70万头，可减少种公猪140万头，每年可节省饲料9.8亿千克。如果饲养1头商品猪需饲料300千克，则每年节省的饲料又可饲养商品猪327万头。这无疑将大大地提高养猪生产效率。

## 二、猪人工授精的方法

（一）采集精液　当公猪与母猪接近时，通过对母猪毛色、气味、鸣叫等的视、嗅、听、触，引起公猪神经系统的兴奋，形成性反射，导致射精。采集公猪精液一般应用徒手采精的方法。此方法不使用假阴道装置，采精员只要戴上橡胶手套，蹲于公猪右侧，左手握成空拳，待公猪在爬跨假母猪台上伸出阴茎后，立即将公猪的阴茎导入空拳内，用手指由轻到紧有节奏地握住螺旋状阴茎龟头后部，以拇指适当摩擦，引起公猪射精。同时，采精员一手持集精瓶接取公猪的精液（图 4-3，图 4-4）。徒手采精法不需要更多的设备，而且操作简单易行，是当前较广泛使用的一种采集精液的方法。

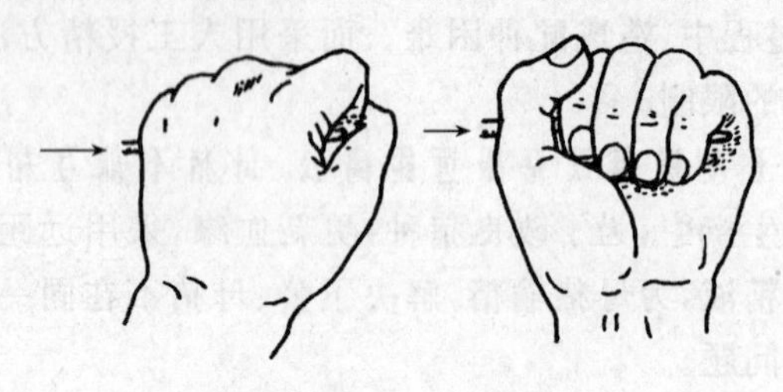

**图 4-3　徒手采精法**　（箭头示阴茎进入方向）

**图 4-4　徒手采精法采精情况**

**（二）调教公猪** 无论采用哪种采精方法，公猪都必须经过训练。训练公猪的方法应根据具体情况而定。通常选择1头发情很旺盛的母猪，把它固定在假母猪台下面，然后把公猪赶来，引起性欲冲动，待公猪爬跨上假母猪台，将公猪阴茎导入假阴道内进行采精。如此训练数次后，即可形成条件反射。另外，也有将发情旺盛母猪尿液涂抹在假母猪台背上，引诱公猪爬跨，训练接受采精。还可以让新采精公猪在旁边观看训练好的公猪爬跨假母猪台，待新公猪跃跃欲试时，把训练好的公猪赶走，让新公猪爬跨假母猪台，经几次训练后，便可进行采精。训练调教公猪是一项细致的工作，有的公猪性情迟钝，条件反射容易形成，训练1～2次即可成功；有的公猪较敏感，或带有神经质，则较难训练，训练人员要耐心细致，反复训练，直到成功为止。在公猪训练工作中，没有使用过的公猪，较已配过种的公猪好训练。

**（三）公猪射精与采精频度** 使用假阴道采精要有适当的温度、压力和润滑度。当公猪爬跨假母猪时，采精人员用手握住公猪包皮，使阴茎自然插入假阴道内。公猪射精时，伏卧在假母猪台上不动，肛门不断收缩，并发出哼哼叫声，即为射精表现。公猪的射精量一般为200～300毫升，含有300亿～500亿个精子。公猪射精完毕，阴茎收缩，从假母猪上下来，即可取出假阴道，使全部精液流进集精杯，进行过滤检查和稀释处理。对已用过的假阴道，即刻洗刷消毒。

公猪全部射精时间需6～10分钟。在1次采精（交配）过程中，可出现3次射精波。第一次为1～5分钟，射精量占射精总量的5%～20%，含有微量尿液，只含有很少量精子，多数为副性腺分泌物，酸碱度（pH值）为8.4～9.0；第二次为2～5分钟，射精量占总量的30%～50%，呈乳白色，含有大量精子及若干胶状物质；第三次为3～8分钟，射精量占总量的40%～60%，稀薄如水，精子含量少，有很多胶状物质。据董伟等人研究，利用3个集精瓶分别收集精液，最初射出的精液几乎不含精子；中间射出的精液较浓稠，含有较多的精子；最后射出的精液十分稀薄。据日本学者丹羽研究证明，猪的射精类型可分为5种，在1次射精过程中射出1次浓厚精液的为一次型，以下按射精次数可分为二次型、三次型和四次型等。不能明确区分属上述何种射精型的为混合型。各类射精型在射精过程中占的比例以一次型最多，约占53.5%，二次型约占27.5%，三次型约占6%，四次型约占11%，混合型约占2%。一般情况下，射精次数越多，射精持续时间越长，射精量越大。

公猪的适宜采精频度应视年龄而定。配种繁忙季节，成年公猪每周可采精3次，隔日1次；1岁左右和4岁以上的成年公猪，每3日采精1次为宜。

采精时应注意以下几点：①采精前，先用温水洗刷公猪的包皮及其附近腹部皮肤，以减少异物混入精液；②为了1次采出多量精液，当公猪爬跨假母猪台后，要把它慢慢赶下来，再让公猪第二次爬跨，增加公猪性欲，让公猪充分射精；③采精时间要适宜，不能在饲喂后立即采精，一般应在饲喂后1～2小时采精。夏季炎热天气，宜在早、晚采精。冬季天气寒冷，宜在中午前后采精。雨天、冷天最好在室内采精。采精场所以安静、清洁为好。

**(四)假母猪台的设置**　假母猪台(或叫采精台)是猪只人工采精必要的设备。假母猪台的制作力求简便、结实，便于操作，公猪易于爬跨，且要因地制宜设置。假母猪台一般用木材制成，台架背部垫适量的稻草或棉絮，外层盖带毛的猪皮最好，后端可加盖一层塑料泡沫，以加强公猪的舒适感觉。其样式见图4-5。

**(五)采精用具准备**　采精前要仔细检查采精台和采精用具。假母猪台是否结实，有无破损，防止伤害公猪；假母猪台和场地是否清洁卫生，防止污染采集的精液。对假阴道、采精器皿要进行严格的蒸煮消毒，高温消毒后，用生理盐水冲洗一遍；胶皮用具洗涤干净后，再用70%的酒精消毒。严格检查假阴道的内胎、漏斗是

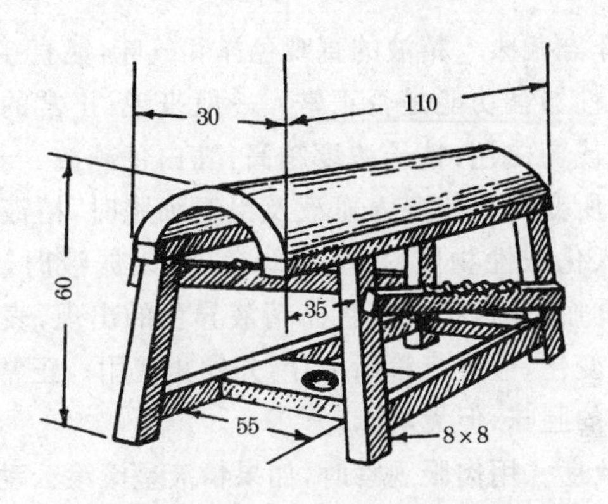


图 4-5 假母猪台的构造 （单位：厘米）

否脱胶、漏水，内胎必须严密地固定在外壳上；集精瓶外用纱布包好，冬季要加保暖装置；在外筒和内胎之间要加水调温，水温一般以 40℃～42℃为宜。加水后用双联橡皮球加压充气，使内胎充气靠拢成三角形。

准备好精液品质检查仪器、用具和药品，备好精液稀释液。

**（六）精液处理** 公猪精液采集后，立即过滤，消除胶状物。然后进行各项目的品质检查。过滤方法一般是用消毒生理盐水浸泡过的消毒双层纱布，盖在玻璃漏斗的嘴部，漏斗尖端靠近容器的内壁，然后将精液过滤干净。

1. 精液品质检查　常用的精液品质检查指标有：射精总量、射精量、色泽和气味、浑浊度、酸碱度、精子密度、精子畸形率、精子活力等。

（1）射精总量　当猪射完精后，直接记录下集精瓶上的刻度读数，即为射精总量。

（2）射精量　把猪的射精总量经过滤、排出胶状物后剩余的精液量，即为射精量。公猪每次射精量平均为 200 毫升左右，胶状物一般占精液总量的 20%左右。

(3)色泽与气味　精液的直观色泽和气味，能直接反映精液品质的优劣和性器官功能是否正常。一般来说，正常的公猪精液颜色为灰白色或乳白色，精子浓度越高，乳白色越浓。若混有异物，颜色相应有所变化。如混入血液及组织细胞时，精液带浅褐色或暗褐色；混入化脓性物质时，呈浅绿色；混入尿液时，则稍带橙黄色；混入新鲜血液时，稍带红色。精液异色的出现，表明公猪生殖器官有病理变化，应进行诊断治疗，并停止使用。正常公猪精液具有一种特殊的腥味，但无臭味。

(4)浑浊度　用肉眼观察时，如果精液呈滚滚云动状，很浑浊，表示精子浓度高，活力好，可用“＋＋＋”号表示，稍差可用“＋＋”表示，最差用“＋”号表示。这种肉眼观察法是一种间接表示，准确性较差。

(5)酸碱度测定　公猪精液呈弱碱性(pH 7～8)。一般用广泛 pH 试纸检验。测定时，用消过毒的玻璃棒蘸少量精液滴于试纸上，再与标准比色纸进行比较，即可得出 pH 值。若精液上下层 pH 值改变过大，说明精液品质不良，不能使用。

(6)精子密度　精子密度较大，说明精液品质好；反之，则不好。检查精子密度的方法是，取精液 1 滴涂在干净消毒的载玻片上，在显微镜下观察，同时也可检查活力。精子的密度常分为密、中、稀 3 级。精子稠密表示精液中所含精子数多，在显微镜下检查时，充满整个视野，精子彼此之间的空隙不足 1 个精子的长度，一般很难看出单个精子的活动情况。此种精液精子密度为密级。中等密度，在显微镜下可以看到精子的各部分，精子彼此之间的距离大约可容纳 1～2 个精子，单个精子的活动清楚可见。稀薄级，精子数很少，精子分布于显微镜视野中的各处，精子彼此之间的距离大于 2 个精子。一般来说，每毫升猪精液中含 2 亿个以上精子的为“密”，1 亿～2 亿精子的为“中”，1 亿个以下的为“稀”(图 4-6)。

精液的密度可用血细胞计数器计算。其方法是：第一步先将

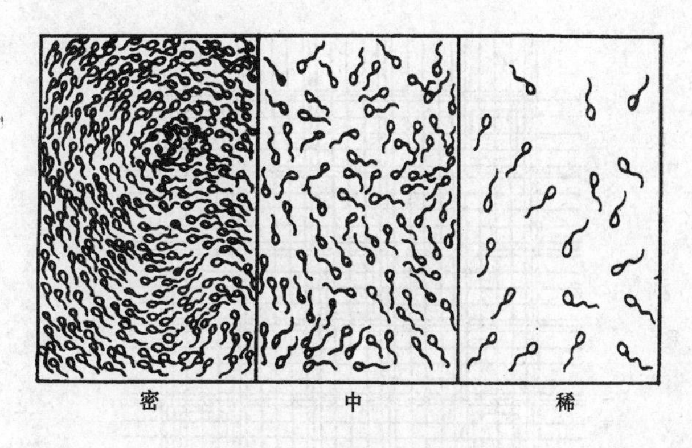


**图 4-6 精子密度等级**

要检查的精液样本轻轻摇匀,然后用血细胞计数器的吸管,吸取精液至吸管上 0.5 刻度的地方。第二步是用消毒纱布迅速将吸管上所沾染的精液抹掉,并随即将管内的精液吸至吸管的膨大部。第三步是再吸取 3%的氯化钠溶液至刻度的 101 处,如此便将原精液稀释至 200 倍。精液与 3%的氯化钠溶液混合,一方面达到稀释的目的,另一方面可杀死精子,便于对精子的观察和计算。第四步是将吸管中的精液与 3%氯化钠溶液充分摇匀,然后把吸管的混合液体吹出 4～5 滴弃掉,将吸管尖端放在计数板与盖玻片之间的空隙边缘,使吸管中的精液流入计数室(室高 0.1 毫米),至渗满为止。第五步是将装有精液的计数板放在显微镜下观察,计数板在显微镜下静放 3 分钟左右,让精子全部沉淀,再进行检查。将计数板放在显微镜的接物镜下,转动大小螺旋调节器,直至看见双线方格内的精子为止。计数板上用刻线划成 25 个正方形大方格,共由 400 个小方格组成(图 4-7),面积为 1 平方毫米。计算四角及中央的 5 个大格内的精子数,亦即计算 80 个小方格内的精子数。计算时以精子头部为准,位于方格各四边线条的精子,只计算上边和左边的,不计算下边和右边的,避免重复计算(图 4-8)。选择的 5

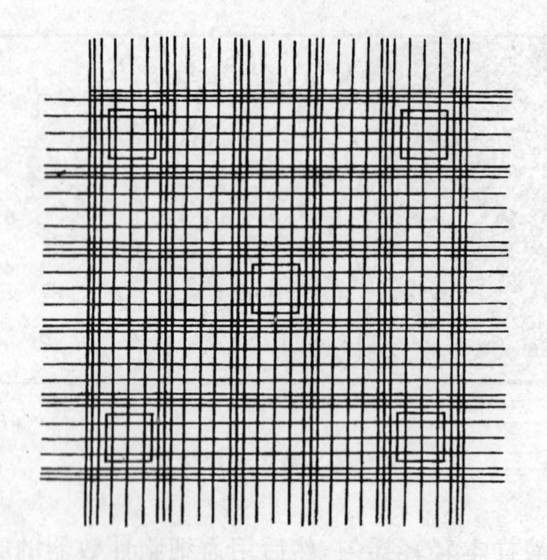

**图 4-7　血细胞计数器的计算方格**

（希里格氏式黑圈为应计数的方格）

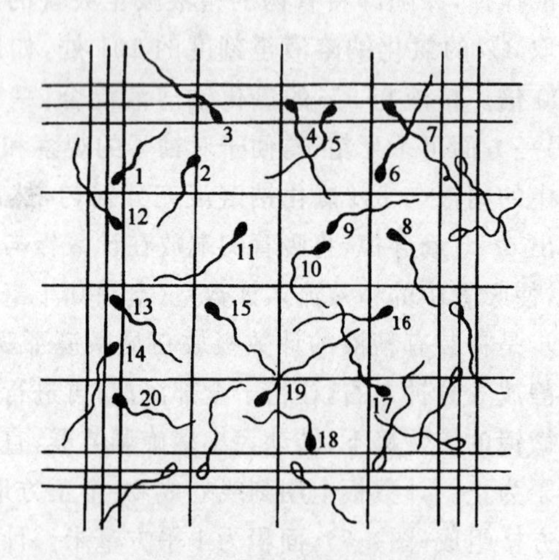


**图 4-8　计算精子数的顺序和方法**

（头部黑色的表示应计入，头部白色的表示不应计入）

个大方格应在1条对角线上,或四角各取1个,再加上中央1个。计算出5个大方格中的精子数后,即可换算出1毫升精液中的精子数。方法是:用所得5个大方格精子数乘以5,即为25个大方格(面积为1平方毫米,高0.1毫米的容积)内的精子数,再乘以10,即为1立方毫米内的精子数,再乘以1000,即为1毫升(即1立方厘米,等于1000立方毫米)内的精子数,最后再乘以稀释倍数,即可求得1毫升原精液中的精子数。例如,猪精液稀释10倍,5个大方格内有精子数250个,则1毫升原精液中的精子数为:

$$5\times250\times10\times1\,000\times10=125\,000\,000(1.25\text{亿})$$

为了减少检查误差,应连续检查两次样品,求其平均数,如果得到两次样品数字相差太多,可再进行第三次检查。为了检查准确,应首先做到取样正确,取样前将吸管内的水滴吹尽,先将吸管上连接的小胶管折叠过来,慢慢放松,吸到精液入内即可;其次应做到稀释准确,稀释时要看精液是否已吸到管内,如尚未吸入,必须先把精液吸入后再稀释。吸管内如有气泡,应暂时停止稀释,用拇指和食指塞住吸管两端,将吸管上下摇动,使其内部精液与稀释液混合后再吸。否则,由于气泡吸至胶管中,必然影响精子密度测定的准确性。吸入的稀释液,一定要吸至管的101刻度处,不允许过多或不足。

稀释液可用伊红盐水混合液,使精子染成红色,清晰可见。伊红盐水配制方法:2%伊红液2毫升,加蒸馏水50毫升混匀即成。

稀释方法掌握后,还应做到准确操作显微镜,才能保证检查结果的准确性。

(7)*精子活力* 精子活力是一个重要检查项目,是精液品质的重要指标之一。检查活力时,用滴管或细玻璃棒取1滴精液放在载玻片上,盖以盖玻片,置于显微镜下,放大300~500倍观察。检查时的温度应控制在38℃~40℃之间。温度过高时精子活动激烈，耗能过大，可造成精子很快死亡；温度过低时，精子活动缓慢，表现不充分，评定结果不准确。因此，在检查精子活力时，应给显微镜加保暖装置。如果猪精子密度较小，检查活力时可不加稀释液，直接取精液检查即可。

精子活力的评定，一般是推算能前进运动的精子所占的百分率。活力强的标以 0.9，0.8；活力中等的标以 0.7，0.6；活力弱的标以 0.5，0.4。0.9，0.8，0.7，0.6，0.5，0.4 分别代表 90%，80%，70%，60%，50%和 40%的精子具有前进运动。在显微镜下检查时，应多看几个视野，并上下扭动细螺旋，观察不同深度的精子运动情况。同时还要注意精子的运动形式（转圈、摆动）和速度。对常温保存的猪精液，检查活力时需升温，并轻轻振动以充氧，否则活力不易充分恢复。猪精子活力一般在 0.7～0.8 之间。

精子活力也可用死活鉴别染色法进行评定。把经过染色处理的精液涂在抹片上，可将死、活精子区别出来，然后算出活精子的百分比。这种检查方法相当准确，但需正确而迅速地制成抹片。其方法是，取 1 滴待检查的精液，放在干燥洁净的载玻片上，立即再取 1 滴 5%水溶性伊红溶液（用蒸馏水或磷酸盐缓冲液制备）与精液均匀混合，然后再滴上 2 滴 1%的苯胺液，随后用另一载玻片（磨边的）迅速推成抹片，待自然干燥后，在显微镜下观察。由于染色时活动着的精子不着色，死精子则因伊红渗入细胞膜而呈红色，据此可计算出活动精子百分比。用此方法计算的精子活力，比实际活力稍高，因为此法只能区别精子的死活，而不能区别运动方式。采用此法应注意在抹片时保持一定温度（35℃～38℃），制作要快，保证精液与染色液相混合。应用此法评定精子活力时，也可同时检查异态精子百分比。

（8）精子畸形率　精液中除正常精子之外，或多或少有不正常的精子存在。不正常的精子称为畸形精子。畸形精子在精子总数中所占的比例，称为精子畸形率。据测定，健康公猪精液中的精子畸形率为5%左右,大部分为带有原生质滴的未成熟精子或卷尾精子。试验证明,精子畸形率超过14%时,就会影响受胎率。畸形精子大致分为头部畸形、颈部畸形、中片部畸形和尾部畸形4类:头部畸形包括大头、小头、细长头、梨状头、双头等;颈部畸形包括大颈、长颈、屈指颈等;中片部畸形包括膨大、纤细等;尾部畸形包括卷尾、折尾、长大尾、短小尾、双尾、无尾等。

精子畸形率的检查方法是,先取1滴精液,放在干净载玻片一端,再用另一载玻片一端接触精液前面,向前呈35°～45°角轻轻地拉引,把精液在载玻片上均匀地涂上一薄层,置于空气中干燥后,浸入95%酒精中固定1～3分钟。取出后用清水洗一下,再用0.5%龙胆紫酒精溶液、红墨水或蓝墨水少许,滴在载玻片的精液涂层上,经1～3分钟,精子便染上了颜色,再用清水冲洗,待干燥后镜检。检查时计算500～1000个精子,看其中有多少畸形精子,用下列公式计算精子畸形率:

$$精子畸形率=\frac{畸形精子数}{计算的精子总数}\times 100\%$$

(9)精子存活能力 精子存活能力与受精能力密切相关,存活能力保持越久,则受精能力越高。为此,检查精子的存活能力,也是判断精液品质的重要指标,特别是判断长期保存后的精液品质,更具有特殊意义。其检查方法有以下两种。

①美蓝褪色法:精液中的活精子,在生活时需要消耗氧气,结果使美蓝褪色。活动精子越多,氧气消耗越多,美蓝褪色越快。品质优良的精液,美蓝褪色时间一般为3～6分钟,如超过9分钟,就不能用来输精。测定时取一小玻璃瓶,加入3.6%柠檬酸钠溶液100毫升,再加入美蓝50毫克,使之溶解,配成美蓝溶液。另取一试管,加入卵黄柠檬酸钠稀释液0.8毫升,再加入精液0.2毫升,充分混合。吸取美蓝溶液0.1毫升加入稀释液中,滴加1厘米厚的消过毒的中性液状石蜡于稀释精液表面,将试管放入43℃～

46℃的水中，保持静止，观察美蓝褪色所需的时间。

②抗力测定法：精子抗力测定是通过精子能忍受1%氯化钠溶液作用的强度来测定的。具体方法是：用吸管吸取0.02毫升精液，放入一容量为200毫升的三角瓶中，然后在滴定管中装入1%氯化钠溶液，滴入盛有精液的三角玻璃瓶中，每次滴后使溶液与精子混合均匀。然后用吸管从三角瓶中取出一小滴稀释的精液，放在载玻片上，置于显微镜下进行检查，直到精子活动停止。进行抗力测定时，室温应保持18℃～25℃，并应于15分钟内操作完毕。抗力系数测定公式如下：

$$抗力系数=\frac{所用氯化钠溶液毫升数}{所取精液的毫升数}$$

2. 精液的稀释

(1)精液稀释的目的　精液稀释的目的之一是为了增加精液容量，以便能为更多的母猪输精。一般每次给母猪输精量为30～50毫升，如果不加稀释，公猪的1次射精量只能给4～5头母猪输精配种；经过稀释后的1头公猪的精液，可为10～20头母猪输精配种，从而显著提高种公猪的利用效率。精液稀释的目的之二是有利于延长精子存活时间。不稀释的精液，精子在体外保存时间短，死亡快，这是因为精液中含有大量副性腺分泌物，对精子原生质皮膜有不良作用，稀释后可冲淡副性腺分泌液浓度，保护原生质皮膜，有利于精子存活；另外，稀释液还为精子补充了营养物质，可以延长精子寿命，故稀释液也叫保存液。精液稀释的目的之三是有利于精液的长期保存和运输。

(2)稀释液的成分及应具备的条件　稀释液的主要成分有化学制剂(包括某些盐类，如柠檬酸钠、氯盐、磷酸盐、碳酸盐、酒石酸盐等；某些糖类，如葡萄糖、蔗糖、乳糖、果糖等；某些酸类，如石炭酸、柠檬酸等及甘油等其他制剂)，生物制品(包括卵黄、奶及其制品、某些植物汁液、蜂蜜等)和抗菌药物(包括抗生素、磺胺类等药物)。要求稀释液的成分对精子无损害,而且能提供营养,有利于保存,同时还要成本低,易取材,效果好。稀释液要与精液的渗透压相等。渗透压低时,水分易被精子吸入体内,造成精子膨胀和死亡;渗透压过高时,水分从精子体内渗出,致使精子萎缩,也可造成死亡。稀释液的酸碱度要求呈弱碱性或中性(pH 值 7~8)。稀释液应含有电解质和非电解质两种成分。电解质(硫酸盐、酒石酸盐等)对精子原生质皮膜有保护作用,而非电解质葡萄糖对精子又能起营养作用。

(3)稀释液配制要点　蒸馏水应纯净新鲜,最好用玻璃蒸馏器自行制取,反复蒸馏 2 次。使用注射用蒸馏水最好,但成本较高。如蒸馏水缺乏,也可使用离子交换水或沸水。沸水应冷却后用滤纸过滤 1~2 次。使用沸水时,由于各地水质不同,应经过试验,证明对精子无不良作用后方可使用。

所用的化学试剂和磺胺类药物应准确称量,倒入一定量的蒸馏水,然后过滤、蒸煮消毒,冷却后再添加奶、卵黄和抗生素等。葡萄糖可用优良食用葡萄糖,如使用注射用葡萄糖液时,要换算成应有的浓度。化学用糖也可用纯净食用白糖(白砂糖、绵白糖或方块糖)代替。利用蔗糖代替葡萄糖时,称量时应增加 70%~100%。奶及奶粉液宜使用新鲜的(全奶与脱脂奶,奶粉与脱脂奶粉可互相代替),并需过滤,再隔水间接加温至 92℃~95℃,维持 10 分钟,冷却后将奶皮去掉,单用或取一定量混入其他稀释液中用。卵黄需取自新鲜鸡蛋,用注射器或吸管刺破卵黄膜抽取,亦可用玻璃棒剥开卵黄膜将卵黄轻轻倒出(不能混入卵白和卵黄膜),取一定量在容器中搅拌后再倒入已冷却的稀释液中,混匀。

常用的抗生素为青霉素钾盐和双氢链霉素,二者合用或只用链霉素,一般用量按每毫升稀释液添加 500~1000 单位。

配制稀释液和分装保存精液的一切器具以及稀释液,均须严格消毒。玻璃器皿要进行高温干燥消毒。

稀释液必须新鲜,应在当日采精前配制。经过严格消毒的稀释液也可放在冰箱内保存数日,但卵黄、抗生素、奶等成分须在临用时添加。

(4)稀释液配方

配方1:葡萄糖5克,卵黄20～30毫升,蒸馏水100毫升,青霉素500～1 000单位/毫升,链霉素500～1 000微克/毫升。

配方2:葡萄糖2.5克,二水柠檬酸钠1.45克,卵黄20～30毫升,青霉素500～1 000单位/毫升,链霉素500～1 000微克/毫升。

配方3:鲜奶或10%奶粉溶液45毫升,2.9%二水柠檬酸钠溶液45毫升,卵黄10毫升,青霉素500～1 000单位/毫升,链霉素500～1 000微克/毫升。

配方4:鲜奶或10%奶粉液30毫升,5%葡萄糖溶液90毫升,卵黄15毫升,青霉素500～1 000单位/毫升,链霉素500～1 000微克/毫升。

配方5:鲜奶或10%奶粉液30毫升,5%葡萄糖溶液30毫升,2.9%二水柠檬酸钠溶液30毫升,卵黄10毫升,青霉素500～1 000单位/毫升,链霉素500～1 000微克/毫升。

配方6:二水柠檬酸钠3克,卵黄30毫升,蒸馏水100毫升,青霉素500～1 000单位/毫升,链霉素500～1 000微克/毫升。

配方7:甘氨酸(氨基乙酸)2.6克,卵黄30毫升,蒸馏水100毫升,青霉素500～1 000单位/毫升,链霉素500～1 000微克/毫升。

配方8:葡萄糖3克,氯化钠0.3克,卵黄20毫升,蒸馏水100毫升,青霉素500～1 000单位/毫升,链霉素500～1 000微克/毫升。

配方9:鲜奶或脱脂奶20～30毫升,10%奶粉或脱脂奶粉液30毫升,卵黄20毫升,青霉素500～1 000单位/毫升,链霉素

500～1 000 微克/毫升。

配方 10:无水葡萄糖 5 克,柠檬酸钠 0.5 克,新鲜卵黄 3 毫升,蒸馏水 100 毫升。

配方 11:无水葡萄糖 3 克,碳酸氢钠 0.15 克,卵黄 30 毫升,蒸馏水 70 毫升,青霉素 1 000 单位/毫升,链霉素 1 000 微克/毫升。

配方 12:卵黄 25 毫升,3%柠檬酸钠溶液 25 毫升(即 0.75 克柠檬酸钠溶解于 25 毫升温水中),5%～6%葡萄糖溶液 50 毫升,青霉素 500～1 000 单位/毫升,链霉素 500～1 000 微克/毫升。

(5)精液稀释倍数　精液稀释倍数主要根据精子浓度决定,精子密度大、活力高时,稀释的倍数可以多;反之则少。因为母猪每次输精所需精子数以 50 亿～110 亿个、输精量 30～50 毫升为宜,所以稀释后的精液,每毫升应含精子数 1.67 亿～3.67 亿个。同时,应依据精子浓度,确定稀释倍数(表 4-1)。

**表 4-1　不同精子浓度的稀释倍数**

| 精子浓度(亿个/毫升) | 稀释倍数 |
| --- | --- |
| 2.0 | 1∶1 |
| 3.0 | 1∶(1～2) |
| 4.0 | 1∶(2～3) |
| 5.0 | 1∶(3～4) |
| 6.0 | 1∶(4～5) |

(6)稀释方法　稀释精液时,应将精液与稀释液温度调节一致。一般先将精液和稀释液放在同一室温中调温,温度应保持在 30℃～35℃。而后用刻度量杯或量筒,取要用的稀释液,再将精液沿杯(筒)壁慢慢倒入稀释液中。加入精液时速度要慢,不能太快,以免精子受到剧烈冲击造成损伤。精液与稀释液混合均匀后,进

行显微镜检查，如果未发现精子“暴死”，说明稀释液没有问题。然后定量分装、封好，在贮精瓶上贴上标签，注明公猪号码、采精时间、精液质量等。

3. 精液的保存　精液保存的原则是抑制精子活动，从而降低其代谢速度，以便达到延长精子存活时间的目的。为了抑制精子活动，降低代谢水平，普遍采用的保存方式是降温，随着温度的降低，精子亦随之趋于静止，体内能量消耗也大为减少。精子降温保存犹如动物的冬眠一样，精子并未丧失生命力，一旦温度升高，环境适宜，精子就会重新活动起来。

保存精液的方式按温度来说，分为常温保存、低温保存和超低温保存 3 种。从保存期限看，前两种保存期较短，为 1～7 天，而后一种保存期长，可达数月至数年。

(1)常温保存　指精液稀释后保存在一般温度下，如室温下、冷水中、保温瓶中或地窖中。常温保存的温度一般在 10℃～25℃。在这种温度下，精子运动虽明显减弱或消失，但其代谢过程并未停止，只是有所降低。因此，只能在一定限度内延长精子存活时间，可以保存数日。此方法因为不需要低温装置，故有一定实用价值。在常温下保存的精液，易受微生物繁殖侵害，故在稀释液中必须加入一定量的抗生素。

在农村，没有冷源条件时，可用冷水保存精液，常用的方法为保温瓶保存和水井保存两种方法。

保温瓶保存法是将新鲜的井水装入广口保温瓶（也叫冰壶）内，精液瓶装在塑料袋里，将塑料袋浸在冷水中，每天换水 1 次（图 4-9）。

水井保存法是将精液瓶用塑料袋装好，放在底部穿孔的竹筒或竹篮等容器内，再把竹筒或竹篮连同精液瓶一起放到井底保存，用时从井下取出（图 4-10）。

(2)低温保存　指在常温下进一步降低温度，使之接近冰点，

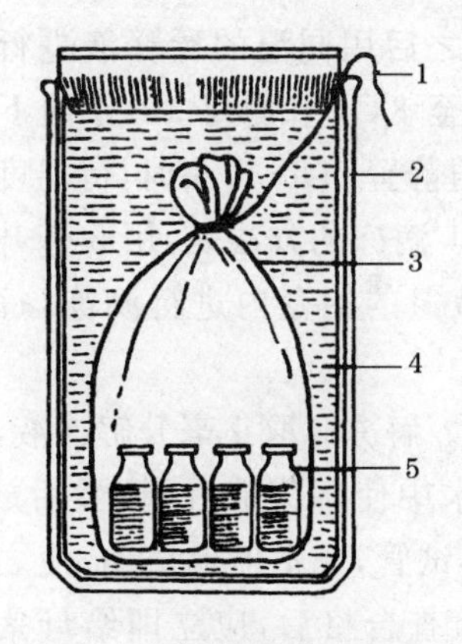


**图 4-9　保温瓶保存精液的方法**

1. 小绳　2. 冰壶　3. 塑料袋　4. 冷水　5. 精液瓶

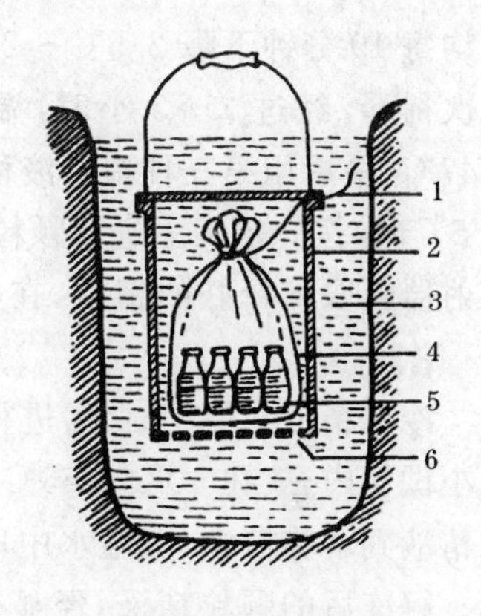


**图 4-10　水井保存精液的方法**

1. 小绳　2. 竹筒　3. 井水　4. 塑料袋　5. 精液瓶　6. 入水孔

这是在精液不致结冰的情况下，大幅度地降温。其方法是：把稀释的精液放在冰箱内或装有冰块的保温瓶中，温度一般控制在0℃～5℃。在这种温度下，精子运动完全消失，代谢显著降低，故保存时间长于常温保存。此方法在超低温冷冻猪精液未应用于生产之前，在猪的人工授精工作中曾起了重要作用。

(3)超低温保存　指将精液的温度降至冰点以下，使精液冻结起来，故又叫冷冻保存。此方法是目前最先进的保存方法。冷冻精液使用最普遍的冷源是液氮。超低温保存的温度一般为－29℃或－196℃。在此温度下，精子的代谢完全停止，保存时间较长，经数月甚至数年后仍可应用。应用冷冻保存法，必须保证冷源（液氮）的供应，不能中断。在应用液氮罐保存时，应隔一段时间加液氮1次。

当精液采集后，在30℃～32℃条件下，静置30分钟，或对全份精液进行离心处理10分钟，每分钟转速为1 500～2 000转，进行浓缩，除去精清。而后用稀释液稀释，经1小时温度降至15℃，平均每10分钟下降2.5℃～2.8℃；之后用同温的稀释液进行第二次稀释，经过2～3小时，温度降至8℃，平均每10分钟下降0.47℃，最后用第三种稀释液稀释，再静置0.5～1小时，待温度降至5℃时，按一定程序进行颗粒滴冻。滴冻的方法是，用5毫升的注射器吸取稀释好的精液，在盛有液氮的铝盒内进行滴冻，每粒0.1毫升。

冷冻精液在使用时，需进行解冻。解冻时取1毫升解冻液，装入小试管内，放在40℃～55℃的温水中使解冻液升温，然后放1粒精液到解冻液中，由温水中取出小试管，并不停地摇动，使之融化。解冻后的颗粒精液，经显微镜检查合格后，应立即给母猪输精。

**（七）输精技术** 输精是人工授精的最后一步工作，也是母猪受胎成败的关键。

1. 输精前的准备

(1)做好输精器具的消毒工作 对于多次重复使用的输精管，要严格消毒、清洗，使用前最好用精液冲洗一次。现在多使用一次性输精管。

(2)输精前做好母猪阴部的消毒工作 首先把母猪阴部冲洗干净，再用消毒过的毛巾擦干，并防止再次污染，防止将细菌带入阴道。

(3)识别母猪最佳配种时间

①母猪的发情鉴定：发情鉴定是输精的关键，大多数瘦肉型猪种发情不明显，需要仔细观察。适宜配种的母猪其阴户内表颜色由红变成紫红，手压其背时会出现静立反射，用公猪试情时，母猪会出现强烈的交配欲。②有人认为断奶后6天之内发情的经产母猪，在出现静立反射后的8～12小时进行首次输精，断奶后7天以上发情的经产母猪、后备母猪和返情母猪，出现静立反射后应马上输精。

(4)输精前精液要进行镜检　检查精子活力、密度、畸形率等。对于畸形率超过20%的精液不能进行输精。输精前应对精液在34℃～37℃的水浴锅中升温5～10分钟。

2. 输精方法　输精前,用0.1%高锰酸钾溶液清洗母猪外阴部,再用清水洗去消毒水,防止消毒水污染精液。用一点精液或人工授精用的润滑液涂抹在输精管的海绵头上,以利于输精管插入时的润滑。然后用手将母猪的阴唇分开,将输精管沿着斜向上呈45°角慢慢插入阴道内,当插入25～30厘米时,会感到有阻力,此时,输精管已到子宫颈口,用手再将输精管左右旋转,稍一用力,输精管顶部则进入子宫颈的第2～3皱褶处,发情好的猪便会将输精管锁定,当回拉时则会感到有一定的阻力,此时便可进行输精。

当用输精瓶输精时,在插入输精管后,用剪刀将输精瓶盖的顶端剪去,插到输精管尾部就可输精;当用输精袋输精时,只要将输精管尾部插入输精袋入口即可。为了便于输精和精液的吸收,可在输精瓶底部开一个口,利用空气压力促进吸收。每次输精应持续5分钟以上,输精时严防精液倒流,输精完毕折弯输精管尾部插入精液瓶(袋)中,留置5～10分钟,让其自行脱落或退出少许后再拉出。为了便于输精和精液的吸收,可在输精时,将试情公猪赶到输精母猪的栏外,刺激母猪性欲的提高,也可按摩乳房、阴户、肋部,或输精员倒骑在母猪背上等,都能增加输精效果。

近几年,推出一种新的输精管,是在常规输精管内安装一套管,输精时用力挤压将套管挤出,使套管比原输精管多进入子宫深部约20厘米,精液直接输入到子宫深部,故称为子宫内输精。宫内输精的主要优点是输精速度快、精液用量少、减少精液回流,缺点是输精成本较高。

3. 输精量和输入精子数　由于猪品种、饲养管理条件、猪的健康状况和配种时间不同,输精量和精子数有所区别。具体的输精量报道差别相当大,但大多数报道推荐:瘦肉型猪经产母猪的输精量应不少于100毫升，初产母猪不少于80毫升，有受精能力的精子数15亿个左右，母猪的受胎率为85%左右；本地猪品种的输精量应为20～40毫升，输入的有受精能力的精子25亿～40亿个。有些商业化出售的精液一般每输精头份为80毫升，总精子数30亿个左右，精子活力不低于0.6。

**（八）影响猪人工授精效果的因素**

1. 公猪的精液　公猪精液品质的优劣是影响母猪情期受胎率和产仔数的直接原因。

（1）公猪精液本身的品质　采出的精液应经过检查，再给母猪输精。否则，不合格的精液会导致母猪情期受胎率和窝产仔数降低。当精液中死精率超过20%或精子活力低于0.7时，母猪受胎率和窝产仔数就会受到影响。精液稀释和保存都应按操作规程进行，否则会影响品质，进而降低母猪的受胎率和窝产仔数。

（2）输精时精液的保管　在炎热的夏天或寒冷的冬天，输精时精液瓶或袋暴露在外界时间太长，使精液品质发生变化，精子活力降低，导致母猪受胎率和窝产仔数降低。在夏天或冬天，若母猪输精量较大，应将精液放入泡沫箱中保存，可起到冬天保温、夏天降温（但温度不能低于15℃）的作用。

2. 母猪的健康状况

（1）母猪的体况　母猪太肥或太瘦，发情不明显或假发情，即使输了精也容易返情。因此，在母猪配种前应注意调节母猪的日粮和体况，保证母猪有良好的体况，使母猪能正常发情、配种。

（2）母猪的疾病　母猪患有疾病影响人工授精效果。如母猪患猪瘟、乙型脑炎、巴氏杆菌病等，母猪输精后很易返情；母猪患有可见性或隐性子宫炎，无论怎样输精都不会受胎。

（3）母猪生殖器官问题　如母猪输卵管堵塞等，输精后大都无效果。

3. 输精技术　输精时间、方法、配种员技术水平等影响授精效果。输精员配种经验是否丰富,观察母猪发情和掌握输精时间是否准确,输精等技术水平高低,直接影响输精效果,甚至影响母猪的受胎率和窝产仔数。因此,要加强对配种员的培养,提高其配种责任心和配种技术。

4. 温度　温度对母猪的受精效果有一定的影响,人工授精时温度过高或过低,都会对精子和卵子及受精过程有一定影响。因此,在母猪配种时应避开温度过高或过低时间,一般在夏季炎热时,应选在早上 7 时以前或下午 18 时以后温度较低时输精。

5. 输精管的选择　输精管应选择质量较好的一次性输精管。多次使用的输精管易造成消毒不严出现疾病的传播;质量较差的一次性输精管由于输精管前端海绵头太薄或易脱落,输精时易损伤母猪阴道,使母猪发生子宫炎,影响母猪的受胎率和窝产仔数。

6. 母猪的品种　地方品种猪发情明显,输精效果好;引进品种特别是大白猪和长白猪,由于发情不明显,输精时间不好掌握,输精效果不如地方品种猪。但如果工作做得好,母猪情期受胎率仍可达到 85%以上。

## 第三节　猪的杂交

杂交在养猪生产中有着十分重要的意义。杂交的目的是生产出比原有品种、品系更能适应当地环境条件和高产的杂种。一般在两方面应用杂交:一是杂交改良育种,即综合不同来源的优良性状,如以育成新品种为目的的育成杂交;二是利用杂种优势提高生产性能。

### 一、杂交在养猪生产中的意义

杂交是指不同品种、不同品系和不同品群之间的交配,利用杂交来提高猪的生产性能,特别是瘦肉产量。也就是说,杂交最大限度地挖掘了猪种的遗传基础，有效地提高了养猪经济效益。杂交所产生的杂种，往往在生活力、生长和生产性能等方面，在一定程度上优于杂交亲本，这就是常说的杂种优势。杂种优势已在养猪生产中广泛应用。提高猪的瘦肉产量和经济效益，采用杂交方式效果显著。杂种猪往往集中了双亲的优点，表现出生活力强、繁殖力高、体质健壮、生长快、饲料利用率高、抗病力强和易饲养等特点。用这些猪肥育，可以增加产肉量，节省饲料，降低成本，提高养猪的经济效益和社会效益。目前，国外养猪业中的商品猪绝大部分是杂交猪，一些养猪业发达的国家，杂种猪占商品猪的80%～90%。我国开展猪的杂交工作较晚，但近30年来此项工作已在养猪生产中广泛使用。

## 二、杂交的理论依据

杂种优势的产生主要是由于优良显性基因的互补和群体中杂合子频率的增加，从而抑制或减弱了不良基因的作用，提高了整个群体的平均显性效应和上位效应，生物机体表现生活力、耐受力、抗病力和繁殖力提高，饲料利用效率改善和生长速度加快，这就是猪经济杂交的理论基础。

## 三、杂种优势及其利用

**（一）杂种优势的概念和计算**　所谓杂种优势就是不同品种、品系间杂交，杂交后代性能平均值超过双亲平均值的部分。根据上述概念，杂交优势的计算公式如下：

$$\text{杂种优势率}(\%)=\frac{\text{杂种一代平均值}-\text{双亲平均值}}{\text{双亲平均值}}\times 100\%$$

**（二）杂种优势利用的效益**　杂种优势利用也称经济杂交。猪的许多经济性状如窝产仔数、泌乳力、生长速度、饲料利用效率、体质、抗病力、胴体品质等，是由许多不同遗传类型的基因决定的，杂种优势的表现程度也不相同，大致有下述情况。

1. 表现强杂种优势的性状　健壮性（抗应激能力、四肢强健程度等）、产仔数、泌乳力、育成仔猪数、断奶重和断奶窝重。

2. 表现中等杂种优势的性状　生长速度和饲料利用效率。

3. 表现弱或不表现杂种优势的性状　屠体性状、背膘厚、胴体长、眼肌面积、肉的品质等。

繁殖力、生活力和健壮性等性状遗传力低，主要受非加性基因的作用，近交时退化严重，杂交时表现明显的杂种优势。仔猪断奶后的增重速度和饲料利用效率的遗传力中等，加性基因和非加性基因影响中等，近交衰退和杂交优势都属中等。背膘厚、胴体品质等性状遗传力高，主要受加性基因的影响，近交的影响小，杂种优势也不显著，见表 4-2。

**表 4-2　遗传力与近交衰退、杂交优势间的关系**

| 性　状 | 遗传力 | 近交衰退 | 杂交优势 |
| --- | --- | --- | --- |
| 繁殖力 | 低 | 高 | 高 |
| 生活力、健壮 | 低 | 高 | 高 |
| 生长速度 | 中 | 中 | 中 |
| 胴体性状、背膘 | 高 | 低 | 低 |

需要说明的是，胴体瘦肉率没有杂种优势，杂种猪低于或等于双亲平均值，但比母本（地方猪种或培育的肉脂型品种）高，这对我国目前开展猪经济杂交，提高瘦肉产量有着重要的意义。

总之，养猪业中经济杂交的主要目的是提高产仔数，增加断奶仔猪数和断奶窝重，增强仔猪的生活力，改善健康程度，提高生长速度、饲料利用效率和胴体瘦肉产量，以期提高养猪生产的经济效益。

杂交组合优势率见表 4-3 和表 4-4。

**表 4-3　各组合杂种一代肥育和胴体性状杂种优势率**

| 性状 | 杂交组合 | | | | 亲本对照 | | |
|---|---|---|---|---|---|---|---|
| | 长×北 | | 杜×北 | | 长　白 | 杜洛克 | 北京黑 |
| | X̄ | 优势率(%) | X̄ | 优势率(%) | X̄ | X̄ | X̄ |
| 日增重(克) | 721 | 9.08 | 747 | 9.53 | 627 | 669 | 695 |
| 饲料/增重 | 3.42 | －6.81 | 3.27 | －5.63 | 3.85 | 3.44 | 3.49 |
| 6～7 肋膘厚(厘米) | 3.28 | －1.35 | 3.73 | 1.50 | 2.74 | 3.44 | 3.91 |
| 眼肌面积(厘米$^2$) | 30.55 | －8.16 | 31.28 | 7.69 | 36.06 | 27.62 | 30.47 |
| 腿臀比例(%) | 28.79 | －2.07 | 30.27 | 2.92 | 30.45 | 30.47 | 28.35 |
| 瘦肉率(%) | 56.17 | －0.35 | 56.20 | －0.25 | 57.76 | 57.71 | 54.97 |

注:长×北＝长白猪×北京黑猪;杜×北＝杜洛克猪×北京黑猪。X̄为性状平均值

**表 4-4　各杂交组合主要经济性状杂种优势率**

| 性　状 | 杂　交　组　合 | | | | | | 亲　本　对　照 | | | |
|---|---|---|---|---|---|---|---|---|---|---|
| | 长×湖Ⅲ | | 杜×湖Ⅲ | | 汉×湖Ⅲ | | 长白 | 杜洛克 | 汉普夏 | 湖Ⅲ |
| | X̄ | 优势率(%) | X̄ | 优势率(%) | X̄ | 优势率(%) | X̄ | X̄ | X̄ | X̄ |
| 日增重(克) | 595 | 8.08 | 692 | 17.69 | 684 | 10.23 | 524 | 599 | 664 | 577 |
| 饲料/增重 | 3.86 | －3.75 | 3.64 | －10.67 | 3.32 | －16.58 | 4.08 | 3.77 | 3.58 | 4.38 |
| 平均膘厚(厘米) | 2.51 | 8.42 | 2.58 | 6.17 | 2.61 | 12.26 | 1.76 | 1.99 | 1.78 | 2.87 |
| 胴体长(厘米) | 101.58 | －1.45 | 97.03 | －1.63 | 97.0 | －2.09 | 105.50 | 96.63 | 97.50 | 100.65 |
| 眼肌面积(平方厘米) | 32.26 | －5.19 | 33.76 | 1.31 | 34.51 | －0.17 | 38.32 | 36.92 | 39.41 | 29.73 |
| 肉脂率(%) | 3.51 | －10.34 | 3.42 | －3.80 | 3.12 | －11.36 | 3.30 | 2.58 | 2.51 | 4.53 |

续表 4-4

| 性状 | 杂交组合 | | | | | | 亲本对照 | | | |
|---|---|---|---|---|---|---|---|---|---|---|
| | 长×湖Ⅲ | | 杜×湖Ⅲ | | 汉×湖Ⅲ | | 长白 | 杜洛克 | 汉普夏 | 湖Ⅲ |
| | $\overline{X}$ | 优势率(%) | $\overline{X}$ | 优势率(%) | $\overline{X}$ | 优势率(%) | $\overline{X}$ | $\overline{X}$ | $\overline{X}$ | $\overline{X}$ |
| 腿臀比率(%) | 32.46 | 6.03 | 31.87 | 2.54 | 32.13 | 3.11 | 31.64 | 32.57 | 32.73 | 29.59 |
| 瘦肉率(%) | 62.73 | −1.10 | 64.58 | 2.78 | 62.82 | 0.68 | 68.39 | 67.21 | 66.36 | 58.46 |
| 肥肉率(%) | 21.03 | 4.63 | 19.05 | −2.03 | 19.96 | 0.43 | 15.17 | 13.86 | 14.72 | 25.03 |

注：长×湖Ⅲ＝长白猪×湖北白猪Ⅲ系；杜×湖Ⅲ＝杜洛克猪×湖北白猪Ⅲ系；汉×湖Ⅲ＝汉普夏猪×湖北白猪Ⅲ系

### (三)杂交必备的条件

1. *杂交亲本的选择和提纯*　这是杂种优势利用的一个基本条件。杂种必须能从亲本获得优良的、高产的显性和上位效应大的基因，才能获得显著的杂种优势。有些人对杂种优势认识片面，以为只要是杂种就必定有优势。其实不然，杂种是否有优势，有多大优势，主要取决于杂交用亲本群体及其相互配合情况。如果杂交亲本缺乏优良基因，亲本间遗传差异小，或亲本纯度很差，这都不能表现出理想的杂种优势。开展杂交，一般都要至少涉及2～3个亲本品种(系)，要根据当地的猪种资源和引入优良品种的情况进行父、母本的选择。杂交母本品种，应选择本地数量多、分布广、适应性强、繁殖力高、母性好、泌乳力强的品种。这样可以解决种畜来源，适应当地的条件，易于推广。例如，上海、江苏、浙江等地区选择本地的太湖猪，比较理想。北京地区选择北京黑猪较为适宜。东北地区可选择本地黑猪、民猪、哈白猪等品种。对杂交父本的选择，应选择生长速度快、饲料利用率高、瘦肉率高、胴体品质好的品种(系)。具有这些特性的，一般都是高度培育的品种。例如，可选择国外引入的杜洛克猪、长白猪、大约克夏猪和汉普夏猪等品种做父本。

杂交效果的优劣与亲本的纯度密切相关,无论是母本还是父本品种,都应不断进行选育提高,使得优良基因频率不断增加,不良基因频率逐渐减少,杂种优势得以充分发挥。

2. 进行科学的饲养管理　瘦肉型猪及杂种猪对饲料条件要求较高,特别是蛋白质饲料,只有满足这些条件,杂种猪才能充分表现出杂种优势。因此,要根据各类型猪的饲养标准,配合全价饲料进行饲养。此外,对猪群应进行科学的管理。

3. 杂交方式的选择　杂交时采用两品种的简单杂交或多品种杂交,或者采用轮回杂交,应根据当地的猪种资源、饲养管理水平和产品需要而定。但要特别注意杂交亲本间配合力的测定。目前,我国农村以采用两品种简单杂交较为适宜。因为这种杂交方式简单,既容易推广,又能大幅度地提高瘦肉产量。如以本地猪做母本,国外引入的优良瘦肉型品种做父本。在一些集体或国营猪场,具有一定的饲养管理水平,可采用多品种杂交。如三品种杂交或双杂交,可以利用杂种母猪的杂种优势,使猪的生产水平进一步提高。

## 四、杂交方式

**(一)两品种固定杂交**　此种杂交方式总是用两个品种猪,固定不变。一代杂种无论公、母都做商品肥育猪,不留作种用。

例如,湖北白猪母猪与杜洛克公猪交配,产生杜×湖杂种猪,即做商品猪。

优点:杂交方式简单,特别是在筛选杂交组合方面比较简单,只需做一次配合力测定。能获得最高的后代杂种优势(100%)。

缺点:由于父本和母本都是纯种,因而得不到父本和母本的杂种优势。杂种一代全部作为商品肥育猪,繁殖性能的杂种优势不能得到充分利用。

下面介绍两品种固定杂交的肥育成绩和胴体性状与杂交亲本比较，见表4-5，表4-6。

**表4-5 肥育成绩比较**

| 组别 | 试验始重（千克） | 试验末重（千克） | 日增重（克） | 每增重1千克消耗 | | |
|---|---|---|---|---|---|---|
| | | | | 配合料（千克） | 可消化能（兆焦） | 粗蛋白质（克） |
| 杜×湖猪 | 21.07 | 89.85 | 667 | 3.26 | 42.41 | 498 |
| 杜洛克猪 | 20.02 | 90.33 | 589 | 3.30 | 42.91 | 503 |
| 湖北白猪 | 20.81 | 90.79 | 620 | 3.41 | 42.91 | 515 |

**表4-6 胴体性状比较**

| 组别 | 屠宰前重（千克） | 胴体重（千克） | 屠宰率（%） | 平均背膘厚（厘米） | 眼肌面积（平方厘米） | 腿臀率（%） | 左侧胴体瘦肉率（%） |
|---|---|---|---|---|---|---|---|
| 杜×湖猪 | 91.02 | 66.01 | 72.53 | 2.43 | 40.22 | 31.98 | 62.97 |
| 杜洛克猪 | 89.92 | 63.73 | 70.88 | 1.75 | 40.43 | 32.80 | 64.58 |
| 湖北白猪 | 91.08 | 65.08 | 71.45 | 2.36 | 37.77 | 30.85 | 62.26 |

**（二）两品种轮回杂交** 两品种轮回杂交，是用两品种杂交一代的母猪逐代分别与两亲本的纯种公猪轮流交配。实际上是将一个品种公猪的后代与另一品种公猪杂交，从而不断保持子代的杂种优势。

例如，北京黑母猪与长白公猪交配，产生的杂种一代母猪，逐代分别与北京黑公猪或长白公猪交配，一直循环下去，产生的杂交猪作为商品猪。

优点：除第一次杂交外，母猪始终都是杂种，可以保持杂种母猪的杂种优势。轮回杂交比较简单，在组织工作上比较方便。

缺点：代代要更换公猪，即使杂交效果好的公猪也不能继续使用。一代杂交后，杂种优势不能保持100%。这种杂交方式反复循环到一定程度，杂种优势就停滞在一定的水平上(表4-7)。

表4-7　两品种轮回杂交时杂种优势的百分比　(%)

| 世　代 | 0 | 1 | 2 | 3……∞* | |
|---|---|---|---|---|---|
| 后代杂种优势 | 0 | 100 | 50 | 75 | 67 |
| 母本杂种优势 | 0 | 0 | 100 | 50 | 67 |

* ∞表示无穷大

**(三)三品种固定杂交**　三品种固定杂交，是将特定的两品种杂交的杂种一代作为母本，再用第三品种的公猪交配，产生的后代全部作为商品肥育猪。这种杂交方式的总杂种优势要超过两品种杂交。

例如：北京黑母猪与长白公猪交配，产生长×北杂种猪，选择优良的长×北杂种母猪做母本，再用大约克夏公猪进行杂交，产生大×(长×北)杂种猪(商品猪)。

优点：能获得最高的母本和后代杂种优势。可以利用杂种母本在繁殖性能方面的杂种优势。

缺点：三品种固定杂交的组织工作比两品种杂交复杂，要保持3个纯种亲本，而且需要两次配合力测定。另外，父本都是纯种，不能得到父本的杂种优势。

三品种固定杂交的肥育成绩和胴体性状比较，见表4-8，表4-9。

**表 4-8　肥育成绩比较**

| 组　合 | 体重与增重 | | | | | | 每增重1千克消耗混合料 | | |
|---|---|---|---|---|---|---|---|---|---|
| | 始重（千克） | 至60千克左右 | 平均日增重（克） | 至90千克左右 | 平均日增重（克） | 全程日增重（克） | 20～60千克 | 60～90千克 | 20～90千克 |
| 杜×（长×北） | 27.38 | 61.72 | 529 | 89.95 | 775 | 623 | 3.22 | 3.43 | 3.45 |
| 大×（长×北） | 25.32 | 61.96 | 585 | 89.83 | 625 | 600 | 3.03 | 3.98 | 3.44 |
| 长×北 | 24.69 | 59.96 | 565 | 90.10 | 540 | 553 | 3.49 | 4.53 | 3.97 |

注：杜×（长×北）＝杜洛克猪×（长白猪×北京黑猪）

**表 4-9　胴体性状比较**

| 组　合 | 屠宰前重（千克） | 胴体重（千克） | 屠宰率（%） | 平均背膘厚（厘米） | 眼肌面积（厘米$^2$） | 腿臀比例（%） | 胴体瘦肉率（%） |
|---|---|---|---|---|---|---|---|
| 杜×（长×北） | 89.78 | 65.93 | 73.44 | 2.46 | 32.85 | 29.95 | 58.58 |
| 大×（长×北） | 90.57 | 67.45 | 74.47 | 2.81 | 28.43 | 28.59 | 53.92 |

**（四）三品种轮回杂交**　三品种轮回杂交是用三品种杂交一代母猪逐代分别与三亲本的纯种公猪轮流交配。

模式：

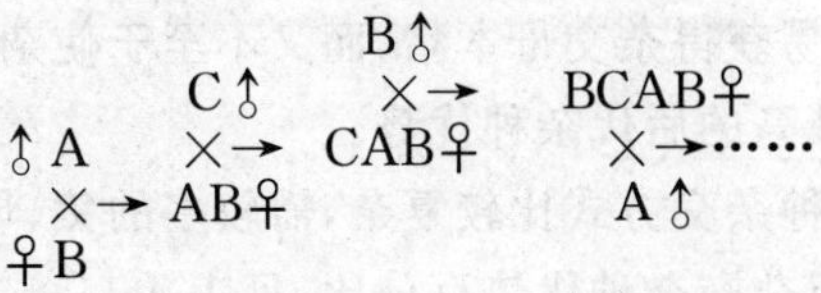

B♂
C♂　×→　BCAB♀
♂A　×→　CAB♀　×→……
×→　AB♀　A♂
♀B

优点:可在轮回杂交中生产杂交母本。

缺点:不能获得最高的母本杂种优势和后代杂种优势,也不能获得父本杂种优势。

三品种轮回杂交杂种优势百分比,见表 4-10。

**表 4-10 三品种轮回杂交杂种优势百分比 (%)**

| 世 代 | 后代杂种优势 | 母本杂种优势 |
|---|---|---|
| 0 | 0 | 0 |
| 1 | 100 | 0 |
| 2 | 100 | 100 |
| 3 | 75 | 100 |
| 至∞ | 86 | 86 |

**(五)固定轮回杂交** 其杂交循环方式见图 4-11。

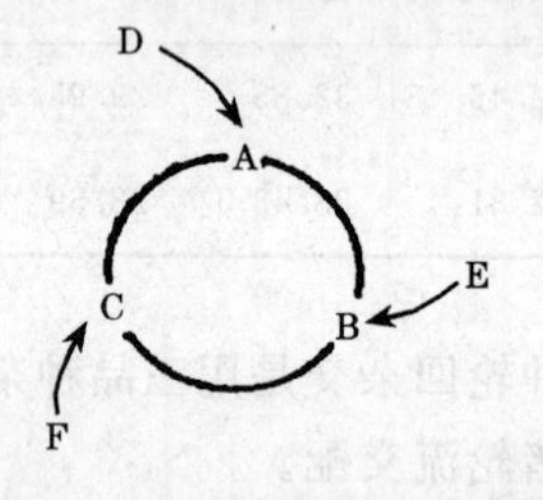


图 4-11 固定轮回杂交模式图

环上的 A,B,C 为杂交的母本猪;D,E,F 为参加轮回杂交的父本品种,每一次杂交选出最好的母猪(15%)补充杂交母本群,其余的可以与其他父本品种杂交生产商品猪。

优点:容易获得杂交母本猪,而又不至于使杂种优势大幅度下降。能获得最高的后代杂种优势。

缺点:这种杂交方式比较复杂,需较多的父、母本品种猪。

固定轮回杂交杂种优势百分比,见表 4-11。

表 4-11　固定轮回杂交杂种优势百分比　（%）

| 用于母本的品种 | 后代杂种优势 | 母本杂种优势 |
| --- | --- | --- |
| 2 | 100 | 67 |
| 3 | 100 | 86 |
| 4 | 100 | 93 |

**（六）四品种杂交**

1. 四品种固定杂交　这种杂交方式就是在三品种固定杂交的基础上，再用第四个品种猪杂交。

模式：

A♀ × B♂
↓
BA♀ × C♂
↓
CBA♀ × D♂
↓
DCBA 商品猪（1/2D，1/4C，1/8B，1/8A）

例如：枫泾母猪与长白公猪交配，产生长×枫杂种猪，长×枫杂种母猪再与大约克夏公猪交配，产生大×（长×枫）杂种猪，然后，大×（长×枫）杂种母猪再用杜洛克公猪杂交，产生杜×[大×（长×枫）]杂交猪（商品猪）。

优点：可获得较大的母本和后代杂种优势。

缺点：因为涉及 4 个品种猪，杂交组织工作更加复杂。

四品种杂交与三品种杂交猪性能对比，见表 4-12。

**表 4-12　四品种杂交与三品种杂交猪性能对比**

| 组　合 | 始重（千克） | 末重（千克） | 平均日增重（克） | 每增重1千克需要 | | | 平均背膘厚（厘米） | 眼肌面积（厘米²） | 胴体瘦肉率（%） |
|---|---|---|---|---|---|---|---|---|---|
| | | | | 混合料（千克） | 消化能（兆焦） | 粗蛋白质（克） | | | |
| 杜×[大×（长×枫）] | 20.54 | 91.18 | 637 | 2.97 | 39.31 | 415 | 3.02 | 30.02 | 59.64 |
| 大×（长×枫） | 20.28 | 91.25 | 639 | 3.02 | 40.28 | 421 | 3.10 | 25.81 | 53.89 |

2. 双杂交　双杂交也属四品种杂交，首先用4个品种猪分别两两杂交，然后再在两个杂种间杂交。

例如：首先用杜洛克母猪与汉普夏公猪交配，北京黑母猪与长白公猪交配，分别产生汉×杜和长×北杂交猪。然后，用长×北杂种母猪与汉×杜杂种公猪杂交，产生（汉×杜）×（长×北）杂种猪（商品猪）。

优点：不仅可利用母本的杂种优势，也可获得来自父本的杂种优势。

缺点：此种杂交方式比较复杂。

双杂交猪性能介绍，见表4-13。

**表 4-13　双杂交猪性能状况**

| 组　合 | 始重（千克） | 末重（千克） | 平均日增重（克） | 每增重1千克需要 | | | 屠宰前重（千克） | 屠宰率（%） | 背膘厚（厘米） | 眼肌面积（平方厘米） | 胴体瘦肉率（%） |
|---|---|---|---|---|---|---|---|---|---|---|---|
| | | | | 混合料（千克） | 消化能（兆焦） | 可消化粗蛋白质（克） | | | | | |
| （汉×杜）×（长×北） | 20.14 | 90.90 | 702 | 2.92 | 39.44 | 446 | 89.3 | 77.21 | 3.13 | 31.36 | 57.70 |
| （杜×汉）×（长×上） | 29.21 | 92.67 | 631 | 3.44 | 44.88 | 436 | 87.79 | 76.03 | 2.37 | 36.14 | 65.34 |

注：1.（杜×汉）×（长×上）＝（杜洛克×汉普夏）×（长白×上海白）

2. 此表只是一般介绍，并非比较

**(七)专门化品系杂交**　随着养猪业向集约化和专业化方面发展,在普遍应用品种间杂交的基础上转为专门化品系间杂交。所谓专门化品系,就是具有1～2个突出的性状,其他性状保持在一般水平上的品系。专门化品系一般分父系和母系,父系重点选择生长速度、饲料利用效率、瘦肉率和胴体品质等性状。母系主要选择窝产仔数、生活力和母性等性状。各系间无亲缘关系。然后进行品系间配合力测定,开展系间杂交。专门化品系杂交所产生的杂交猪可获得显著而稳定的杂种优势,其杂交效果优于品种间杂交。

## 五、建立健全杂交繁育体系

杂交不仅是一项技术性很强的工作,而且还需要周密的组织工作,特别是要有一套完整的繁育体系。在开展经济杂交工作中,除进行杂交方式的选择和配合力测定外,还必须建立纯繁和杂交相结合的繁育体系。所谓繁育体系,就是为了协调整个地区猪经济杂交工作而建立的一整套合理的组织机构,包括原种场、繁殖场和商品场的建立,确定它们之间的关系,相互协调,密切配合,发挥各自的生产效力。原种场、繁殖场和商品场的任务如下。

**(一)原种场**　主要是对杂交所用的父本和母本品种进行选育提高,为繁殖场或商品场提供优良的杂交父本与母本。我国进行猪的杂交,一般多以本地猪和肉脂型培育品种猪做母本,国外引入或国内培育的优良瘦肉型猪种一般多做父本。因此,对母本的选育重点应放在繁殖性能上,对父本的选育重点应为生长速度、饲料利用效率和胴体品质等方面。

**(二)繁殖场**　主要任务是扩大繁殖杂交用的父、母本种猪,提供给商品场,尤其是母本品种。母本种猪包括纯种和杂种母猪。选育的重点还应放在繁殖性能上。

**(三)商品场**　从繁殖场得到母本,从原种场或繁殖场得到父本，进行杂交，生产商品肥育猪。工作重点应立足于商品肥育猪的科学饲养与管理方面。

开展三品种杂交应建立三级繁育体系，即原种场、繁殖场和商品场。两品种杂交建立两级杂交繁育体系，即原种场和商品场。杂交繁育体系的建立应根据本地区的组织形式、生态环境、饲料条件和技术条件来定，同时必须做好统筹计划，科学管理。

## 六、杂交工作应注意的问题

**（一）做好组织工作**　我国猪种资源非常丰富，地方品种、培育品种和国外引入品种有70余个。地方猪种大多数具有繁殖力高、适应性强、肉质好等优点，是理想的杂交母本猪。国外引入的和培育的瘦肉型猪种，产肉力高，饲料利用效率高，生长速度快，为杂交提供了优良的父本猪。为充分利用这些猪种资源，应根据本地区的猪种、生态环境、经济条件、饲养管理水平及市场需求，有计划、有步骤、有组织地开展猪的杂交工作，以期获得最大的经济效益和社会效益。建立产、供、销完整的体系，促进我国瘦肉猪生产向更深层次发展。

**（二）杂交亲本的选择**　选择本地区数量多、适应性强、繁殖力高的品种或品系做母本；选择生长速度快、饲料利用效率高、胴体品质好的品种或品系做父本。

**（三）杂交效果的预测**　不同品种（系）间杂交的效果差异很大，必须通过配合力测定才能确定。但配合力测定很耗费人力和财力，猪的品种（系）又很多，不可能两两之间都进行杂交试验。因此，在进行配合力测定之前，应做到胸中有数，只有估计希望较大的杂交组合才正式列入配合力测定。一般的根据是：分布地区相距较远、来源差别较大、类型和特点不同的品种（系）间杂交，可获得较大的杂种优势；遗传力较低、近交衰退严重的性状，杂种优势较大。

**(四)杂交组合的确定**　如果把所有的品种(系)按可能的组合进行配合力测定,工作量太大,实际上是不可能实现的。如果有n个品种(系)则将有n(n－1)个杂交组合。因此,对这些可能的组合要尽量缩减。首先应根据杂交的目的来粗略确定组合,如欲找瘦肉率高、繁殖力强、生长快、饲料利用率高的组合。采用何种杂交方式,哪些品种配合才能达到预期的目的,这在杂交组合对比试验时应有所考虑。凡成功可能性极小的杂交组合应该舍弃;凡母性性状优良,可判定适于做母本;凡肥育性能好的做父本;凡不符合这些特点的组合,则应舍掉。总之,要尽量压缩杂交组合对比试验的规模,但又不能漏掉好的信息,达到最终筛选出理想杂交组合的目的。

**(五)配合力测定**　配合力就是两品种(系)通过杂交能获得的杂种优势程度。通过杂交试验进行配合力测定是选择最优杂交组合的必要方法。

配合力分为两种:一种叫一般配合力;另一种叫特殊配合力。一般配合力是指某一品种(系)与其他各品种(系)杂交所获得的平均效果。如长白猪与我国许多地方猪种杂交效果都很好,这就是它的一般配合力好。特殊配合力是指两个特定品种(系)间杂交,杂种主要性状平均值能超过其一般配合力的平均值。通过杂交试验进行的配合力测定,主要是测定特殊配合力。特殊配合力一般以杂种优势率表示。根据特殊配合力的测定结果确定理想的杂交组合。

**(六)杂交和商品猪生产**　经过杂交组合对比试验筛选出理想的杂交组合后,要组织示范和推广,生产杂交猪,进行商品猪生产。应当注意的是,即使是理想的杂交组合,在不适宜的饲养管理条件下,也不能表现出杂种优势。因此,应该给予杂种猪相应的饲养管理条件,以保证杂种优势能充分表现。

**（七）大力推广猪的人工授精，扩大杂交猪占商品猪群的比例**　推广猪的人工授精可以充分发挥优良种公猪的作用，扩大其在经济杂交中的影响，可解决经济杂交中优良种公猪不足的问题。因此，人工授精是开展猪经济杂交的一项重要措施。要尽量扩大杂交猪的比例，通过人工授精推广适于不同地区的理想杂交组合，有组织、有计划地开展猪的杂种优势利用工作。

## 七、杂交模式配套系

**（一）三品种猪（杂交）配套模式**

1. 杜×长×大模式

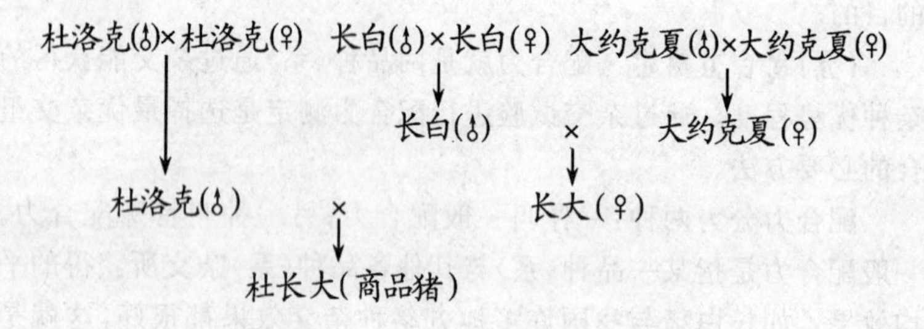


2. 杜×大×长模式

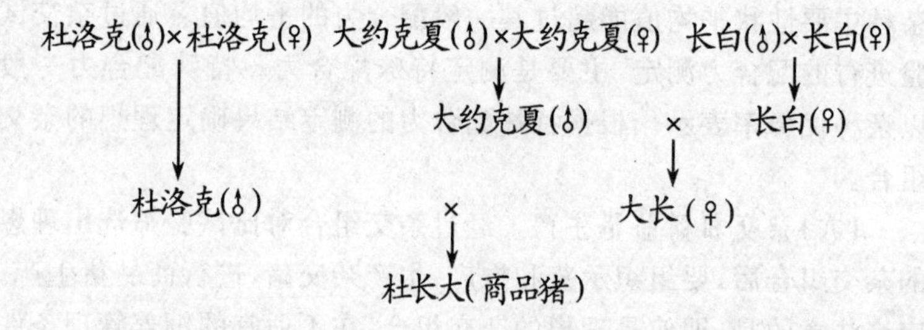

**(二)四品种猪(杂交)配套模式**　皮特兰、杜洛克为父本,长白和大白为母本杂交模式。

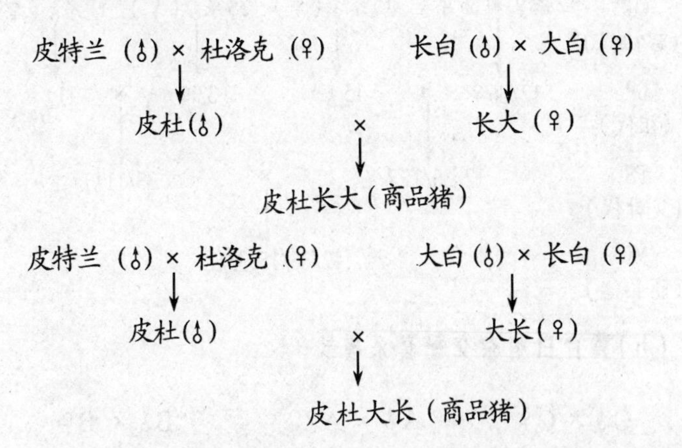


**(三)迪卡(杂交)配套系**　迪卡配套系是由5个专门化品系组成,分别为A,B,C,E,F 5个系。

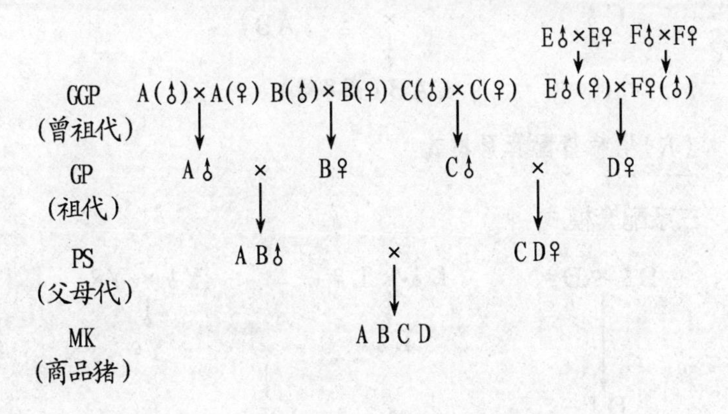

### (四)斯格猪杂交配套系模式

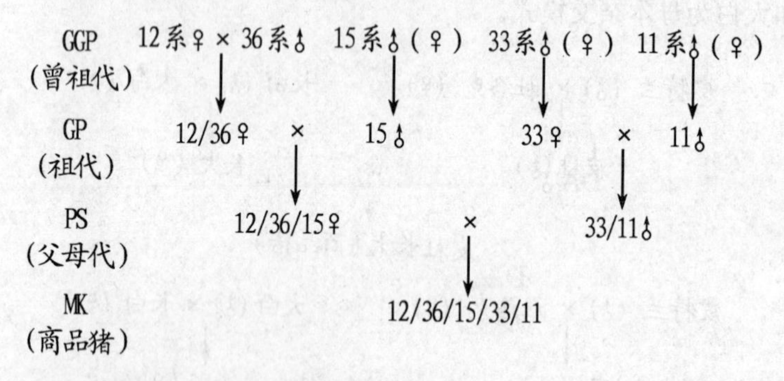


### (五)冀合白猪杂交配套系模式

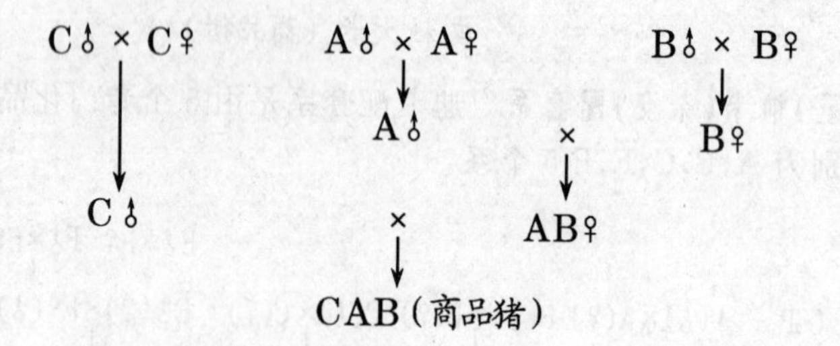


### (六)华特猪配套系模式

三系配套模式

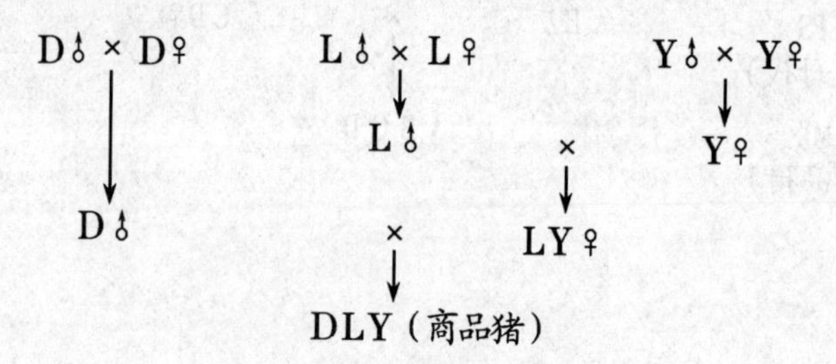

四系配套模式

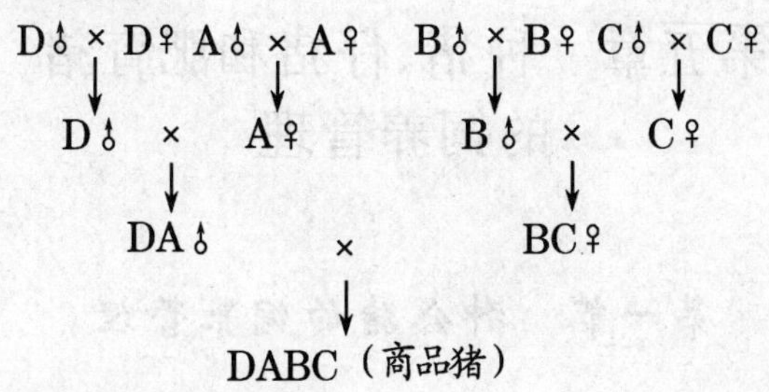


**(七)撒坝猪配套系模式**

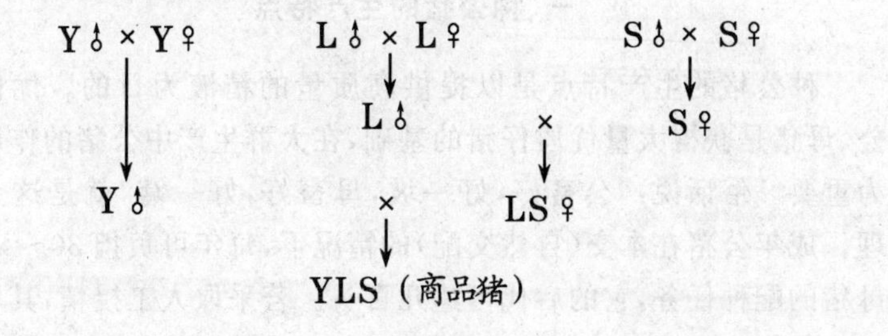

# 第五章　种猪、仔猪和肥育猪的饲养管理

## 第一节　种公猪的饲养管理

### 一、种公猪的生产特点

种公猪的生产特点是以提供高质量的精液为目的。优良的公、母猪是获得大量优质仔猪的基础，在大群生产中公猪的作用更为重要。俗话说："公畜好，好一坡，母畜好，好一窝"就是这个道理。成年公猪在本交(自然交配)的情况下，每年可负担30～40头母猪的配种任务，它的后代可达几百头。若采取人工授精，其后代可达千头或万头以上。因此，加强对种公猪的饲养与管理，使其提供高质量的精液，是搞好养猪生产的坚实基础。

### 二、种公猪的饲养管理原则

**(一)给种公猪配制适宜的饲料配方**　要使种公猪能正常发挥作用，最重要的一点就是要有一个强壮而健康的体魄。因此，在饲料配方的选择和饲料配制的过程中，应首先考虑种公猪对各种营养成分的需要量，选择适用于种公猪生长和生产的饲料配方配制或购买饲料。

种公猪饲养标准见表5-1。

## 第一节 种公猪的饲养管理

表 5-1 配种公猪饲养标准 （每千克饲粮养分含量）

| | |
|---|---|
| 采食量，千克/天 | 2.2<br>（可依公猪的体况，配种强度等调整） |
| 消化能，兆焦/千克 | 12.93 |
| 代谢能，兆焦/千克 | 12.45 |
| 粗蛋白质，% | 13.5<br>（可能偏低，推荐用 17%左右） |
| 赖氨酸/消化能 | 0.42 |
| 赖氨酸，% | 0.55 |
| 蛋氨酸，% | 0.15 |
| 蛋氨酸＋胱氨酸，% | 0.38 |
| 苏氨酸，% | 0.46 |
| 色氨酸，% | 0.11 |
| 异亮氨酸，% | 0.32 |
| 亮氨酸，% | 0.47 |
| 精氨酸，% | 0.0 |
| 缬氨酸，% | 0.36 |
| 组氨酸，% | 0.17 |
| 苯丙氨酸，% | 0.30 |
| 苯丙氨酸＋酪氨酸，% | 0.52 |
| 钙，% | 0.70 |
| 总磷，% | 0.55 |
| 非植酸磷，% | 0.32 |
| 钠，% | 0.14 |
| 氯，% | 0.11 |

续表 5-1

| | |
|---|---|
| 镁,% | 0.04 |
| 钾,% | 0.20 |
| 铜,毫克/千克 | 5.0 |
| 碘,毫克/千克 | 0.15 |
| 铁,毫克/千克 | 80 |
| 锰,毫克/千克 | 20 |
| 硒,毫克/千克 | 0.15 |
| 锌,毫克/千克 | 75 |
| 维生素 A,单位/千克 | 4000 |
| 维生素 $D_3$,单位/千克 | 220 |
| 维生素 E,单位/千克 | 45 |
| 维生素 K,毫克/千克 | 0.5 |
| 硫胺素,毫克/千克 | 1.0 |
| 核黄素,毫克/千克 | 3.5 |
| 泛酸,毫克/千克 | 12 |
| 烟酸,毫克/千克 | 10 |
| 吡哆醇,毫克/千克 | 1.0 |
| 生物素,毫克/千克 | 0.2 |
| 叶酸,毫克/千克 | 1.3 |
| 维生素 $B_{12}$,微克/千克 | 15.0 |
| 胆碱,克/千克 | 1.25 |
| 亚油酸,% | 0.1 |

种公猪饲料配方见表 5-2。

表 5-2 推荐的种公猪饲粮配方

| 饲料名称 | 配合比例(%) |
| --- | --- |
| 玉 米 | 61.0 |
| 麦 麸 | 10.0 |
| 豆 粕 | 22.0 |
| 优质鱼粉 | 3.0 |
| 预混料 | 4.0 |

**(二)适量运动** 适量的运动是保证种公猪有旺盛的性欲必不可少的措施。它不仅可以维持种公猪正常的生理代谢,提高精液的数量和质量,还可以通过运动使身体各个部分均衡地发展,提高身体的素质,防止各种肢蹄疾病以及其他一些疾病的发生。

**(三)调教** 种公猪性成熟后,往往产生互相爬跨和自淫,严重时会造成种公猪生殖器官的损伤,影响其种用价值。因此,要及时做好调教工作,纠正其在交配过程中或人工采精过程中不正确的姿势和动作。对人工采精用种公猪,在调教过程中应首先使种公猪熟悉各种器械、假母猪台以及操作人员的规范动作,以免在采精过程中造成损伤。

### 三、种公猪的饲养管理及使用

**(一)饲养与管理** 饲养种公猪,必须按种公猪的身体情况(如体重、年龄等)和配种忙闲,分别饲喂不同营养水平的饲料。体重较大,正处于生长期的年轻种公猪(2 岁以内)以及配种季节的种公猪对饲料的要求较高,要求饲料营养全面、营养成分含量高,易于消化吸收。精料的喂量也比其他猪多。

种公猪饲养效果的优劣,应看它是否能够终年保持身体健壮、性欲旺盛、精神活泼,能否生产出品质高、数量多的优质精液。

种公猪的饲喂次数一般采取每日早、中、晚各1次的方法。饲喂后任其自由饮水。饲喂过程中，多汁料以及青绿饲料的适量搭配可以增强种公猪的食欲，提高其采食量，并为其提供大量的维生素和微量元素。在配种季节，应在种公猪的日粮中补加适量的动物性蛋白质饲料（如鸡蛋等），以保持和提高精液的品质。

天气晴朗的时候，特别是晚饲以后，将种公猪放入运动场中，任其运动1～2小时。

**（二）合理利用** 种公猪的配种要有计划性，特别是在配种高峰季节，更应该合理地使用种公猪。种公猪的使用要根据年龄老幼和体质强弱合理地安排，健康的后备种公猪满1岁即可用于配种。在种公猪整个的使用期内，1～2岁为青年阶段，尚处在继续发育的时期，每周可配1～2次。2～5岁为壮年阶段，已发育完全，生殖功能旺盛，在营养条件较好的情况下，每天可配1～2次，最好是早、晚各1次。如果待配母猪较多，可让种公猪连续配2头母猪，但这样的强度不能长期持续下去。一般是每周休息2～3天，并配合良好的饲养和管理。5岁以上的种公猪，年老体衰，可每隔1～2天使用1次。所有的配种工作应在早饲或晚饲之前进行，以免饱腹影响配种的效果。在整个配种季节，一定要注意种公猪的营养，如在配种后喂1个鸡蛋，以保持其身体强壮。

使用人工采精技术，成年种公猪每周采精4天，每天1～2次，然后休息。如果种公猪是初次使用，或有一段时间没有使用，其第一次采集的精液应废弃不用，因为长时间贮藏在体内的精子，活力较低，精液品质也差。

## 四、种公猪饲料的配制

**（一）利用蛋白质浓缩料配制种公猪饲料** 猪场可以利用自产或购买的谷物及副产品与公猪专用蛋白质浓缩料配制公猪料。有时不易买到公猪专用蛋白质浓缩料，可以由泌乳母猪蛋白质浓缩料替代。浓缩料提供公猪所需的优质蛋白质、氨基酸、维生素、矿物质、微量元素等营养物质。浓缩料一般含38%蛋白质,可以在种公猪日粮中配入25%,另外75%由谷物(玉米、小麦、大麦)和副产品(麦麸、米糠等)组成。如果有条件,在公猪饲料中配入3%～5%的优质苜蓿草粉,对改善公猪的繁殖性能和防止便秘及消化道溃疡有利。

**(二)利用预混料配制种公猪料** 如果设备和技术条件较好,猪场可以利用购入的种公猪专用预混料配制种公猪全价饲料。能量饲料主要是玉米等谷物及副产品。蛋白质饲料以豆粕为主,不要用棉籽粕、菜籽粕等杂粕。特别是棉籽粕含有影响繁殖性能的棉酚,不能配入种公猪日粮。在种公猪日粮中配入一定比例的优质鱼粉对提高种公猪的繁殖力很有利。猪场如果没有公猪专用预混料,也可以用泌乳母猪预混料替代。注意其中的赖氨酸、矿物质和维生素水平,尽量用正规厂家的合格产品,并保证混合均匀。

**(三)利用青绿多汁饲料饲喂种公猪** 种公猪也可以利用青绿饲料和全价饲料结合饲喂。优质的青草、苜蓿可以每天饲喂2～4千克,同时喂全价饲料2千克左右。如果青饲料的质量差,或公猪体重大,配种强度大,全价饲料的量可提高到每天2.5千克。

## 五、种公猪饲养管理中的一些问题

**(一)种公猪的自淫现象** 有些猪种性成熟较早,性欲旺盛,易于形成自淫(非正常性射精)的恶癖。杜绝这种恶癖的方法包括单圈饲养,公、母猪舍尽量远离,配种点与猪舍隔开等,以免由于不正常的刺激造成种公猪自淫;同时,加强种公猪的运动,建立合理的饲养管理制度等,也是防止种公猪自淫的方法。

**(二)种公猪的过度使用** 在配种旺季,由于公猪较少,而需要配种的发情母猪又较多,结果是为谋求眼前的经济利益而放任种公猪的使用,造成种公猪的过度使用,影响了种公猪以后的使用价值。所以，在实际工作中，应尽量按所制定的制度行事，切不可贪图眼前利益而因小失大，过早地结束 1 头优良种公猪的使用期。

**（三）闲置时期的管理**　在没有配种任务的空闲时期，不能放松对种公猪的饲养管理工作。应按饲养标准规定的营养需要量进行饲养，切不可随便饲喂，使种公猪过于肥胖或太瘦，降低性欲或不能承受配种期间繁重的任务，而影响种用价值。所以，在空闲时期，应本着增强种公猪的体质，调节和恢复种公猪的身体状况，进行饲养管理，以便在下一个配种期更好地发挥作用。

## 第二节　母猪的饲养管理

### 一、母猪性周期与排卵

母猪的初情期一般为 5～8 月龄，平均为 7 月龄，但我国的一些地方品种可以早到 3 月龄。母猪性成熟的早晚，因遗传、饲养管理和气候等因素的影响而异。

**（一）发情周期**　母猪是多周期发情家畜，可常年发情配种。小母猪第一次发情时往往征候不明显，以后每隔 16～25 天，平均 21 天左右再次发情，发情征候逐渐明显。母猪从上次发情终止到下次发情初始所经历的时间，称为发情周期。每次发情持续期 2～3 天，由于促卵泡成熟素和促黄体生成素的共同作用，促使卵泡（也称滤泡）逐渐成熟，生殖器官发生一系列的生理变化，此时母猪发情，阴户肿胀松弛，接受公猪交配。到了发情后期，卵子从卵泡腔排出后，卵泡腔内生长黄体，此时母猪表现安静，躲避公猪，发情结束。如果卵子受精，黄体一直到分娩前才消失。若未受精，经 14 天左右黄体逐渐退化，新的卵泡不断发育，又进入第二个发情周期。

**（二）排卵**　母猪排卵发生在发情的中后期，了解此点，对适时配种极为有用。

1. 排卵的一般规律　排卵发生在发情开始后24～48小时，高峰在发情后36小时左右(表5-3)。排卵持续10～15小时或更长时间。卵子在输卵管中需要运行50小时,但只能保持8～10小时的生活力。

**表5-3　母猪卵巢的排卵情况**　(北京黑猪)

| 发情时间(小时) | 屠宰头数 | 未排卵头数 | 已排卵头数 |
|---|---|---|---|
| 0 | 2 | 2 | 0 |
| 12 | 4 | 4 | 0 |
| 24 | 4 | 3 | 1 |
| 36 | 7 | 1 | 6 |
| 48 | 4 | 0 | 4 |

猪是多胎动物,每次发情有多个卵子排出。为了提高养猪的经济效益,减少公猪负担,适时配种提高母猪的受胎率和增加窝产仔数,乃是当前养猪生产的重要问题。

2. 年龄与排卵　一般认为母猪初情期后,第二个发情期比第一个发情期增加1～2个卵子,第三个发情期又比第二个发情期增加1～1.5个卵子。所以,青年母猪第三个发情期后再配种,可提高产仔数2～3头。

3. 营养与排卵　有人研究了能量采食量对初情期和排卵率的影响,发现限量饲养的小母猪初情期推迟,体重较轻,排卵数较少;而不限量饲养的青年母猪初情期比前者提前约20天,排卵数增加3个左右。

对配种前的母猪增加营养叫做催情补饲,可在短期内改善其膘情,以提高繁殖效果。对于限饲的小母猪,在配种前催情补饲1个发情周期,会产生与整年优饲母猪同样多的卵子,而且短时间(6

天)进行催情补饲也会增加排卵率。但催情补饲只适用于限饲和瘦弱的母猪。其具体做法是:一般每日每头增加喂料量1.5千克左右(例如平时饲料喂量是1.4～1.8千克,催情补饲期间可日喂2.7～3.2千克)。如不增加喂料量,也可在日粮中增加脂肪,其添加量为饲料喂量的5%～10%。催情补饲最适宜的时间是在发情前11～14天。这些"额外"饲料对刺激内分泌和提高繁殖系统活性有明显的作用。

**(三)母猪不发情的原因**

1. *遗传方面的原因*　由于遗传选种不严格,使一些遗传缺陷得以遗传,造成母猪不发情和繁殖障碍。如母猪雌雄同体,即从外表看是母猪,肛门下面有阴蒂、阴唇和阴门,但腹腔内无卵巢却有睾丸。母猪的其他生理疾患也可造成不发情,如阴道管道形成不完全,子宫颈闭锁或子宫发育不全等。在实际生产中,上述生殖器官缺陷一般难于发现。一旦发现因繁殖障碍不发情的母猪,必须淘汰作为肥育猪出售。

2. *营养不合理*　除猪的遗传疾患外,在农村养猪中,营养不良是造成不发情的主要原因。母猪过瘦或长期缺乏某些营养,如能量、蛋白质、维生素和矿物质等摄取不足,使某些内分泌异常,导致不发情。如果母猪营养过剩,造成过度肥胖,卵巢脂肪化,也会影响发情和生理繁殖障碍。为了防止母猪营养不良或营养过剩,应该合理地饲养母猪,使母猪一直保持正常的体况。

3. *品种原因*　我国地方猪种多为早熟脂肪型猪种,而且饲料多添加青绿饲料,只要不是营养水平过低、母猪体况过瘦,不发情的比例很小。而国外引进的瘦肉型猪种,不发情的比例较高。对于不发情的母猪,应先注射促卵泡激素、绒毛膜促性腺激素,注射后还不发情,应予淘汰。

4. *疾病和病理原因*　一是病原性的,如伪狂犬病、乙脑、细小病毒病、慢性猪瘟、衣原体、蓝耳病及霉菌毒素等。二是病理性的,如子宫炎、阴道炎、部分黄体化及非黄体化的卵泡囊肿等。

5. 季节因素　季节主要指夏季。夏季主要是温度和湿度的影响。在热应激条件下，某些母猪卵巢功能减退，可能是热应激改变了猪内分泌功能的正常状态。有资料认为，猪受到持续性热应激后，会间接地影响卵巢功能，严重时会诱发卵巢囊肿。南方地区常表现在6～9月份，这4个月母猪发情较差，3～4月份的高湿对后备母猪发情也有较大影响。

**(四)促进母猪发情排卵的一些措施**

1. 选留无遗传疾病的母猪　一是检查待留种母猪的外表形态；二是检查猪的系谱。凡上几代有遗传疾患的母猪不能留作种用。

2. 加强母猪的营养　母猪的饲养应按不同时期和生长阶段给予不同的营养物质。在空怀期和妊娠期，母猪身体膘情应维持在七八成，哺乳期防止母猪过度消瘦，应保证仔猪断奶后母猪能迅速发情。

3. 应用公猪催情　对于不发情的母猪，可用试情公猪追逐或爬跨，每日2～3次，每次10～20分钟；或把公、母猪关在同一个圈舍内，使母猪受到异性刺激，引起内分泌激素的变化而发情，群众称此法为“逗情”。

4. 控制仔猪哺乳时间　在猪的繁殖生理方面，泌乳和排卵是相互制约的。因此，用控制仔猪断奶时间，促进母猪发情是十分有效的方法之一。尤其是在规模化养猪生产中，由于采用一批一批全进全出的饲养方式，控制母猪发情就显得格外重要。控制哺乳时间可有效弥补发情不一致的缺陷。

5. 注射催情素　每日给不发情的母猪注射孕马血清5毫升，连续4～5天后一般可发情。体重100千克的母猪，每日肌内注射绒毛膜促性腺激素800～1 000单位，也可促使母猪发情。为了避免母猪发情不排卵，最好把合成雌激素与孕马血清或绒毛膜促性腺激素联合使用。

另外，也可用中草药催情。

## 二、母猪的配种与受精

配种时间适当与否，是决定能否受胎与窝产仔数多少的关键。

**（一）卵子的运行和受精过程**　公、母猪交配后两性细胞（卵子和精子）是在输卵管上端 1/3 的地方（输卵管峡部）结合。卵子游动通过了峡部以后就逐渐失去了受精能力。卵子排出后，如未遇到精子则继续沿输卵管下行，逐渐衰老，并且包上一层输卵管的分泌物，阻碍精子进入而失去受精能力。公猪排出的精子要经过 2～3 小时游动才能到达输卵管，配种时虽有大量精子进入母猪生殖道，但能到达受精部位的精子不超过 1 000 个。精子在母猪生殖道内一般能存活 10～20 小时，据此推算，配种适宜的时间是在母猪排卵前的 2～3 小时。若交配时间过早，当卵子排出时，精子已失去生命力，即使勉强受精，其合子活力不强，往往中途死亡。反之，若交配过迟，精子输入时，卵子已失去生命力也会出现同样情况。

**（二）适宜的配种时间**　据试验和实践证明，母猪适宜的配种时间是在发情后 24～48 小时，此时受胎率最高（表 5-4）。

**表 5-4　不同时间配种对母猪受胎率的影响**

| 发情至交配时间（小时） | 12 | 24 | 48 | 60 | 72 |
| --- | --- | --- | --- | --- | --- |
| 配种头数 | 12 | 11 | 44 | 10 | 3 |
| 受胎头数 | 0 | 3 | 39 | 1 | 0 |
| 受胎率（%） | 0 | 27 | 89 | 10 | 0 |

由于精子和卵子的授（受）精能力都有一定的时间，特别是卵子保持受精能力的时间较短，要想使一个发情期内不同时间排出

的多个卵子都能有机会受精，在实际配种工作中，就要做到接近母猪排卵时配种。采用两次配种(间隔 12～24 小时)，可使母猪在排卵阶段总有授精力旺盛的精子在受精部位等待卵子的到来。两次配种在生产上也是容易做到的。许多研究报告证实，对发情母猪进行重复配种，不论采用人工授精或自然交配，与单次配种比较，都得到了窝产仔数与配种次数之间呈正相关的结果(表 5-5)。

**表 5-5　单次配种与重复配种比较**

| 交配方式 | 母猪头数 | 受胎率(%) | 平均产仔头数 |
| --- | --- | --- | --- |
| 单次配种 | 178 | 62 | 8.4 |
| 重复配种 | 130 | 89 | 11.8 |

**(三)母猪适宜的初次配种年龄**　母猪初次适配年龄，引入的瘦肉型品种猪一般为出生后 9 月龄，体重 110～130 千克；培育品种一般为 8～10 月龄，体重 100 千克左右；地方品种为 6～8 月龄，体重 70～90 千克。配种不宜过早，所谓“不配不长”的说法是不科学的。过早使用会影响母猪生长发育，致使成年后体重太小，而且过早配种的母猪排卵数少，还会引起胚胎发育不良或是乳腺发育不充分而影响泌乳。

## 三、母猪的妊娠

母猪的妊娠期平均为 114 天(111～117 天)。母猪开始妊娠时，其受精卵(合子)重量仅 0.4 毫克，而到胎儿出生时，其重量为 1 千克以上，增加了 250 万倍以上。此阶段饲养管理的中心任务是保证胎儿正常发育，防止流产，生产头数多、生活力强和初生重大的仔猪，并保持母猪有中上等体况。

在妊娠时，新的个体在子宫内由胚泡发育起来。在此期间，子宫要行使很多复杂的功能：其一，它必须为生长的胚胎供应营养物质和氧，并将胚胎的排泄物排出；其二，随着妊娠的发展，子宫必须增大，以适应胎儿的生长，同时子宫的肌肉组织必须保持相对静止的状态，以防止胎儿早产；其三，在分娩时，子宫的肌肉组织必须激活，以便将胎儿产出。此外，乳腺也必须发育并分泌乳汁，作为产后仔猪的营养。

受精卵在交配后 3～4 天进入子宫，10 天后开始定植。

**(一)胚胎的发育**　在妊娠前期，胎儿增重较慢，中期以后则急剧增重(表 5-6)。

**表 5-6　猪胚胎的发育**

| 胚胎日龄(天) | 重量(克) | 占初生重(%) |
| --- | --- | --- |
| 30 | 2.0 | 0.15 |
| 40 | 13.0 | 0.90 |
| 50 | 40.0 | 3.00 |
| 60 | 110.0 | 8.00 |
| 70 | 263.0 | 19.00 |
| 80 | 400.0 | 29.00 |
| 90 | 550.0 | 39.00 |
| 100 | 1060.0 | 79.00 |
| 110 | 1150.0 | 82.00 |
| 初　生 | 1300～1500 | 100.00 |

由上表可见，妊娠前期胎儿增重的绝对量还是很小的，而在最后 20 多天内，胎儿增重却为其初生重的 60%左右。了解胚胎发育情况的目的，是为了科学地加强对妊娠母猪的饲养管理。

**(二)抓好妊娠母猪的“两头”**

1. 受精卵着床(定植)前　卵子受精后，逐渐沿输卵管往下移动,定植在子宫角上,并在它的周围形成胎盘,这个过程需 11～15 天时间。受精卵在定植前,因为没有保护物,很容易受到外界条件的影响。如果这时母猪受到外界刺激,或喂给腐败变质饲料,容易造成流产或胚胎中毒死亡。如果日粮营养不全面,例如缺乏维生素,也可能引起部分受精卵中途停止发育而死亡。所以,在母猪妊娠期的前 20 天,应加强饲养管理,这是保证胎儿正常发育的第一个关键时期。

2. *母猪临产前* 越是到妊娠后期,胎儿的增重越快,此时母猪所获得的营养,首先供给日益增长的胎儿的需要,其次是满足本身维持或生长需要,同时还得储存一部分营养供乳腺发育之用。若供给的营养不足,就会由于胎儿生长发育的需要,而消耗母体本身的营养物质,使母猪消瘦而影响健康,或导致流产。相反,若把母猪喂得过肥,就会由于在体内特别是在子宫周围沉积脂肪过多,而阻碍了胎儿的生长发育,结果生产出生命力弱的仔猪或死胎。所以,妊娠母猪在临产前也应加强饲养管理,这是保证胎儿顺利生长的第二个关键时期。

**(三)胚胎死亡问题**

1. *潜在繁殖力与实际繁殖力* 成年母猪每次排卵数目为 20 个以上。例如,在试验中观察到,长白公猪配枫泾母猪所生的杂种后代中,成年母猪的排卵数平均为 26.7 个,但在生产实践中,母猪产仔数却只有十几头,如上述杂种成年母猪产仔数为 15 头左右。前者称潜在繁殖力,后者称实际繁殖力,两者之间的差异是由于所排出的卵子未能全部受精或是受精卵在胚胎期死亡造成的。如果做到合理饲养和适时配种以提高母猪的产仔数,使实际繁殖力尽可能接近潜在繁殖力,似乎还是有潜力可挖的。

2. *排卵率与胚胎成活率* 在笔者近期的试验中,母猪配种后在一定时期内屠宰,观察排卵数与胚胎数的关系,其结果见表 5-7。

**表 5-7　二元及三元杂种母猪的胚胎成活率**

| 品　种* | 观察头数 | 胎龄（日） | 卵巢黄体数（个） | 胚胎数（个） | 胚胎成活率（%） |
|---|---|---|---|---|---|
| 长枫（后备、6月龄） | 42 | 28 | 15.4(8～23) | 11.3(4～19) | 73.3 |
| 长枫(成年) | 9 | 28 | 26.7(21～40) | 16.7(6～36) | 62.5 |
| 大长枫(成年) | 19 | 46 | 20.8(13～29) | 14.5(6～23) | 69.7 |

* 长枫:长白♂×枫泾♀;大长枫:大约克夏♂×长枫♀

目前,国内外对猪的胚胎死亡引起了广泛的重视。影响胚胎死亡的因素很多,如遗传、排卵数、母猪体格大小、胎次、妊娠持续期以及胎儿在子宫角的位置等。在生产实践中,常见母猪分娩时产下死胎或干尸。从大量研究资料看,有30%～40%的卵子和受精卵在妊娠前期死亡,而且排卵数与胚胎成活率之间,存在高度负相关(－0.75),也就是说排卵数越多,胚胎成活率越低。多数人认为,胚胎死亡的第一个高峰在胚胎着床期前后,这时易受各种因素影响而死亡;第二个高峰出现在器官形成期,约在妊娠3周左右;第三个高峰在妊娠60～70天,胎盘停止生长而胎儿生长迅速。由于胎盘功能不全而影响了营养的通过,造成营养不足以支持胎儿发育,致使胚胎死亡。

**(四)影响窝仔数的主要因素**　不同猪种间的窝产仔数存在着极大的差异,即使同一猪种,其窝产仔数也受到很多因素的影响。

1. 胎次　第一胎窝产仔数最少,第三、第四及第五胎窝产仔数最高,然后随着胎次增加,窝产仔数保持稳定或稍下降。查明窝产仔数降低的最近胎次,对淘汰方针的确定是很重要的。

2. 配种年龄和配种次数　见本节“二、母猪的配种与受精”。

3. 哺乳期长短的影响　仔猪超早期断奶会导致下一窝产仔数减少(下一节详述)。

## 四、妊娠母猪的饲养管理

**(一)妊娠母猪的营养需要**　在妊娠期，母猪从饲料中取得的营养物质，首先满足胎儿生长发育，然后再供给自身需要，并为将来泌乳储备部分营养物质。对于青年母猪来说，还需用部分营养物质供自身生长发育。如果妊娠期营养不足，不但胎儿得不到良好发育，而且会使青年母猪发育不良，体躯矮小，即使以后加强饲养也难以补救。此阶段的营养需要，包括维持营养需要和妊娠生产营养需要两部分。

能量的维持需要在妊娠前期约占总需要的94%，在后期约占总需要的75%。根据研究，母猪的维持代谢能需要每天每千克代谢体重0.44兆焦。1头120～215千克的母猪每天需要维持代谢能17～25兆焦。蛋白质的维持需要为90～140克。妊娠母猪的生产需要一般依据初产母猪妊娠期增长50千克(其中20千克为胎儿及繁殖器官的增长)，经产母猪增长35千克(其中20千克为胎儿繁殖器官的增长)。每千克增重(包括母猪自身和胎儿及繁殖器官)在妊娠1～84天需要代谢能22兆焦，粗蛋白质450克；在妊娠后30天每千克增重需要代谢能14兆焦，粗蛋白质300克。如果将妊娠母猪的维持和生产需要加起来，每天的营养需要量为：前期和中期代谢能25兆焦，粗蛋白质250克；后期代谢能29兆焦，粗蛋白质300克。

**(二)妊娠母猪的饲养标准**　在研究猪的营养需要时，人们以每天的营养需要来衡量，但实际使用时，以单位饲料所含养分表示的饲养标准更便于使用。但人们在利用这样的标准时必须掌握每天的饲喂量。表5-8为我国2004年颁布的妊娠母猪饲养标准。

表 5-8　妊娠母猪饲养标准　（每千克饲粮养分含量）

| 妊娠期 | 配种至 70 天 | | 70～110 天 | |
|---|---|---|---|---|
| 胎　次 | 初　产 | 2 胎以上 | 初　产 | 2 胎以上 |
| 产仔数，头 | 10 | 11 | 10 | 11 |
| 采食量，千克/天 | 2.1 | 2.1 | 2.6 | 2.8 |
| 消化能，兆焦/千克 | 12.75 | 12.35 | 12.75 | 12.55 |
| 代谢能，兆焦/千克 | 12.25 | 11.85 | 12.25 | 12.05 |
| 粗蛋白质，% | 13.0 | 12.0 | 14.0 | 13.0 |
| 赖氨酸/消化能 | 0.42 | 0.40 | 0.42 | 0.41 |
| 赖氨酸，% | 0.53 | 0.49 | 0.53 | 0.51 |
| 蛋氨酸，% | 0.14 | 0.13 | 0.14 | 0.13 |
| 蛋氨酸＋胱氨酸，% | 0.34 | 0.32 | 0.34 | 0.33 |
| 苏氨酸，% | 0.40 | 0.39 | 0.40 | 0.40 |
| 色氨酸，% | 0.10 | 0.09 | 0.10 | 0.09 |
| 异亮氨酸，% | 0.29 | 0.28 | 0.29 | 0.29 |
| 亮氨酸，% | 0.45 | 0.41 | 0.45 | 0.42 |
| 精氨酸，% | 0.06 | 0.02 | 0.06 | 0.02 |
| 缬氨酸，% | 0.35 | 0.32 | 0.35 | 0.33 |
| 组氨酸，% | 0.17 | 0.16 | 0.17 | 0.17 |
| 苯丙氨酸，% | 0.29 | 0.27 | 0.29 | 0.28 |
| 苯丙氨酸＋酪氨酸，% | 0.49 | 0.45 | 0.49 | 0.47 |
| 钙，% | 0.68 | | | |
| 总磷，% | 0.54 | | | |
| 非植酸磷，% | 0.32 | | | |

续表 5-8

| 妊娠期 | 配种至 70 天 | | 70～110 天 | |
| --- | --- | --- | --- | --- |
| 胎　次 | 初　产 | 2 胎以上 | 初　产 | 2 胎以上 |
| 钠,% | 0.14 | | | |
| 氯,% | 0.11 | | | |
| 镁,% | 0.04 | | | |
| 钾,% | 0.18 | | | |
| 铜,毫克/千克 | 5.0 | | | |
| 碘,毫克/千克 | 0.13 | | | |
| 铁,毫克/千克 | 75 | | | |
| 锰,毫克/千克 | 18 | | | |
| 硒,毫克/千克 | 0.14 | | | |
| 锌,毫克/千克 | 45 | | | |
| 维生素 A,单位/千克 | 3620 | | | |
| 维生素 $D_3$,单位/千克 | 180 | | | |
| 维生素 E,单位/千克 | 40 | | | |
| 维生素 K,毫克/千克 | 0.5 | | | |
| 硫胺素,毫克/千克 | 0.9 | | | |
| 核黄素,毫克/千克 | 3.4 | | | |
| 泛酸,毫克/千克 | 11 | | | |
| 烟酸,毫克/千克 | 9.05 | | | |
| 吡哆醇,毫克/千克 | 0.9 | | | |
| 生物素,毫克/千克 | 0.19 | | | |
| 叶酸,毫克/千克 | 1.2 | | | |

续表 5-8

| 妊娠期 | 配种至70天 | | 70～110天 | |
|---|---|---|---|---|
| 胎 次 | 初 产 | 2胎以上 | 初 产 | 2胎以上 |
| 维生素 $B_{12}$,微克/千克 | 14 | | | |
| 胆碱,克/千克 | 1.15 | | | |
| 亚油酸,% | 0.1 | | | |

妊娠母猪饲料配方见表 5-9。

表 5-9 推荐的妊娠母猪饲粮配方 (%)

| 饲料名称 | 妊娠阶段 | | 备 注 |
|---|---|---|---|
| | 配种至70天 | 70～110天 | |
| 玉 米 | 63.0 | 67.0 | 1. 部分玉米可由小麦、碎大米、高粱、大麦替代 |
| 麦 麸 | 25.0 | 15.0 | 2. 部分或全部麦麸可由米糠、啤酒糟、苜蓿草粉替代 |
| 豆 粕 | 8.0 | 14.0 | 3. 1/3 的豆粕可由菜粕、花生粕替代 |
| 预混料 | 4.0 | 4.0 | 4. 预混料必须提供 0.05%以上的赖氨酸 |

### (三)妊娠母猪饲料的配制

1. 利用蛋白质浓缩料配制妊娠母猪料　与种公猪饲料的配制相似。对于有一定规模的猪场,可以从饲料厂购买母猪蛋白质浓缩料自行配制母猪料。这样可大大降低饲料成本。蛋白质浓缩料含有母猪所需的蛋白质、氨基酸、矿物质和维生素等。由于母猪在妊娠期消化能力很强,可以利用一些廉价的粗饲料,要求前期饲料的消化率不低于 60%,后期饲料的消化率应当稍高一些。饲料中蛋白质浓缩料的使用比例最好参考生产厂家的建议,这样才能保证饲料矿物质、维生素的浓度。妊娠母猪的饲料中应当配入较高比例的粗饲料。一般可配入麦麸 15%～25%,这样母猪更有饱腹感，更安静，不易发生便秘，有利于防止消化道溃疡。麦麸也可用其他粗饲料替代，如啤酒糟、苜蓿草粉、大米糠、花生秧粉等。其余部分为谷物，如玉米、大麦、小麦等。棉籽饼最好少用或不用。麦麸等原料不能被真菌污染。

2. 利用预混料配制妊娠母猪料　技术和设备条件较好的猪场或养猪户，可以利用1%或4%预混料配制妊娠母猪饲料。4%预混料一般含有矿物质、微量元素、维生素和保健促生长添加剂，使用时要配入蛋白质饲料、能量饲料及粗饲料。如果用1%的预混料，还要配入食盐、钙、磷及氯化胆碱。饲料的营养水平可参考前面的饲养标准。蛋白质饲料可以以豆粕为主，也可加入一定比例的菜籽粕、花生粕等，但总量不要超过蛋白质饲料的50%。在利用预混料配制母猪饲料时，一定要混合均匀。混合时要求在中间将预混料加入。

3. 利用甜菜饲喂妊娠母猪　如果有大量甜菜可供利用，完全可以饲喂妊娠母猪。一般每天每头母猪不要超过5～6千克新鲜甜菜。喂前应洗净、打碎。同时还应补充一定量的精料。精料可以补充甜菜缺乏的蛋白质、能量、矿物质及维生素。作为补充精料，应符合以下标准：粗蛋白质22%，赖氨酸1.2%，钙1.6%，磷0.9%，锌100毫克/千克，维生素A 10 000单位/千克，维生素D 1 250单位/千克。补充精料的喂量在妊娠期的前84天每天每头0.5千克，在妊娠期的后30天每天每头2千克。

4. 利用其他多汁饲料饲喂妊娠母猪　其他青绿多汁饲料只要其消化率不低于60%，也可以喂妊娠母猪，例如鲜嫩青草、甜菜叶、青贮饲料等。每天每头母猪的喂量：青绿饲料为8～15千克，青贮饲料则不要超过6千克。注意不能霉变和受冻。一般妊娠前期可每天补充1千克补充精料，后期每天补充2千克补充精料。

5. 妊娠母猪饲料配方举例　见表5-10。

**表 5-10　妊娠母猪混合精料配方*　(%)**

| 饲　料 | 配方 1 | 配方 2 | 配方 3 | 配方 4 | 配方 5 | 配方 6 | 配方 7 |
|---|---|---|---|---|---|---|---|
| 玉　米 | 30 | 37 | 35 | 35 | 40 | 30 | 30 |
| 高　粱 | — | — | — | 40 | 30 | — | — |
| 大　麦 | 10 | 8 | 10 | — | — | 8 | 8 |
| 稻　谷 | — | — | — | — | — | 28 | 21 |
| 青　糠 | — | — | — | — | — | 13 | 15 |
| 麸　皮 | 30 | 25 | 45 | 13 | 8 | 10 | 10 |
| 豆　饼 | 5 | 8 | 5 | 10 | 20 | 6 | 10 |
| 草　粉 | 20 | 15 | — | — | — | — | — |
| 鱼　粉 | 3 | 5 | 3 | — | — | 3 | 4 |
| 骨　粉 | 1.5 | 1.5 | 1.5 | — | 1.5 | — | — |
| 贝　粉 | — | — | — | 1.6 | — | 1.5 | 1.5 |
| 食　盐 | 0.5 | 0.5 | 0.5 | 0.4 | 0.5 | 0.5 | 0.5 |
| 消化能(兆焦/千克) | 10.75 | 11.42 | 12.47 | 12.51 | 12.80 | 12.51 | 13.01 |
| 可消化粗蛋白质(克/千克) | 99.7 | 126.5 | 119.6 | 127.6 | 156.1 | 125 | 154** |

注：* 配方 1～5 为北京黑猪常用；配方 6～7 为江苏省吴江市第一种猪场两品种杂种母猪用，其中配方 6 为妊娠前期用，配方 7 为妊娠后期用

** 系粗蛋白质，不是可消化粗蛋白质

## (四)妊娠母猪的饲养方式

1. 抓两头顾中间的饲养方式　适用于断奶后膘情差的经产母猪。在妊娠初期应加强营养，使之恢复繁殖体况，连同配种前的 10 天在内约 1 个月的时间加喂精料，特别是含蛋白质高的饲料。待体况恢复后再按标准饲养，妊娠 80 天后，由于胎儿增重较快，所以更应加强营养。

2. 步步登高的饲养方式　适用于初产母猪和哺乳期间配种

的母猪，前者本身还处在生长发育阶段，后者生产任务繁重。因此，整个妊娠期间的营养水平，应按胎儿体重的增长而逐渐提高；产前5天左右，日粮应减少30%。

3. 前粗后精的饲养方式　适用于配种前体况良好的经产母猪。母猪妊娠期高水平饲养时，会在泌乳期发生采食量降低的现象，而且增加了因养分两次转化所造成的损耗，即在妊娠期内由饲料养分转化为体脂(效率为78%)，而在泌乳期内，再由体脂转化为猪乳(效率为63%)的双重损失，其饲料利用率实际上是0.78×0.63≈0.49。而哺乳母猪将饲料直接转化为猪乳时，其效率为67%。相比之下，高妊娠高泌乳的饲养方式比低妊娠高泌乳的饲养方式，养分损失要多1/4以上。所以，近年来国内外都普遍推行妊娠期母猪限量饲喂、哺乳期母猪充分饲喂的办法，这是利用饲料最经济的饲养方式。

**(五)妊娠母猪的管理**　管理妊娠母猪的中心问题是做好保胎工作，促进胎儿正常发育，防止流产，在妊娠后期尤为重要。

1. 妊娠母猪饲料的调制和饲喂技术　妊娠母猪一般采用湿拌料饲喂。在饲喂之前将饲料用水拌湿，使饲料充分浸透。妊娠母猪饲喂技术均采用限制饲喂技术。实践证明，如果让母猪自由采食，母猪往往吃得过多，营养过剩，体重增加过快，几胎后母猪就会变得太大，失去繁殖利用价值；同时，过胖的母猪繁殖障碍也多，维持营养的消耗也多，经济上不合算。因此，要在妊娠期间控制母猪的采食量。每天的饲料投放量根据饲料的营养浓度，根据环境的温度以及母猪的活动量适当调整。一般在妊娠前期及中期(80天之前)，每天饲喂2～2.5千克精饲料。特别是在配种后的1个月内，千万不能喂得过多，应严格控制饲喂量，不然胚胎的死亡会增加，尤其在夏天。在妊娠80天以后，胎儿生长加速，应当适当增加饲喂量，每天饲喂2.5～3千克精饲料比较合理。后期增加饲料，仔猪的初生重大。饲料量应当与饲料的营养浓度、猪舍温度相适应。饲料的营养浓度低(如有大量粗饲料),饲料量要增加。在冬天,母猪需要较多的能量维持,饲料量可适当增加。如果母猪在定位栏中饲养,饲料量可适当减少。饲养人员要注意观察母猪的体况,保持母猪合适的繁殖体况。如果到了妊娠中期,母猪还偏瘦,应适当调整饲料量。在妊娠后107天,母猪应进入产房(分娩舍),然后将饲料换成泌乳料,让母猪在分娩前的1周内适应泌乳料,防止产后不吃料。妊娠母猪的饲喂一般每天上午和下午各喂1顿,再多次数没有必要。由于母猪一般是小群饲养,每栏3～4头母猪,所以同栏内的母猪尽可能配种日期相近,便于饲喂。同栏中的每头母猪要尽可能吃到应吃的饲料量,避免强者吃得过多,弱者吃得过少。要做到同圈内每头母猪采食均衡实属不易,可以给每头猪分一堆饲料,而不要将饲料放在一起。食槽可用钢筋隔开,可以防止争食。

2. *母猪的合理组群及每栏的饲养头数* 妊娠母猪一般是小群饲养。应当将强壮与强壮的母猪放在同一栏内,瘦弱的与瘦弱的母猪放入同一栏内。如果将非常瘦弱的母猪与强壮的母猪放入同一栏内,并圈后的打斗很容易将瘦弱的母猪打残,特别是地面很滑时更易发生。其次,强壮与瘦弱母猪同放一栏,瘦弱母猪很难吃到应吃的饲料量。每圈饲养的母猪数一般以3～4头为宜,如果数量过多,饲喂时竞争加剧,不易保持适宜的体况。

3. *妊娠母猪的日常管理* 在妊娠舍,妊娠母猪的管理比较简单。每天定期清扫圈舍,让母猪有一个干燥、干净的休息环境。保证母猪有充足的饮水。在炎热的季节应注意通风,必要时在猪身上喷水降温。在妊娠初期高温会导致胚胎死亡。在猪配种后20天左右,注意观察母猪是否返情。如发现母猪爬跨别的母猪,外阴有发情征候,应返回待配猪舍。如不注意观察,可能白养没有妊娠的母猪几个情期。在打扫圈舍时,也要观察地面有无流产的痕迹。早期的流产不易被发现,当地面上有灰白色的痕迹时,很可能有猪流产。母猪在妊娠期由于地面太滑有可能流产,应防止地面湿滑。不要在妊娠期并圈,并圈后的打斗可能引起流产。平时注意观察母猪采食和排粪情况。如果不吃饲料,母猪很可能生病了。如果出现便秘,应当喂一些青饲料,或增加饲料中的麦麸等粗饲料的比例,妊娠母猪喂一些青饲料对繁殖也很有好处。母猪在妊娠 107 天,最迟 110 天由妊娠舍转入产房。如果可能,进产房前应对母猪冲洗消毒,冬天用温水冲洗,然后干干净净进入已消毒的产房,在分娩前适应产房的环境。如果配种日期记录正确,110 天入产房来得及。但有时记录可能有误,或个别母猪在不到 110 天就有分娩的情况。当饲养人员发现母猪乳房肿胀、发亮,乳头能挤出奶水,说明母猪马上要产仔,应立即转入产房。

4. 妊娠母猪对环境的要求　妊娠母猪由于体重大,适宜的最低温度比生长猪可低一些,妊娠母猪适宜的温度为 10℃～28℃。在华北地区的封闭式猪舍内,在冬天群养条件下一般不必额外加温,母猪体温散发的热量可满足最低温度要求。如果农村母猪舍为前敞开式,冬天应当加垫草,盖塑料薄膜,以利于保温。妊娠母猪每头需要的躺卧面积约 1.5 平方米。

5. 注意调教,定点排便　母猪排泄的次数少,每个圈的猪数少,因此调教起来比较容易,稍加调教就能形成定点排泄的卫生习惯。将准备圈母猪的栏舍的排泄地点弄湿,将母猪赶到排泄区守候让其在排泄点排粪。在晚上可将母猪驱赶到排泄区排泄几次,很快就能定点排泄。

## 五、母猪的分娩

### (一)母猪分娩前的准备

1. 预产期的推算　母猪预产期一般可查阅预产期推算表(表 5-11)。也可按 112～116 天(平均 114 天)的妊娠期推算产仔日期。还可按“三、三、三”的方法推算,即从配种日期后推 3 个月加

3周再加3天。俗话说:母猪产崽不用算,时间就是"三、三、三"。

表 5-11　母猪预产期推算表　(日/月)

| 配种期 | 产仔期 | 配种期 | 产仔期 | 配种期 | 产仔期 | 配种期 | 产仔期 | 配种期 | 产仔期 | 配种期 | 产仔期 |
|---|---|---|---|---|---|---|---|---|---|---|---|
| 1/1 | 25/4 | 24/1 | 18/5 | 16/2 | 10/6 | 11/3 | 3/7 | 3/4 | 26/7 | 26/4 | 18/8 |
| 2/1 | 26/4 | 25/1 | 19/5 | 17/2 | 11/6 | 12/3 | 4/7 | 4/4 | 27/7 | 27/4 | 19/8 |
| 3/1 | 27/4 | 26/1 | 20/5 | 18/2 | 12/6 | 13/3 | 5/7 | 5/4 | 28/7 | 28/4 | 20/8 |
| 4/1 | 28/4 | 27/1 | 21/5 | 19/2 | 13/6 | 14/3 | 6/7 | 6/4 | 29/7 | 29/4 | 21/8 |
| 5/1 | 29/4 | 28/1 | 22/5 | 20/2 | 14/6 | 15/3 | 7/7 | 7/4 | 30/7 | 30/4 | 22/8 |
| 6/1 | 30/4 | 29/1 | 23/5 | 21/2 | 15/6 | 16/3 | 8/7 | 8/4 | 31/7 | 1/5 | 23/8 |
| 7/1 | 1/5 | 30/1 | 24/5 | 22/2 | 16/6 | 17/3 | 9/7 | 9/4 | 1/8 | 2/5 | 24/8 |
| 8/1 | 2/5 | 31/1 | 25/5 | 23/2 | 17/6 | 18/3 | 10/7 | 10/4 | 2/8 | 3/5 | 25/8 |
| 9/1 | 3/5 | 1/2 | 26/5 | 24/2 | 18/6 | 19/3 | 11/7 | 11/4 | 3/8 | 4/5 | 26/8 |
| 10/1 | 4/5 | 2/2 | 27/5 | 25/2 | 19/6 | 20/3 | 12/7 | 12/4 | 4/8 | 5/5 | 27/8 |
| 11/1 | 5/5 | 3/2 | 28/5 | 26/2 | 20/6 | 21/3 | 13/7 | 13/4 | 5/8 | 6/5 | 28/8 |
| 12/1 | 6/5 | 4/2 | 29/5 | 27/2 | 21/6 | 22/3 | 14/7 | 14/4 | 6/8 | 7/5 | 29/8 |
| 13/1 | 7/5 | 5/2 | 30/5 | 28/2 | 22/6 | 23/3 | 15/7 | 15/4 | 7/8 | 8/5 | 30/8 |
| 14/1 | 8/5 | 6/2 | 31/5 | 1/3 | 23/6 | 24/3 | 16/7 | 16/4 | 8/8 | 9/5 | 31/8 |
| 15/1 | 9/5 | 7/2 | 1/6 | 2/3 | 24/6 | 25/3 | 17/7 | 17/4 | 9/8 | 10/5 | 1/9 |
| 16/1 | 10/5 | 8/2 | 2/6 | 3/3 | 25/6 | 26/3 | 18/7 | 18/4 | 10/8 | 11/5 | 2/9 |
| 17/1 | 11/5 | 9/2 | 3/6 | 4/3 | 26/6 | 27/3 | 19/7 | 19/4 | 11/8 | 12/5 | 3/9 |
| 18/1 | 12/5 | 10/2 | 4/6 | 5/3 | 27/6 | 28/3 | 20/7 | 20/4 | 12/8 | 13/5 | 4/9 |
| 19/1 | 13/5 | 11/2 | 5/6 | 6/3 | 28/6 | 29/3 | 21/7 | 21/4 | 13/8 | 14/5 | 5/9 |
| 20/1 | 14/5 | 12/2 | 6/6 | 7/3 | 29/6 | 30/3 | 22/7 | 22/4 | 14/8 | 15/5 | 6/9 |
| 21/1 | 15/5 | 13/2 | 7/6 | 8/3 | 30/6 | 31/3 | 23/7 | 23/4 | 15/8 | 16/5 | 7/9 |
| 22/1 | 16/5 | 14/2 | 8/6 | 9/3 | 1/7 | 1/4 | 24/7 | 24/4 | 16/8 | 17/5 | 8/9 |
| 23/1 | 17/5 | 15/2 | 9/6 | 10/3 | 2/7 | 2/4 | 25/7 | 25/4 | 17/8 | 18/5 | 9/9 |

**续表 5-11**

| 配种期 | 产仔期 | 配种期 | 产仔期 | 配种期 | 产仔期 | 配种期 | 产仔期 | 配种期 | 产仔期 | 配种期 | 产仔期 |
|---|---|---|---|---|---|---|---|---|---|---|---|
| 19/5 | 10/9 | 11/6 | 3/10 | 4/7 | 26/10 | 27/7 | 18/11 | 19/8 | 11/12 | 11/9 | 3/1 |
| 20/5 | 11/9 | 12/6 | 4/10 | 5/7 | 27/10 | 28/7 | 19/11 | 20/8 | 12/12 | 12/9 | 4/1 |
| 21/5 | 12/9 | 13/6 | 5/10 | 6/7 | 28/10 | 29/7 | 20/11 | 21/8 | 13/12 | 13/9 | 5/1 |
| 22/5 | 13/9 | 14/6 | 6/10 | 7/7 | 29/10 | 30/7 | 21/11 | 22/8 | 14/12 | 14/9 | 6/1 |
| 23/5 | 14/9 | 15/6 | 7/10 | 8/7 | 30/10 | 31/7 | 22/11 | 23/8 | 15/12 | 15/9 | 7/1 |
| 24/5 | 15/9 | 16/6 | 8/10 | 9/7 | 31/10 | 1/8 | 23/11 | 24/8 | 16/12 | 16/9 | 8/1 |
| 25/5 | 16/9 | 17/6 | 9/10 | 10/7 | 1/11 | 2/8 | 24/11 | 25/8 | 17/12 | 17/9 | 9/1 |
| 26/5 | 17/9 | 18/6 | 10/10 | 11/7 | 2/11 | 3/8 | 25/11 | 26/8 | 18/12 | 18/9 | 10/1 |
| 27/5 | 18/9 | 19/6 | 11/10 | 12/7 | 3/11 | 4/8 | 26/11 | 27/8 | 19/12 | 19/9 | 11/1 |
| 28/5 | 19/9 | 20/6 | 12/10 | 13/7 | 4/11 | 5/8 | 27/11 | 28/8 | 20/12 | 20/9 | 12/1 |
| 29/5 | 20/9 | 21/6 | 13/10 | 14/7 | 5/11 | 6/8 | 28/11 | 29/8 | 21/12 | 21/9 | 13/1 |
| 30/5 | 21/9 | 22/6 | 14/10 | 15/7 | 6/11 | 7/8 | 29/11 | 30/8 | 22/12 | 22/9 | 14/1 |
| 31/5 | 22/9 | 23/6 | 15/10 | 16/7 | 7/11 | 8/8 | 30/11 | 31/8 | 23/12 | 23/9 | 15/1 |
| 1/6 | 23/9 | 24/6 | 16/10 | 17/7 | 8/11 | 9/8 | 1/12 | 1/9 | 24/12 | 24/9 | 16/1 |
| 2/6 | 24/9 | 25/6 | 17/10 | 18/7 | 9/11 | 10/8 | 2/12 | 2/9 | 25/12 | 25/9 | 17/1 |
| 3/6 | 25/9 | 26/6 | 18/10 | 19/7 | 10/11 | 11/8 | 3/12 | 3/9 | 26/12 | 26/9 | 18/1 |
| 4/6 | 26/9 | 27/6 | 19/10 | 20/7 | 11/11 | 12/8 | 4/12 | 4/9 | 27/12 | 27/9 | 19/1 |
| 5/6 | 27/9 | 28/6 | 20/10 | 21/7 | 12/11 | 13/8 | 5/12 | 5/9 | 28/12 | 28/9 | 20/1 |
| 6/6 | 28/9 | 29/6 | 21/10 | 22/7 | 13/11 | 14/8 | 6/12 | 6/9 | 29/12 | 29/9 | 21/1 |
| 7/6 | 29/9 | 30/6 | 22/10 | 23/7 | 14/11 | 15/8 | 7/12 | 7/9 | 30/12 | 30/9 | 22/1 |
| 8/6 | 30/9 | 1/7 | 23/10 | 24/7 | 15/11 | 16/8 | 8/12 | 8/9 | 31/12 | 1/10 | 23/1 |
| 9/6 | 1/10 | 2/7 | 24/10 | 25/7 | 16/11 | 17/8 | 9/12 | 9/9 | 1/1 | 2/10 | 24/1 |
| 10/6 | 2/10 | 3/7 | 25/10 | 26/7 | 17/11 | 18/8 | 10/12 | 10/9 | 2/1 | 3/10 | 25/1 |

续表 5-11

| 配种期 | 产仔期 | 配种期 | 产仔期 | 配种期 | 产仔期 | 配种期 | 产仔期 | 配种期 | 产仔期 | 配种期 | 产仔期 |
|---|---|---|---|---|---|---|---|---|---|---|---|
| 4/10 | 26/1 | 19/10 | 10/2 | 3/11 | 25/2 | 18/11 | 12/3 | 3/12 | 27/3 | 18/12 | 11/4 |
| 5/10 | 27/1 | 20/10 | 11/2 | 4/11 | 26/2 | 19/11 | 13/3 | 4/12 | 28/3 | 19/12 | 12/4 |
| 6/10 | 28/1 | 21/10 | 12/2 | 5/11 | 27/2 | 20/11 | 14/3 | 5/12 | 29/3 | 20/12 | 13/4 |
| 7/10 | 29/1 | 22/10 | 13/2 | 6/11 | 28/2 | 21/11 | 15/3 | 6/12 | 30/3 | 21/12 | 14/4 |
| 8/10 | 30/1 | 23/10 | 14/2 | 7/11 | 1/3 | 22/11 | 16/3 | 7/12 | 31/3 | 22/12 | 15/4 |
| 9/10 | 31/1 | 24/10 | 15/2 | 8/11 | 2/3 | 23/11 | 17/3 | 8/12 | 1/4 | 23/12 | 16/4 |
| 10/10 | 1/2 | 25/10 | 16/2 | 9/11 | 3/3 | 24/11 | 18/3 | 9/12 | 2/4 | 24/12 | 17/4 |
| 11/10 | 2/2 | 26/10 | 17/2 | 10/11 | 4/3 | 25/11 | 19/3 | 10/12 | 3/4 | 25/12 | 18/4 |
| 12/10 | 3/2 | 27/10 | 18/2 | 11/11 | 5/3 | 26/11 | 20/3 | 11/12 | 4/4 | 26/12 | 19/4 |
| 13/10 | 4/2 | 28/10 | 19/2 | 12/11 | 6/3 | 27/11 | 21/3 | 12/12 | 5/4 | 27/12 | 20/4 |
| 14/10 | 5/2 | 29/10 | 20/2 | 13/11 | 7/3 | 28/11 | 22/3 | 13/12 | 6/4 | 28/12 | 21/4 |
| 15/10 | 6/2 | 30/10 | 21/2 | 14/11 | 8/3 | 29/11 | 23/3 | 14/12 | 7/4 | 29/12 | 22/4 |
| 16/10 | 7/2 | 31/10 | 22/2 | 15/11 | 9/3 | 30/11 | 24/3 | 15/12 | 8/4 | 30/12 | 23/4 |
| 17/10 | 8/2 | 1/11 | 23/2 | 16/11 | 10/3 | 1/12 | 25/3 | 16/12 | 9/4 | 31/12 | 24/4 |
| 18/10 | 9/2 | 2/11 | 24/2 | 17/11 | 11/3 | 2/12 | 26/3 | 17/12 | 10/4 | 1/1 | 25/4 |

2. 产房的准备　根据预产期，在母猪分娩前 5～7 天准备好产房和产仔用的网床（见图 5-1）。产房要求干燥（空气相对湿度应保持在 65％～75％）、保温（产房内温度应保持在 20℃～23℃），阳光充足，空气新鲜，彻底消毒。

3. 准备接产用具　接产用具包括消毒用的酒精和碘酊、装仔猪用的箱子、取暖用的火炉或红外线灯、照明用的手电筒或电灯、擦仔猪用的抹布、剪耳号和剪犬齿用的钳子及称仔猪用的秤等用具。

**（二）接产**　根据预产期，把要临产的母猪提前 3～5 天赶入产房，建立值班制度，观察母猪的临产征候。做到母猪产仔时有人照

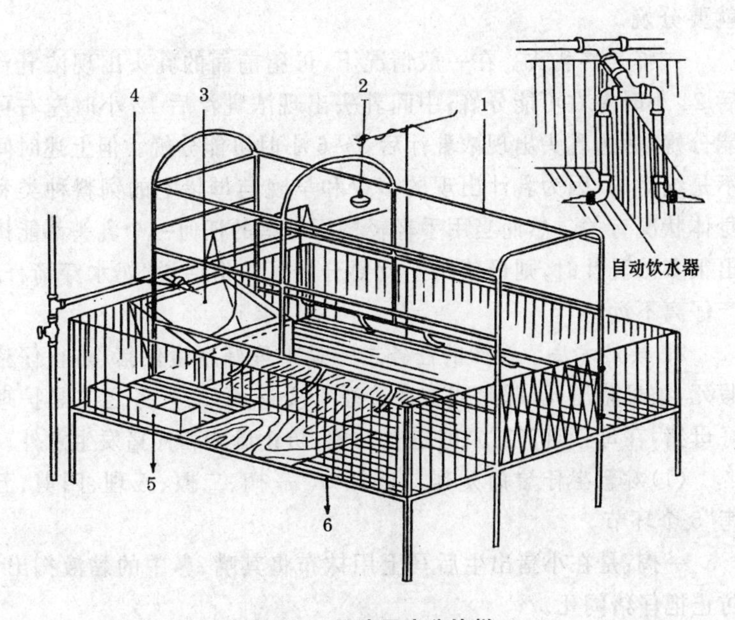


**图 5-1　母猪网床分娩栏**

1. 产仔架　2. 红外线灯　3. 水泥食槽　4. 自动饮水器

5. 仔猪补料槽　6. 网栏(床)

管,以减少新生仔猪的死亡。

1. 临产征候　根据群众多年实践经验,检查母猪的临产征候可归纳为“三看一挤”。

一看乳腺　母猪在产前 15～20 天时,乳腺从后向前逐渐膨大下垂,至临产时乳房膨大有光泽,两侧乳头向外张,呈“八”字形分开,像两条黄瓜一样,俗称“奶头炸,不久就要下”。

二看尾根　母猪临产前尾根两侧下凹,阴门松弛红肿。

三看行为表现　母猪临产前表现起卧不安,食欲减退,阴部有黏液流出,在圈舍内来回走动并叼草絮窝,排尿频繁,俗称“母猪频频尿,产仔就要到”。上述现象出现后一般在 6～12 小时内就要分娩。

一挤是挤乳头　在一般情况下，母猪前面的乳头出现浓乳汁后24小时左右可能分娩；中间乳头出现浓乳汁后12小时左右可能分娩；后边乳头出现浓乳汁后3～6小时可能分娩。但上述时间不是绝对的，因为乳汁出现的多少和早晚与母猪吃的饲料种类和身体状况有关。然而当用手轻轻挤压母猪的任何一个乳头都能挤出很多浓乳汁时，则母猪马上就要分娩了。俗话说“奶水穿箭杆，产仔离不远”。

2. 接产方法　接产的任务之一是护理好新生仔猪，防止仔猪假死，被母猪压死、踩死或在寒冷季节受冻而死；任务之二是护理好母猪，在母猪难产时及时进行处理，防止母猪和仔猪发生意外。

(1)对新生仔猪的处理　要抓好“一掏、二擦、三理、四剪、五烤”5个环节。

一掏：是在小猪出生后马上用抹布将其嘴、鼻中的黏液掏出，防止把仔猪闷死。

二擦：是用抹布把仔猪身上的黏液尽快擦干，促进血液循环，并让其早吃初乳。

三理：是理出脐带。所谓理脐带是仔猪出生后，脐带不脱离母体时，千万不能生拉硬扯，以防大出血造成仔猪失血过多而死亡。最好的办法是用双手配合慢慢将脐带理出。如果仔猪脐带自动脱离母体，则不存在此问题。

四剪：是剪断脐带。剪脐带前先将脐带内的血液向仔猪腹部方向挤压，然后在离腹部4厘米处把脐带剪断或用手指扭断，断处用碘酊消毒。若断脐时流血过多，可用手指捏住断头，直到不出血为止。

五烤：是将新生仔猪置于红外线灯下或保温箱中把仔猪烤干，并训练仔猪经常卧于红外线灯下或保温箱中，防止仔猪在寒冷季节被冻死。

(2)仔猪假死的处理　仔猪假死是指出生后呼吸停止，但心脏仍在跳动。急救以人工呼吸最为简单有效。方法是将仔猪头朝下，两手分握仔猪两肋骨处，一合一张有节奏地挤压，直到仔猪咳出声为止。另外，也可一手托住仔猪肩部，另一手托住臀部，使仔猪横卧，然后两手配合反复地一屈一伸，直到仔猪叫出声为止。

(3)剪牙　用小钳子把仔猪嘴中 4 枚犬牙剪掉，目的是防止仔猪在抢争奶头时互相咬伤或咬破母猪的乳头，使母猪起卧不安，拒绝哺乳，甚者发生乳房炎。

(4)给仔猪编号　编号便于记载和鉴定，对育种工作意义重大。猪的编号就是猪的名字，可随时查找猪的血缘关系、发育情况和生产性能及生产地。方法是在猪的耳朵上剪口或戴耳标。

**(三)母猪难产的处理**　妊娠母猪羊水已经流出，长时间努责，有时有粪便排出，但始终不见仔猪产出，称为难产。此时应实行人工助产，首先注射缩宫素，用量按 100 千克体重 2 毫升，注射后 15～30 分钟可产出仔猪。如果注射缩宫素后仍无效，可采用手术助产。在手术助产前，术者应剪磨手指甲，再用来苏儿水洗净消毒双手，涂润滑剂，然后伸入母猪产道，按着母猪努责间歇有节奏地慢慢伸入，摸到仔猪后，如果是横位，应将仔猪顺位，随着母猪的努责慢慢将仔猪拉出。掏出第一头仔猪后，如果母猪转入正常分娩，不必再用手掏。手术后，应给母猪注射抗生素或其他抗菌药物，以防产道、子宫感染发炎。

## 六、母猪的泌乳

母猪分娩后，应使其有充足的泌乳量，保证仔猪正常生长，以提高仔猪成活率，并使母猪保持一定体况，以便在下一个配种期内正常发情与排卵。

**(一)影响泌乳力的因素**

1. 胎次　母猪乳腺的发育与哺育能力，是随胎次增加而提高的。初产母猪的泌乳力一般比经产母猪要低，因母猪在产第一胎仔猪时，乳腺发育还不完全，第二、第三胎时，泌乳力上升，以后保持一定水平。

母猪胎次与泌乳量一般存在如下关系：以各胎次泌乳量的总平均值作为100，则初产时的泌乳量为80，二胎时的泌乳量为95，三至六胎时的为100～120。

母猪不同于其他家畜，牛羊等都有乳池，而母猪没有。所以，仔猪不能随时吃到奶。母猪乳房的腺状组织是在母猪2.5岁以前发育起来的。乳腺的发育主要发生在泌乳期中，母猪乳腺每一部分的发育和活动都是完全独立的，与相邻部分并无联系。由于仔猪出生后不久就习惯吸吮某一固定乳头一直到断奶。如果初产母猪仅产7～8头仔猪，只用7～8个乳头，就只能使这部分乳头得到发育，剩余的乳头便停止活动，缩小容积，这部分乳头在以后产仔时不是完全停止泌乳就是产乳少。所以，最好是初产母猪有多少正常发育的乳头，就尽可能哺育多少仔猪。如果初产母猪生产仔猪较少，就必须让某些仔猪一开始就养成哺用2个乳头的习惯，就是使所有的乳头经常被仔猪占用，这样才能提高和保持母猪一生的泌乳力。

2. 母猪整个泌乳期的产奶量　母猪在一个泌乳期，产奶总量在250千克以上，各旬间的产奶量也不同，一般以产后第二和第三旬最高，以后逐渐下降(表5-12)。

**表5-12　母猪的产奶量**

| 项　目 | 第一旬 | 第二旬 | 第三旬 | 第四旬 | 第五旬 | 第六旬 | 第七旬 |
|---|---|---|---|---|---|---|---|
| 各旬产奶量(%) | 15 | 20 | 21 | 17.5 | 13 | 10 | 3.5 |
| 昼夜平均产奶量(千克) | 4.0 | 4.5 | 6.0 | 5.5 | 4.5 | 4 | 3.2 |

3. 产仔数与泌乳量　母猪带仔头数与泌乳量有密切关系，一般情况下，窝产仔数多的母猪其泌乳量也多。

4. 乳头不同位置的泌乳量差别　母猪有 6～8 对乳头，一般情况下，最后一对乳头泌乳量最少，前几对乳头的泌乳量比后几对相对多些，但不是所有母猪都一样。据江西农业大学邓泽元等研究，认为第四对乳头泌乳量最多。

**（二）提高母猪泌乳量的方法**　由于母乳是仔猪出生后的主要营养物质，因而必须保证母猪有较高的泌乳力。

1. 保证母猪良好的食欲　采取母猪产前减料、产后逐渐增料的技术措施。母猪分娩前 3 天，减到原量的 1/3～1/2（瘦弱母猪少减料或不减料），分娩当天停喂。产后 3 天加至原量，然后随着哺乳日数增加，逐渐增加饲料量。切不可加料过急，以免产生乳腺炎或食欲不振而影响泌乳。

2. 多喂青绿多汁饲料　在饲料搭配上，对哺乳期母猪应多喂些青绿饲料及块根块茎类饲料，以增加泌乳量。

3. 按摩乳房　据东北农业大学实验农场经验，对初产母猪产前 15 天进行乳房按摩，或产后开始用 40℃左右温水浸湿抹布按摩乳房，经 1 个月左右，可收到良好效果。

4. 药物催奶　王不留行 30 克，金刚豆 100 克（或穿山甲 30 克），通草 20 克，天花粉 20 克，黄芪 25 克，党参 30 克，当归 15 克，共用清水煎熬（1 剂药煎 3 次）。取药汁混入 0.5 千克大米粥内（最好是糯米）1 次喂完，每日 3 次，连服 2～3 天。

**（三）并窝与寄养**　在生产实践中，常会碰到有些母猪产仔太少，只哺养这些仔猪就太不经济。有些母猪产仔较多，但限于母猪的体质和乳头数，不能全部哺育。因有时有些母猪产后死亡或无奶，要护理好所有仔猪，常用的办法是并窝和寄养。所谓并窝是指将二三窝较少的仔猪合并起来，由泌乳性能较好的 1 头母猪哺养。寄养则是将 1 头或数头母猪的多余仔猪由另外 1 头母猪哺养，或将1窝仔猪分别给另几头母猪哺养。采用这两个办法可以调剂母猪的带仔头数，充分发挥母猪的作用，避免仔猪的损失；而且实行并窝以后，停止哺乳的母猪即可发情配种，有利于提高母猪的繁殖力。并窝和寄养的一般原则是在产期相近的几头母猪间进行。将先产的移入后产的窝中。当母猪正在产仔时，将另一窝仔猪放进来较易成功。最好在仔猪身上涂些来苏儿，使母猪分辨不出是外来仔猪。

**(四)泌乳母猪的饲养**

1. *泌乳母猪的维持需要及生产需要*　泌乳母猪的维持能量需要如果以每单位代谢体重计量比妊娠母猪低一些。根据研究，哺乳母猪的维持代谢能需要为每千克代谢体重0.37兆焦。蛋白质需要一般认为与妊娠母猪一样(参考妊娠母猪部分)。

母猪的生产需要可以从3个方面考虑：母猪泌乳、母猪失重和仔猪补料。母猪的泌乳量可以根据仔猪的增重来衡量。以一般35天哺乳期为例，每头仔猪增重7.2千克。每千克增重需要4.3千克奶，相当于母猪饲料代谢能31兆焦，粗蛋白质413克，赖氨酸25克。母猪在哺乳期会有一定的失重，每千克失重相当于25.1兆焦饲料代谢能、202克饲料粗蛋白质、11.3克饲料赖氨酸。补料也可以节省母猪饲料。每千克补料(代谢能13.5兆焦/千克)可节省母猪饲料代谢能21.3兆焦、粗蛋白质280克、赖氨酸17.5克。一般认为，在妊娠期母猪失重10～15千克比较合理，失重过多会影响下一胎的繁殖成绩。仔猪补料量一般35日龄断奶每头1千克，28日龄断奶每头0.3千克。这样，1头180千克的母猪，35天断奶，失重15千克，每头仔猪增重7.2千克，在提供仔猪补料的情况下，每天的营养需要量如表5-13所示。如果母猪的体重、仔猪的增重速度，母猪的失重和补料量改变，母猪的营养需要量也应调整。

表 5-13　哺乳母猪每天营养需要量

| 项　目 | 代谢能(兆焦) | 粗蛋白质(克) | 赖氨酸(克) |
|---|---|---|---|
| 8 头仔猪 | 54 | 650 | 32 |
| 10 头仔猪 | 64 | 800 | 40 |
| 12 头仔猪 | 72 | 920 | 46 |

源自 Kirchgessner,1997

2. 泌乳母猪的饲养标准　泌乳母猪的饲养标准见表 5-14。

表 5-14　泌乳母猪饲养标准　(每千克饲粮养分含量)

| 胎　次 | 初　产 | 2 胎以上 |
|---|---|---|
| 哺乳仔猪数,头 | 9 | 10 |
| 泌乳失重,千克 | －10 | －15 |
| 采食量,千克/天 | 4.65 | 5.2 |
| 消化能,兆焦/千克 | 13.8 | 13.8 |
| 代谢能,兆焦/千克 | 13.25 | 13.25 |
| 粗蛋白质,% | 18.0 | 18.5 |
| 赖氨酸/消化能 | 0.67 | 0.68 |
| 赖氨酸,% | 0.93 | 0.94 |
| 蛋氨酸,% | 0.24 | 0.24 |
| 蛋氨酸＋胱氨酸,% | 0.45 | 0.45 |
| 苏氨酸,% | 0.59 | 0.60 |
| 色氨酸,% | 0.17 | 0.18 |
| 异亮氨酸,% | 0.52 | 0.53 |
| 亮氨酸,% | 1.01 | 1.02 |
| 精氨酸,% | 0.48 | 0.47 |

续表 5-14

| 胎　次 | 初　产 | 2 胎以上 |
| --- | --- | --- |
| 缬氨酸,% | 0.79 | 0.81 |
| 组氨酸,% | 0.36 | 0.37 |
| 苯丙氨酸,% | 0.50 | 0.50 |
| 苯丙氨酸+酪氨酸,% | 1.03 | 1.04 |
| 钙,% | 0.77 | |
| 总磷,% | 0.62 | |
| 非植酸磷,% | 0.36 | |
| 钠,% | 0.21 | |
| 氯,% | 0.16 | |
| 镁,% | 0.04 | |
| 钾,% | 0.21 | |
| 铜,毫克/千克 | 5.0 | |
| 碘,毫克/千克 | 0.14 | |
| 铁,毫克/千克 | 80 | |
| 锰,毫克/千克 | 20.5 | |
| 硒,毫克/千克 | 0.15 | |
| 锌,毫克/千克 | 51 | |
| 维生素 A,单位/千克 | 2050 | |
| 维生素 $D_3$,单位/千克 | 205 | |
| 维生素 E,单位/千克 | 45 | |
| 维生素 K,毫克/千克 | 0.5 | |
| 硫胺素,毫克/千克 | 1.0 | |

续表 5-14

| 胎 次 | 初 产 | 2胎以上 |
|---|---|---|
| 核黄素,毫克/千克 | 3.85 | |
| 泛酸,毫克/千克 | 12 | |
| 烟酸,毫克/千克 | 10.25 | |
| 吡哆醇,毫克/千克 | 1.0 | |
| 生物素,毫克/千克 | 0.21 | |
| 叶酸,毫克/千克 | 1.35 | |
| 维生素 $B_{12}$,微克/千克 | 15.0 | |
| 胆碱,克/千克 | 1.0 | |
| 亚油酸,% | 0.1 | |

推荐的泌乳母猪饲粮配方见表 5-15。

表 5-15 推荐的泌乳母猪饲粮配方

| 饲料名称 | 配合比例(%) | 备 注 |
|---|---|---|
| 玉 米 | 60.0 | 1. 部分玉米可由大米、小麦替代<br>2. 次粉可由麦麸、米糠替代<br>3. 部分豆粕可由花生粕、优质酵母粉代替,但应控制在5%以下<br>4. 预混料必须提供0.1%以上的赖氨酸 |
| 次 粉 | 10.0 | |
| 豆 粕 | 23.0 | |
| 优质鱼粉 | 3.0 | |
| 预混料 | 4.0 | |

3. 泌乳母猪饲料的配制

(1)利用蛋白质浓缩料配制哺乳母猪饲料 猪场可以利用自产或购买的谷物及副产品与母猪专用蛋白质浓缩料配制泌乳母猪饲料。蛋白质浓缩料可提供母猪所需蛋白质、氨基酸、维生素、矿物质、微量元素等营养物质。一般用含38%蛋白质的浓缩料，可以在泌乳母猪日粮中配入25%，另外75%由谷物(玉米、小麦、大麦)和副产品(麦麸、米糠等)组成。要求除达到饲养标准外，粗纤维含量应当低于7%，脂肪含量不超过8%，代谢能浓度不低于13兆焦。也就是说，粗饲料的比例不要过高。

(2)利用预混料配制泌乳母猪饲料　如果设备和技术条件较好，猪场可以利用购入的预混料配制泌乳母猪全价饲料。能量饲料主要是玉米等谷物及副产品。蛋白质饲料以豆粕为主，棉籽粕、花生粕等杂粕的比例不能过高，这些杂粕消化率较低，适口性差，赖氨酸含量低，效果不好。一般不要配入菜籽粕，否则影响泌乳力。建议配入3%～5%优质鱼粉，对提高泌乳量有益。在高温季节，母猪的采食量下降，为了增加能量摄入量，应配入2%～5%的油脂。母猪产前几天及泌乳期饲料添加油脂还能增加乳脂的含量。猪场可根据条件选用1%或4%的泌乳母猪专用预混料，注意其中的赖氨酸、矿物质、维生素水平，尽量用正规厂家的产品，并保证混合均匀。

**(五)泌乳母猪的管理**

1. 泌乳母猪对环境的要求　泌乳母猪本身对温度的要求应低于妊娠母猪。因为泌乳母猪采食量大，物质代谢非常旺盛，产热量大。在高温季节，热应激对泌乳母猪的影响特别大。如果产房温度超过26℃，母猪就会本能地降低采食量，以减少产热量。采食量减少必然影响泌乳量。因此，在高温季节产房的通风降温十分重要。冬天产房的温度下限应保持在10℃以上。实际生产中，产房温度还应当高一些，这对仔猪的发育有利。在环境卫生方面，产房的要求比肥育猪舍更加严格，如果产房有害微生物浓度太高，吮乳仔猪被感染疾病的机会增加。因此，进入产房的母猪一定要干干净净，腹部决不能有粪污。母猪排泄的粪便应立即清除，产床上不许有粪。产房要定期带猪消毒，降低微生物的浓度。产房应尽量保持安静，以减少猪的应激。

2. 高温季节泌乳母猪的饲喂技术　在夏天，产房的温度往往很高。有的产房墙壁和房顶隔热不好，再加上母猪代谢产生的热量，产房温度超过30℃的时间很长。在高温环境下，母猪的食欲大大下降，采食量的减少使母猪的泌乳减少，母猪失重过多，还会影响下一胎的产仔。因此，在炎热的夏天，哺乳母猪比较难喂，问题较多。高温季节饲喂技术的关键是让母猪吃进足够的营养。首先，泌乳母猪饲料的营养浓度以及消化率要高，这样母猪虽然吃的料少一些，但不至于明显减少营养供应。可以通过添加油脂增加饲料的能量浓度，添加氨基酸增加氨基酸的供应。有人以为，夏天热，母猪能量需要少，饲料的能量浓度应降低，这种看法是不对的。其次，要降低饲料产生的热量。如果饲料的消化率低，饲料的粗纤维含量高，饲料营养不平衡，产生的无效热量就多。油脂的产热量少，高纤维的饲料如苜蓿草粉产热多。高蛋白质饲料的产热也多，特别是氨基酸不平衡的低质蛋白质饲料。在夏天，母猪饲料不宜提高蛋白质的水平，而应提高氨基酸的水平。饲料中添加抗生素也有抗热应激的作用。在饲喂方法上，应尽可能在每天较凉的时间喂猪，如早晨早喂猪，晚上晚喂猪，夜间可以加喂1顿。饲料要拌水稍多一些。不要1次加料过多，过多吃不完会发酵，母猪不愿再吃。总之，要仔细观察每头母猪的吃料情况，细心饲喂。

3. 泌乳母猪的日常管理　泌乳母猪采食量大，对水的需要量比其他猪都多，保证足够的饮水对泌乳母猪非常重要。最好的给水方法是用自动饮水器提供新鲜饮水，而且饮水器的流量要充足。如果没有饮水器，应当在水槽或饲槽中加足饮水。泌乳母猪应当单栏饲养，这样才能保证每头母猪的采食量。一般情况下哺乳母猪要充分采食，让母猪吃饱。通常泌乳母猪饲喂多采用湿拌料，每天至少喂3次，每天的采食时间不应少于1小时。但是，湿拌料在饲槽中的时间不应太长(1 小时),如果吃不完的饲料长期堆在饲料槽中,饲料变得不新鲜,母猪不愿再吃。另一方面,仔猪吃了母猪的剩料会引起腹泻。每天应密切观察每头母猪的采食情况,如果母猪采食突然减少,要找出原因。饲养员要不断在产房内巡视,观察仔猪的哺乳情况,帮助弱小、受伤的仔猪吃上奶。观察仔猪的粪便,发现腹泻立即治疗。观察母猪产道的分泌物情况,发现有恶露不净,应及时处理。观察母猪的泌乳情况,发现无乳或少乳时要及时采取措施。保持产床干净,粪便要立即清干净。产房的管理在猪场是最关键、最复杂、技术要求最高的一个环节,应当选技术好、责任心强、经验丰富的饲养人员负责。要努力提高仔猪的成活率和断奶体重,这是猪场取得成功的基础。

## 第三节 仔猪的饲养管理

### 一、仔猪的生理特点

仔猪出生后,体内的能量储备很少,同时仔猪没有保护性的皮下脂肪。因此,初生仔猪对环境温度十分敏感,低温会加快消耗本来就少的葡萄糖储备。如果不能马上从母乳获得能量补充,初生仔猪会很快消耗完体内的葡萄糖储备,其结果是体温降低,昏迷甚至死亡。因此,仔猪出生后,首先要提供合适的温度环境,其次应尽快让仔猪吃上初乳,这样会大大减少仔猪的死亡。初乳和常乳有很大的差异。初乳的营养极高,是新生仔猪理想的营养来源(表 5-16)。

初乳中的蛋白质含量很高,其中最重要的是 γ-球蛋白的含量很高。γ-球蛋白对新生仔猪抵抗各种病原微生物的感染至关重要,尤其是对抵御呼吸道和消化道的感染更有效。因为新生仔猪缺乏免疫抗体,自身的免疫系统还不能马上产生足够抗体免受病

表 5-16　猪的初乳和常乳的营养成分差异

| 项　目 | 初乳 | | | | | 常乳 |
|---|---|---|---|---|---|---|
| | 初生时 | 生后 3 小时 | 生后 6 小时 | 生后 12 小时 | 生后 24 小时 | |
| 脂　肪(%) | 7.2 | 7.3 | 7.8 | 7.2 | 8.7 | 7～9 |
| 蛋白质(%) | 18.9 | 17.5 | 15.2 | 9.2 | 7.3 | 5～6 |
| 乳　糖(%) | 2.5 | 2.7 | 2.9 | 3.4 | 3.5 | 5 |

源自 M. Kirchgessner,1997

原微生物的攻击。幸运的是初乳中的抗体可在初生后 24 小时之内被仔猪吸收入血,使仔猪获得很高的被动免疫。另一特点是新生仔猪的消化能力和消化酶活性与大猪不同。新生仔猪乳糖酶和脂肪酶较高,其他酶的活性很低。在 3 周龄以后,蛋白酶、淀粉酶、麦芽糖酶的活性才显著提高。这时的仔猪只能消化母乳,植物来源的饲料只能少量补加,消化率也不高。例如,玉米淀粉在仔猪出生第一周时消化率只有 2.5%,3 周龄时其消化率可达 50%以上。但是早期让仔猪采食淀粉能明显刺激淀粉酶的分泌,这对于让仔猪尽快适应植物性饲料是重要的。新生仔猪消化脂肪的能力较强,因为乳中含脂肪很高。非乳来源的脂肪,只要充分乳化后也能很好地被消化吸收,特别是含中链脂肪酸较多的棕榈油、椰仁油等。对于蛋白质的消化,仔猪新生时几乎不能分泌胃酸,3 周龄以后才开始分泌,7～10 周龄之前胃酸分泌仍然不足。不过,乳中的乳糖可以经乳酸菌发酵产生乳酸,使得胃内 pH 值维持在较低的水平。通过补饲可促进胃酸分泌。仔猪补料中的植物性蛋白质会刺激仔猪的免疫系统产生变态(旧称过敏)反应,这种反应会损害肠黏膜的完整性,使消化功能紊乱。不过仔猪很快会适应。在补料中配入大豆粕,如果仔猪采食量足够的话,在断奶时,仔猪已能适应植物性蛋白质,不至于出现突然消化功能紊乱。新生仔猪生长极快,需要的营养很高,且持续增加。而母乳的分泌在前 2 周呈上升趋势，2～4 周基本维持较高的水平，但 4 周以后泌乳量逐渐减少。从第二周以后，母乳的供给量与仔猪需求量之间差距越来越大，必须通过补充料来满足其不断增长的营养需求。

仔猪断奶时一般为出生后 4～5 周龄，体重 7～10 千克。这时仔猪各种生理功能已经趋向完善，但是消化功能还较弱，胃酸分泌还不能完全满足消化需要。突然由母乳转为固体饲料，失去母猪的保护，完全新的环境，这一系列应激因素会明显地降低仔猪的消化能力和抵抗力。因此，断奶对仔猪是一关，很容易出现问题，如突然腹泻，水肿病，瘦弱仔猪出现。对于早期断奶仔猪(4 周龄以内断奶)来说，其消化功能还不完善，消化酶活性很低，还不能完全利用非乳来源的饲料。断奶仔猪生长强度很大，对营养的要求很高。如果断奶过渡不好，断奶后一段时间仔猪会出现能量负平衡，导致体重下降，这样会严重影响以后的生长，应尽量避免断奶后体重下降。

## 二、仔猪的营养需要

**(一)仔猪的营养需要**　哺乳仔猪的主要营养来源是母乳，特别在是 20 日龄之前，母乳基本能满足的仔猪营养需要。仔猪吃饲料很少。虽然在 7 日龄就给仔猪提供补料，但只是为了让仔猪尽早认料，补料所提供的营养是次要的。断奶仔猪(8～20 千克体重)饲养标准见表 5-17，推荐的断奶仔猪饲料配方见表 5-18。

**表 5-17　断奶仔猪饲养标准**　(8～20 千克体重)

| 项　目 | 每千克饲粮<br>养分含量 | 每头每天<br>养分需要量 |
|---|---|---|
| 日增重 | 0.44 千克/天 | 0.44 千克/天 |
| 采食量 | 0.74 千克/天 | 0.74 千克/天 |

续表 5-17

| 项　目 | 每千克饲粮<br>养分含量 | 每头每天<br>养分需要量 |
|---|---|---|
| 饲料/增重 | 1.59 | 1.59 |
| 消化能 | 13.60 兆焦/千克 | 10.06 兆焦/天 |
| 代谢能 | 13.06 兆焦/千克 | 9.66 兆焦/天 |
| 粗蛋白质 | 19.0% | 141 克/天 |
| 赖氨酸/消化能 | 0.85 | — |
| 赖氨酸 | 1.16% | 8.6 克/天 |
| 蛋氨酸 | 0.30% | 2.2 克/天 |
| 蛋氨酸+胱氨酸 | 0.66% | 4.9 克/天 |
| 苏氨酸 | 0.75% | 5.6 克/天 |
| 色氨酸 | 0.21% | 1.6 克/天 |
| 异亮氨酸 | 0.64% | 4.7 克/天 |
| 亮氨酸 | 1.13% | 8.4 克/天 |
| 精氨酸 | 0.46% | 3.4 克/天 |
| 缬氨酸 | 0.80% | 5.9 克/天 |
| 组氨酸 | 0.36% | 2.7 克/天 |
| 苯丙氨酸 | 0.69% | 5.1 克/天 |
| 苯丙氨酸+酪氨酸 | 1.07% | 7.9 克/天 |
| 钙 | 0.74% | 5.48 克/天 |
| 总　磷 | 0.58% | 4.29 克/天 |
| 非植酸磷 | 0.36% | 2.66 克/天 |

续表 5-17

| 项　目 | 每千克饲粮养分含量 | 每头每天养分需要量 |
|---|---|---|
| 钠 | 0.15% | 1.11 克/天 |
| 氯 | 0.15% | 1.11 克/天 |
| 镁 | 0.04% | 0.30 克/天 |
| 钾 | 0.26% | 1.92 克/天 |
| 铜 | 6.00 毫克/千克 | 4.44 毫克/天 |
| 碘 | 0.14 毫克/千克 | 0.10 毫克/天 |
| 铁 | 105 毫克/千克 | 77.7 毫克/天 |
| 锰 | 4.00 毫克/千克 | 2.96 毫克/天 |
| 硒 | 0.30 毫克/千克 | 0.22 毫克/天 |
| 锌 | 110 毫克/千克 | 81.4 毫克/天 |
| 维生素 A | 1800 单位/千克 | 1330 单位/天 |
| 维生素 $D_3$ | 200 单位/千克 | 148 单位/天 |
| 维生素 E | 11 单位/千克 | 8.5 单位/天 |
| 维生素 K | 0.50 毫克/千克 | 0.37 毫克/天 |
| 硫胺素 | 1.00 毫克/千克 | 0.74 毫克/天 |
| 核黄素 | 3.50 毫克/千克 | 2.59 毫克/天 |
| 泛　酸 | 10.00 毫克/千克 | 7.40 毫克/天 |
| 烟　酸 | 15.00 毫克/千克 | 11.1 毫克/天 |
| 吡哆醇 | 1.50 毫克/千克 | 1.11 毫克/天 |
| 生物素 | 0.05 毫克/千克 | 0.04 毫克/天 |

续表 5-17

| 项　目 | 每千克饲粮养分含量 | 每头每天养分需要量 |
|---|---|---|
| 叶　酸 | 0.30 毫克/千克 | 0.22 毫克/天 |
| 维生素 $B_{12}$ | 17.50 微克/千克 | 12.59 微克/天 |
| 胆　碱 | 0.50 克/千克 | 0.37 克/天 |
| 亚油酸 | 0.10% | 0.74 克/天 |

**表 5-18　推荐的断奶仔猪饲料配方**

| 饲料名称 | 配合比例(%) | 备　注 |
|---|---|---|
| 玉　米 | 60.5 | 1. 玉米的 50%可以由大米、小麦等替代<br>2. 豆粕的 25%可由优质酵母粉、花生粕等替代<br>3. 预混料必须提供 0.15%以上的赖氨酸 |
| 豆　粕 | 17.5 | |
| 膨化大豆 | 10 | |
| 次　粉 | 5 | |
| 进口鱼粉 | 3 | |
| 预混料 | 4 | |

**(二)仔猪补料的配制**　仔猪补料的配制应遵循的几条原则：①易消化，补充料中蛋白质消化率应高于 83%；②饲料原料的适口性要好，乳制品、甜味物质和血浆蛋白粉有非常好的适口性，而骨粉、肉骨粉、菜籽粕和棉籽粕适口性不佳；③饲料原料的质量要高，原料质量应无可挑剔，凡杂质多、被霉菌污染和含抗营养因子的原料不应选用；④选用酸结合力较低的原料；⑤保持营养平衡；⑥防止腹泻。

仔猪补料的目的是在断奶之前尽可能让仔猪多采食固体料，提高断奶体重，同时消化道也得到充分锻炼，为安全断奶做好准备。仔猪补料配方的技术水平要求很高，一般情况下猪场无法配制理想的仔猪补料，而由专业性乳猪饲料厂生产的商品化补料质量比较稳定。仔猪在补料期对补料的消耗量很小，一般 1 头仔猪 1 千克左右，直接购入商品补料更省事。如果猪场有条件，可以自己配制。蛋白质原料应有一定比例的优质动物蛋白质饲料，如脱脂奶粉、鱼粉和血浆蛋白粉。能量饲料以谷物（如玉米）和油脂为主。配制一定比例的乳清粉较为理想。为了提高适口性，可配入 5%蔗糖或添加甜味剂。矿物质、微量元素、维生素、氨基酸及保健促生长物质等，可通过购买 4%～5%的预混料来满足。为了获得好的饲喂效果，补料的营养水平应达到饲养标准的推荐水平，粗纤维水平应低于 5%；添加油脂时，粗脂肪不要超过 6%。预混料中还应包括广谱抗生素、酸化剂、香味剂，酶制剂和寡糖有时也有必要添加。与大猪不同的是，仔猪补料如果经热处理（如膨化、制粒过程）能提高消化率，增加采食量。谷物原料可以部分膨化，大豆应先行膨化热处理，最后制成颗粒料饲喂效果更好。过去单用谷物给仔猪补料是不可取的。

**（三）断奶仔猪料的配制** 配制断奶仔猪饲料的原则与配制哺乳仔猪补料相似。

配料的关键是要求饲料具有高消化率、高适口性，以保证不发生腹泻。断奶仔猪饲料分成两个阶段比较好，因为刚刚断奶的仔猪与较大一些仔猪要求不一样。仔猪 1 号料作为断奶过渡饲料，可以在断奶后喂 2 周左右。此后可换成仔猪 2 号料，一直喂到体重达 25 千克左右。仔猪 1 号料应含有一定比例的优质动物蛋白质，如鱼粉、乳清粉、血浆蛋白等；谷物原料应进行部分热处理；并添加 1%～3%的植物油。此外，还应添加合成氨基酸、酸化剂、抗生素和酶制剂。为了增加采食量，添加香味剂和甜味剂是必要的。对于仔猪 2 号料，由于此时仔猪食欲旺盛，消化功能已完全适应仔猪饲料，日龄已达 45 天以上，配制仔猪 2 号饲料不必那么复杂和昂贵。动物蛋白质原料只要求一定比例的优质鱼粉，没有必要再配入血浆蛋白、乳清粉等高价格原料。谷物也不必进行热处理，只需粉碎细一些就可以了。蛋白质饲料主要是豆粕。豆粕的质量应是优质的，加热不足或加热过度的豆粕不能用于仔猪料，否则易引起消化不良。也可以搭配一些花生饼（粕），但不应配入菜籽粕、棉籽粕等低质蛋白质饲料。为了增加能量浓度，应添加1%～3%的植物油。仔猪2号料中添加广谱抗生素、酸化剂、香味剂及甜味剂，酶制剂也有较好效果，但不是非加不可。仔猪1号料和仔猪2号料制成颗粒后的饲喂效果稍好，但不是必需的，干粉料的饲喂效果也不错。小型养猪场一般从饲料公司购入颗粒化的全价仔猪料直接饲喂。如果大猪场设备条件好，技术力量强，也可以从预混料厂购买1%或4%预混料，根据饲养标准及上面讲的原则自己加工仔猪1号料和仔猪2号料。由于仔猪阶段的生长发育对以后的生产性能影响很大，将仔猪料配得好一些是值得的，不应在仔猪料上省钱。否则，饲料质量差，仔猪早期发育受阻，其后期是无法补偿的。

## 三、仔猪的饲养管理

**（一）初生仔猪的护理** 刚刚出生的仔猪，其生存环境突然发生了变化，即由母猪体温的温暖环境突然变为产房的温度环境。由于仔猪体内的能量储备有限，缺乏皮下脂肪，其体温调节功能也不完善，适宜的温度对新生仔猪非常重要。根据研究，在13℃～24℃的环境下，仔猪的体温在出生后1小时可降低2℃～7℃。如果外界温度在0℃左右，仔猪在2小时内可能被冻昏，冻僵，甚至冻死。所以，初生的仔猪应放在33℃～37℃的温暖环境下。仔猪在母体内由母猪提供免疫保护，但由于胎盘屏障，仔猪在初生时缺乏抗体保护，而仔猪一出生，产房中存满病原微生物，尤其在连续生产模式下更为严重。幸运的是，母猪的初乳中含有高浓度的免疫球蛋白。因此，一旦仔猪皮毛干了，就应当让仔猪吃初乳，以获得免疫保护。有时由于初乳中免疫抗体浓度低，对仔猪的保护不够，吃初乳仍出现腹泻等问题。这时应当在仔猪出生后灌服或注射抗生素(如土霉素、庆大霉素、诺氟沙星、先锋霉素等)，以获得额外的保护。仔猪在出生时，有个别会出现窒息，俗称假死仔。发现假死仔猪必须马上采取措施，否则就损失1头仔猪。对假死仔猪必须马上揩净嘴内黏液，接产员一手抓肩部一手抓臀部，有节奏地向腹部弯曲，也可拍打仔猪的背部，一般都可以活过来。仔猪有锐利的犬齿，在吃奶时有时会咬伤母猪乳头，一般要剪掉。对用作肥育的仔猪，为了防止后来咬尾，可以用断尾器断尾。仔猪在出生时大小、强弱相差很大。由于天生的竞争本能，大而壮的仔猪要占领有利位置(泌乳量最多的乳头)。母猪的1～3对乳头的泌乳量最多，4～6对乳头的泌乳量明显减少，最后1对乳头泌乳量更少。如果任其自由争夺，强者占据前面乳头，获得较多的营养，弱者被挤到后边，获得的母乳少。而且强者吸吮力量大，刺激乳腺的分泌。这样强者变得越来越大，弱者变得越来越小，甚至死亡。为使仔猪大小均匀，可在仔猪出生后根据大小排号，并人工让弱小仔猪占据前面乳头。前3天乳头一旦固定，仔猪通过识别留在乳头上的气味识别自己的乳头，一般不会改变。这就要人工固定乳头，需要非常多的时间、精力和责任心。

**(二)初乳的重要性**　初乳一般是指产后24小时以内的母乳。初乳和常乳的主要不同是蛋白质含量和成分的差异。初乳的蛋白质水平明显高于常乳。而且蛋白质中有相当一部分是免疫球蛋白。免疫球蛋白为新生仔猪提供了所谓的被动免疫，这对保护仔猪消化道和呼吸道免受感染非常重要。但免疫球蛋白的浓度下降很快，生后12小时免疫球蛋白的浓度就下降了75%。到24小时以后，其浓度就很低了。另一方面，新生仔猪的消化道黏膜在刚出生时允许球蛋白完整吸收入血，24小时后消化道黏膜就不允许大分子的球蛋白通过了。因此，为了让仔猪获得足够的抗体保护，必须让仔猪尽快吃上初乳。让仔猪尽快吃上初乳，不但可以使仔猪从母体获得抗体，获得营养，提高仔猪的生命力，而且仔猪的吸吮也刺激母猪加快分娩。因此，切忌把生出的仔猪拿走很长时间不让其吃乳。另外，初乳中维生素 A、维生素 D、维生素 E、维生素 C、维生素 $B_1$、维生素 $B_2$、维生素 $B_{12}$ 以及微量元素(铁、铜、锌、钴、碘)的含量也高于常乳。维生素 A 对仔猪的上皮完整及抗病力十分重要。所以，初乳是仔猪在自身的免疫系统能产生足够的抗体之前获得抵御有害微生物袭击的重要武器，如果由于客观的或人为的因素使仔猪没有吃上初乳，则仔猪将很难成活。

**(三)仔猪补铁** 铁是合成血红蛋白的原料，缺铁导致仔猪血红蛋白含量下降。正常仔猪血液每 100 毫升含 8～12 克血红蛋白。仔猪出生时体内的铁储备很少，大约只有 50 毫克。不幸的是，母猪乳的铁含量也极低，有人估计仔猪每天每头从母乳中只能获得 1 毫克铁。很明显，如果不及时补充铁，几天内仔猪就会耗尽铁，表现贫血症状(皮肤苍白，食欲不振，无精打采，呼吸急促等)。过去养猪在土圈内产仔，仔猪可以接触土壤，土壤中含有丰富的铁，仔猪通过吃土可获得所需要的铁。另外，过去养猪生长非常缓慢，对铁的需要量比较低。现代养猪根本不能接触到土，而其生长速度很快，对铁的需要量又很高。所以，在集约化的养猪场，补铁是必需的、常规的工作。现代的猪场一般在仔猪出生后 3 天内注射 1 毫升(含 100 毫克)铁剂，如葡聚糖铁。用注射法补铁计量准确、可靠、安全，因此被广泛采用。其他的补铁方法有：①将 2.5 克硫酸亚铁、1 克硫酸铜溶解在 1 升水中，每天灌服 10 毫升；②将 100 克硫酸亚铁、20 克硫酸铜磨细，混入 5 千克干净的红土中，让仔猪随便舔食；③如果没有铁剂，可取干净生红土放在仔猪能吃到的地方，让仔猪随便舔食。另外，母猪饲料中添加氨基酸螯合铁可以提高母乳中铁的含量。不过，可能仍不能满足仔猪的需要。

**(四)仔猪补水** 哺乳仔猪以母乳为营养主要来源，而母乳约

80%为水分，仔猪是否还需要额外喝水？答案是肯定的。母乳的水分还不够仔猪生长的需要，吃奶仔猪必须喝水。在环境温度比较高的产房中，高温也增加了仔猪对水的需要量。因此，仔猪在认料之前就必须提供饮水。一旦仔猪开始吃料，干净的饮水更加重要。没有水喝，仔猪就拒绝吃料。仔猪的饮水量与采食量密切相关。每吃 1 千克饲料，需要喝 6 升的水。表 5-19 是仔猪饮水量的观察记录。

**表 5-19　不同阶段仔猪的饮水量和采食量**

| 周　龄 | 体重(千克) | 采食量(克/天) | 饮水量(毫升/天) |
|---|---|---|---|
| 1 | 1.3～2.6 | — | 500 |
| 2 | 2.6～4.1 | — | 600 |
| 3 | 4.1～5.8 | 20 | 700 |
| 4 | 5.8～7.7 | 70 | 800 |
| 5 | 7.7～9.8 | 170 | 1000 |

很明显，仔猪在前期即使不吃饲料，每天也需要喝水。因此，在产房内必须有供仔猪饮水的设备。过去用水槽供水，不太卫生，如水不勤换，很容易把水弄脏。为仔猪单独装一套仔猪专用鸭嘴式饮水器或杯式饮水器最好。仔猪对水的压力比较敏感，太高的水压仔猪不敢饮用。水的压力为 101 千帕(1 个大气压)左右较为合适。一般猪场仔猪与母猪共用一套饮水管道系统。建议为仔猪单独供水。可以设 1 个补水箱，这样一方面水的压力小，仔猪喝起来比较舒服，同时可以通过饮水给仔猪补药，控制仔猪腹泻。饲养员要训练仔猪喝水。

**(五)仔猪补料**　仔猪出生时体重虽然只有 1 千克多，但其生长速度非常快，因此仔猪对营养的需要量非常高。母猪的泌乳量在产后 2 周呈增加趋势，基本能满足仔猪的能量和蛋白质需要。

在3周龄以后,母猪的泌乳量不再提高,而仔猪对能量和蛋白质的需要却直线增加,仔猪的需要量与母乳的供给的差异,随着仔猪日龄的增大而越来越大。如果不给仔猪提供补料,仔猪的生长就会受阻,影响断奶体重。另外,仔猪的消化道在断奶之前必须得到锻炼,以适应断奶后马上就可以消化利用固体饲料。及早补饲,能促进仔猪消化道的发育和成熟。饲料中的植物性蛋白质如豆粕,能使仔猪消化道的免疫系统产生适应性,这样仔猪可以顺利地断奶。如果仔猪补料不足,或根本不补料,仔猪生长缓慢,而且在断奶后会出现过敏性腹泻及消化不良,很易造成损失。在产房,注意观察仔猪的粪便,如果仍然是奶粪(黄色),说明仔猪还没有认料,断奶易出问题。如果仔猪的粪便已经变成灰色或黑色,说明仔猪已经认料,可以安全断奶。

仔猪补料一般从7～10日龄开始。有些人认为,仔猪在7日龄根本不吃料,不必这么早补料。其实7日龄应当开始训练仔猪认料,不能指望仔猪此时大量吃料。及早训练认料是为了仔猪在3周龄时能正常吃料。补料的形态可以是小颗粒、粉状或用水拌成糊状。一般以颗粒饲料比较好。补料的方法:在仔猪经常出没的地方,在地板上或木板上开始撒一些补料,只撒10多克,利用补料的香味和仔猪的好奇心,让仔猪拱食、玩弄、模仿。每天多次撒料诱食。当仔猪品尝了补料的味道后,就可以将补料放在补料槽中,让仔猪随意采食。补料槽应固定好,以防仔猪拱翻。补料槽中的饲料要少添勤给,保持饲料的新鲜。陈料要清出给别的猪吃。仔猪喜欢甜味和奶味。为了吸引仔猪采食,可以加些白糖或奶粉。补料中应当有香味剂。如果每头仔猪在断奶前已经吃了600克以上的补料,断奶一般会很顺利的。

**(六)哺乳仔猪对环境的要求**　在仔猪的环境因素中,温度最为重要。人们常说:小猪怕冷,大猪怕热。仔猪对环境温度非常敏感,寒冷是影响仔猪生长和健康的重要环境因素。在生后的前3

天内，仔猪的适宜温度是35℃～30℃；生后4～7天，仔猪的适宜温度为30℃～25℃；生后8～30天，仔猪适宜温度为25℃～22℃。在夏天，产房内的温度除生后前3天不能满足需要，以后基本能满足仔猪的需要。但在寒冷季节就必须为仔猪提供额外的热源。在规模化猪场，一般为仔猪设1个保温箱。仔猪保温箱的长、宽、高分别为80厘米、60厘米和70厘米，留1个仔猪出入口。保温箱内可以用红外线灯或电热板供热。红外线灯有150瓦和250瓦等不同功率供选用，可根据猪舍的温度和仔猪的体重选用不同功率的灯泡，红外线灯泡不要接触可燃物，以防引起火灾。保温箱上面有盖，但要留1个孔，一方面便于观察仔猪的动态，另一方面使保温箱内的湿气排出。保温箱应放在母猪拱不到，仔猪易于吃奶的地方。保温箱要求坚固、保温，规格不应过大。如果面积过大，当仔猪数少时，仔猪可能在保温箱内排泄，而且很难改正。在仔猪少时，开始可用挡板将保温箱部分空间挡住，让仔猪只用一部分。当仔猪大了，面积不够时，再将挡板移开。必须保持保温箱内干燥。保温箱内温暖的环境吸引仔猪在吃过奶后到保温箱内休息，否则仔猪会挤在母猪的肚子边躺卧，很容易被踩死或压死。产房的温度如果太低也不好，仔猪不愿出来吃奶和排泄。产房温度应在18℃以上，必要时要加温；产房的空气相对湿度应在40%～70%为宜。产房内由于饮水器漏水、冲洗地面和猪的粪尿常引起湿度增加，应当控制湿度。产房在炎热的夏天可以打开窗户通风，排出产房内的有害气体，保持产房凉爽。但其他季节应防止风直吹仔猪，有害气体可以通过天窗或排风扇排出。仔猪对环境卫生的要求非常高，产房不卫生是造成生病的重要原因。因此，产房应实行全进全出制度，进猪之前须彻底消毒。产床及产房内的污物要立即清出舍外，不能让仔猪接触排泄物。产房要定期带猪消毒，以降低产房的有害微生物的浓度。根据饲养经验，产房的产床以高床的效果更好，床面高出地面30厘米比将床面直接放在地面上效果要好。

**(七)哺乳仔猪如何寄养** 由于母猪产后无乳、死亡或因母猪产仔多超过了其哺育能力等原因,寄养是常采取的措施。一般而言,寄养应当尽早进行,生母和养母的分娩日期越近越好,一般不超过3天。养母应选母性好,泌乳多的母猪。由于母猪分辨自己的仔猪是靠气味,在寄养过程中要尽量消除被寄养仔猪与原窝仔猪的气味差别。可以采取的措施是:①用养母的尿液、乳汁等带有养母猪气味的东西擦抹被寄养的仔猪,使其带有养母的气味;②寄养最好在夜间进行;③将原窝仔猪与寄养仔猪放在一起,并与母猪分开1小时,让被寄养的仔猪带有养母仔猪的气味,并等养母乳房胀满,急于给仔猪哺乳时一起让仔猪吃奶,这样易被养母接受。另外,对于窝内的一些弱小仔猪(垫窝猪)可以寄养给后分娩的母猪,增加垫窝猪的吃奶量和吃奶时间,减少仔猪的死亡,促进弱仔猪的发育。

**(八)仔猪安全断奶的措施** 断奶是仔猪的一个关键时期,搞不好往往造成仔猪发育受阻,甚至死亡。目前的断奶时间有常规断奶(28～35天断奶)和早期断奶(28天以内)两种。断奶的方法通常用一次断奶法(将母猪与仔猪一次断开),简单方便。此法对于弱小仔猪可能不利。另一种断奶方法为分批断奶法。将发育好、体重大的仔猪先行断奶,小的弱的仔猪继续吃一段时间奶后再断奶。这种方法虽然照顾了弱小的仔猪,但母猪哺乳时间延长,分批断奶可造成不同窝仔猪在并窝时打斗影响仔猪的生长。另外,先断奶的仔猪空出的奶头,如果没有被后断奶的仔猪所吸吮,会引起乳房炎。规模化猪场最好不用此法。还有一种断奶方法叫逐渐断奶法。在预定的断奶日期前几天把母猪赶到远离仔猪的地方,每天将母猪赶回让仔猪吃几次奶,并逐渐减少仔猪的吃奶次数直至断奶。此法也叫安全断奶法,不过费时费力,故不推荐采取此法断奶。一次断奶法利多弊少,一般应采取此法。断奶的措施包括以下几个方面:①仔猪在断奶前应吃到足够的补料,使消化道得到锻炼；②在断奶的前3天，应将母猪的采食量减少一半；但对采食量本来就少，泌乳也少的母猪可以不减料或少减料；③断奶时，将母猪从产房赶走，仔猪最好在原地继续养1周，继续饲喂补料7～10天，即母离仔不离。这样，仔猪在其熟悉的环境下断奶，应激较少，仔猪很快忘掉母猪，适应新的生活，进入快速生长阶段。

**（九）断奶仔猪对环境的要求** 断奶仔猪对环境的要求与哺乳仔猪相似。温度对仔猪非常重要，尤其在刚刚断奶后的几天内，对温度的要求更高一些，断奶舍应保持26℃。刚刚断奶的仔猪由于没有母乳和断奶的应激，采食量又很低，所以要求温度要高于断奶以前。当仔猪能适应饲料，采食量增加，温度可以逐渐降低，到下网时（体重25千克）温度20℃就可以了。温度是否合适，可以从仔猪的表现观察到。如果仔猪扎成一堆，说明温度偏低。如果仔猪扎堆并哆嗦，说明温度太低。仔猪舍应保持干燥，在潮湿的环境下微生物的繁殖很快，仔猪体温散失也多，影响仔猪的生长发育。仔猪舍内不能有贼风。在考虑仔猪合适的温度时，也要考虑湿度、气流、墙壁及顶棚的温度。在高湿、气流快、墙壁和顶棚冷的情况下（辐射热损失大），温度要求就高一些。隔热良好的墙壁和顶棚对保持适宜的温度环境很重要。在保持仔猪舍温度的同时，不要忘了通风换气，以减少仔猪舍内的有害气体和尘埃的浓度。保持仔猪舍良好的卫生状况也十分重要。仔猪舍的污物要及时清出舍外，以减少有害气体的释放。实行全进全出、清圈后彻底冲洗消毒的管理制度。仔猪最好在网床上饲养，这样仔猪较少接触粪尿，使仔猪能保持较高的健康水平。

**（十）刚断奶仔猪的饲喂方法** 刚断奶的仔猪在断奶后的7～10天内非常关键。这段时间很容易出问题，主要是消化道的问题，如腹泻、水肿等。如果有可能，应将断奶后仔猪留在原圈，继续喂给仔猪断奶前的饲料（补料），不要换料。如果仔猪在断奶之前已经吃上了足够的补料，一般来说，仔猪很快能适应断奶料。如果断奶前没有吃料，或很少吃料，这样的断奶仔猪必须小心饲养。这样的仔猪在断奶后 2～3 天往往不吃料，仔猪腹部很瘪，被毛粗乱，抵抗力降低。因此，必须小心饲养。这样的仔猪一旦开始吃料，往往又吃得过多，容易造成腹泻及水肿病。饲喂这样仔猪的原则是：①仔猪断奶后让其尽快认料、吃料，使仔猪获得足够的营养，保持消化道黏膜的完整，度过断奶的应激；②改善饲料的适口性，如用香味剂、甜味剂、奶制品或血浆蛋白粉诱食，少添勤给，保持饲料新鲜；③防止过食。观察仔猪的采食量，一般控制日采料量为体重 5%为宜。也不要过分限饲，否则会影响生长。在刚断奶仔猪饲料中或饮水中添加预防性的广谱抗生素，有助于克服消化道功能紊乱。

**（十一）促进断奶仔猪生长发育的饲养管理技术** 当仔猪断奶 10 天后，消化功能恢复，进入旺食阶段。一般每个栏的仔猪不要太多(15 头以下)。这时的仔猪可以喂干粉料或颗粒料，让仔猪自由采食，不必限制采食量。仔猪饲料箱的采食位要足够(每个采食位 4 头仔猪)。饲料的质量要好，应当饲喂高能量、高蛋白质的饲料，饲料原料的质量要非常好，要新鲜无发霉变质，饲料的消化率要高。这一阶段不要追求饲料的经济性，不要太吝惜饲料的费用。不要饲喂青、粗饲料。千万不要用吊架子的方法饲养断奶仔猪。饲料要少添勤给，保持饲料箱内的饲料新鲜。保证仔猪有充足、干净的饮水。有时仔猪栏内会出现个别弱小仔猪(被毛粗乱，体小瘦弱)，这些仔猪往往有病。如果置之不理，往往形成僵猪，或者死亡。这些病、弱仔猪也是疾病的传染源，应当及时剔出，集中在一栏，单独饲喂，加强营养。饲料中可以添加药物，促进病、弱仔猪尽快健康强壮。有时仔猪会出现咬尾现象。造成咬尾的原因很复杂，如饲料中营养不平衡，缺乏矿物质和微量元素，环境的应激因素等，都可能造成仔猪咬尾。如果出现普遍咬尾现象，应认真分析原因解决。如果出现个别仔猪咬尾，可以将攻击性仔猪捉出拿走，将被咬伤的猪尾部涂上消炎药，以防感染。为防止咬尾，也可在仔猪出生时施行断尾，防止咬尾发生。

## 四、提高仔猪成活率

仔猪是养猪生产的物质基础，是发展数量、提高质量和降低生产成本的关键。

养好哺乳仔猪的目的，是提供数量多、体重大而健康的断奶仔猪。但由于哺乳仔猪抵抗力弱，死亡率高，培育任务是很艰巨的，仔猪死亡率高会给经济上造成很大损失。据报道，死亡1头幼猪，所损失的饲料量是相当大的(表5-20)。

表5-20 死亡1头幼猪的饲料损失量

| 死亡周龄 | 初　生 | 10周 | 18周 | 26周 | 34周 |
| --- | --- | --- | --- | --- | --- |
| 饲料损失量(千克) | 63 | 128 | 163 | 273 | 450 |

一般情况下，仔猪7日龄前的死亡数约占初生至断奶总死亡数的65%。因此，需要了解和掌握初生仔猪的某些生理特点和生长规律，采取有效措施，以降低死亡率。

**(一)要有适宜的环境温度**　新生仔猪的组织器官和功能处于未成熟状态。体内含大量水分(80%以上)，脂肪含量极少(1%～2%)，皮下脂肪层薄且多为结缔组织，被毛稀少，抗寒力弱。特别在低温环境里，仔猪散发大量体热，往往发生低血糖病，严重时会大批死亡(表5-21)。

表5-21 不同舍温环境对仔猪的影响

| 舍　温 | 死　亡　率(%) | | | | | 死仔猪平均初生重(千克) |
| --- | --- | --- | --- | --- | --- | --- |
| | 生下即死 | 0～6小时 | 6～12小时 | 12～24小时 | 共计 | |
| 25℃ | 3.2 | 2.1 | 1.1 | 3.2 | 9.6 | 0.68 |
| 10℃ | 2.0 | 17.6 | 7.8 | 5.9 | 33.3 | 1.01 |

仔猪适宜的环境温度，初生后6小时内为35℃，2～4日龄为34℃，7日龄后为25℃～30℃。在严寒季节产仔时，除迅速擦干被毛外，还需要提高产房温度，或为仔猪改善小气候。例如，安装红外线保温灯，可安装在母猪分娩栏或仔猪保温箱内。如果是简易猪舍，也可安装在仔猪补料栏内，四周用木板、纸板等封闭起来，留一小门供仔猪出入，开始需人工引导1～2次，以后仔猪就会自动寻找热源，减少了母猪踩压的机会而避免死亡。

**（二）生后立即哺乳和人工固定乳头**　仔猪生下擦干被毛、剪断脐带后应立即哺乳，生1个哺1个，待母猪分娩结束时，全窝仔猪都已吃过足够的初乳。这对维持正常体温及增强抵抗力起很大作用，同时可使母猪和仔猪安静休息，防止仔猪互咬脐带。

固定乳头是提高仔猪成活率的主要措施之一。全窝仔猪降生后，即可训练固定乳头，使仔猪在母猪放乳时，能全部及时吃到母乳。否则，有的仔猪因未争到乳头，耽误了吃奶，几次吃不到奶，身体就会衰弱下去，甚至饿死，或是母猪有的乳头因未得到利用而逐渐回缩不再泌乳。

不同位次乳头其泌乳量不同，应使弱小仔猪吃中、前部乳头，强壮仔猪吃最后的乳头，这样全窝仔猪哺乳期结束时生长较均匀。固定乳头的方法，可先让仔猪自行选择，再按体重大小强弱适当调整。为了迅速辨认每一仔猪，可用各种颜色在猪体上打记号，以缩短固定乳头的时间。

**（三）高床培育哺乳仔猪**　利用水泥地面或砖铺地面的猪舍培育仔猪，由于地面上有母猪和仔猪粪尿的污染，母猪乳头肮脏，加上圈舍潮湿寒冷，是发生仔猪腹泻的原因之一。仔猪腹泻常造成生长停滞，甚至死亡，给仔猪生产带来很大损失。如果实行母猪高床产仔、仔猪网上培育，改善仔猪卫生条件，腹泻问题可基本得到解决，仔猪健壮，整齐度高，死亡率低。据统计：在高网床上培育的仔猪，35日龄断奶时，平均体重9.0千克以上，比相同营养条件下在水泥地面培育的仔猪提高 20.7%左右；断奶成活率 95%以上，比地面培育提高 15%左右。

仔猪于 35 日龄断奶后，由母仔网床转入断奶仔猪培育舍，继续在网床上饲养；或者将母猪赶走，仔猪继续留在原网床饲养。整个培育阶段自由采食，自由饮水；仔猪 70 日龄左右时下网，转入生长肥育猪舍养育。据 16 窝断奶仔猪试验结果表明，在相同环境温度与饲养营养条件下，35～60 日龄期间，高网床上培育的断奶仔猪，比在地面上养育的仔猪平均日增重提高 15%，饲料利用率提高 6%；仔猪下网转群时，体况整齐、健壮，为生长肥育阶段打下了良好基础。

**(四)配制补料或代乳料** 根据仔猪消化器官发育的特点，应配制适口性强、营养全面的仔猪补料或代乳料。仔猪初生时，消化功能不完全，消化道容积很小，如胃重仅 8 克，以后随着年龄增长而不断扩大，60 日龄时为 150 克，容积增大近 20 倍。仔猪在初生时，除了乳糖酶及胰脂肪酶外，其他消化酶，如淀粉酶、胃蛋白酶及蔗糖酶等几乎没有或活性较低，随着日龄的增长逐步完善。根据以上分析，列出下列各种糖类对幼猪的适应性，作为配制饲料时的参考；葡萄糖，不拘日龄，效果良好；果糖，不适于初生仔猪；木糖，不适于 2 周龄的仔猪；乳糖，最适于初生仔猪，不太适于数周龄以上的仔猪；麦芽糖，不拘日龄，但对初生仔猪不及葡萄糖；蔗糖，很不适于幼龄猪，再大些也不理想，9 周龄后可用。

淀粉分解酶 3～4 周龄后才上升，3 周龄以后的仔猪就可以谷类饲料为主要热源进行饲喂。由于幼龄仔猪蛋白酶的分泌量非常低，5 周龄前的仔猪对以大豆为主的植物性蛋白质的消化力较差，所以需要在早期断奶仔猪的前期饲料中，加入少量蛋白酶和淀粉酶，以弥补其分泌量的不足。

在猪饲料中，加入少量动物性蛋白质(如鱼粉)可大大提高仔猪的生长速度。但在我国当前条件下，不可能用任何乳制品，鱼粉来源也不多,可考虑试用经消毒、灭菌处理过的血粉。在我国南方可试用蚕蛹粉。

**(五)早期补料** 仔猪初生时体重不过1.2千克,经过2个月的正确饲养,体重可达到20千克左右,为初生时体重的15倍以上。这样快的生长速度,只靠母乳是远远不够的。为保证仔猪正常生长,必须及时补充饲料。仔猪饲料的粗蛋白质水平不应低于18%,每千克饲料含消化能不应低于13.82兆焦。为使仔猪早认料,可于5～7日龄对仔猪开始诱食,这时的仔猪活动性显著增加,并有拱地的习性,可把带有香味的诱食料撒入补料栏中,每天有意识地把仔猪赶入栏中几次。最好的办法是把仔猪料放在料箱中,料箱放在母仔猪舍内(设计料箱时,要防止母猪吃到仔猪料),这样可使仔猪接触饲料的机会更多些,以利于提前认料。

**(六)铁盐的补充** 对新生仔猪补铁,是一项容易被忽视而又非常重要的措施。初生仔猪每天平均需要7～11毫克铁,但100克猪乳中不足0.2毫克,母乳供给仔猪需要的铁量不足5%。由于母乳中缺少造血元素(铜、铁、钴),就不能维持仔猪血液中血红蛋白的正常水平,红细胞数量随之减少。缺铁的仔猪常表现贫血症状,生长快的仔猪常因缺铁而突然死亡或精神不振、生长缓慢、诱食困难,易并发白痢、肺炎。缺铁仔猪常见于5～20日龄。预防办法如下。

1. 注射含铁制剂 仔猪在4日龄之内最好注射补铁剂。

目前,市售的铁制剂种类很多,如来血宝、牲血素、富铁力、铁钴针、血多素、富来血和富来维$B_{12}$等。使用时按说明书。一般于仔猪2～3日龄时,每头肌内注射1次,必要时10日龄时再注射1次。2日龄的仔猪每头肌内注射1毫升,10日龄再注射2毫升,结果见表5-22至表5-24。

2. 配制硫酸亚铁—硫酸铜溶液喂仔猪 取2.5克硫酸亚铁和1克硫酸铜,溶于1000毫升热水中,过滤后给仔猪口服,可用

表 5-22　仔猪血液中血红蛋白含量与生长的关系

| 每 100 毫升血液中血红蛋白含量(克) | 仔猪表现 |
| --- | --- |
| 10 以上 | 生长良好 |
| 9 | 符合最低需要量,能正常生长 |
| 8 | 贫血临界线,需补充铁 |
| 7 | 贫血,生长受阻 |
| 6 | 严重贫血,生长显著减慢 |
| 4 以下 | 严重贫血,死亡率上升 |

表 5-23　铁制剂对仔猪体重增重的效果　(单位:千克)

| 组　别 | 头　数 | 初生重 | 3 日龄体重 | 10 日龄体重 | 20 日龄体重 | 60 日龄体重 | 总增加体重 | 总增重率(%) |
| --- | --- | --- | --- | --- | --- | --- | --- | --- |
| 试　验 | 98 | 1.25 | 1.48 | 2.47 | 4.85 | 15.77 | 14.52 | 121.30 |
| 对　照 | 98 | 1.26 | 1.50 | 2.58 | 4.25 | 13.23 | 11.97 | 100.00 |

表 5-24　铁制剂"富铁力"对仔猪血红蛋白含量的效果

| 组　别 | 头　数 | 3 日龄体重(千克) | 血红蛋白含量(克/100 毫升血液) | | | |
| --- | --- | --- | --- | --- | --- | --- |
| | | | 3 日龄 | 10 日龄 | 20 日龄 | 60 日龄 |
| 试　验 | 98 | 1.48 | 8.11 | 8.76 | 10.47 | 12.79 |
| 对　照 | 98 | 1.50 | 8.07 | 6.48 | 7.94 | 11.98 |

注:铁制剂为广西南宁的"富铁力"针剂,仔猪 3 日龄时注射

滴管滴入仔猪口内,也可在仔猪吮乳时,滴于母猪乳头处,使该溶液与乳一起入口。用于治疗时,每天 2 次,每次 5～10 毫升;用于预防时,在 3 日龄、5 日龄、7 日龄、10 日龄、15 日龄时每日 2 次,每次 10 毫升。仔猪大量吃料后,饲料中含铁量应为 80～100 毫克/

千克，而一般常用谷类饲料配制的仔猪饲料中，含铁70～80毫克/千克，在每吨饲料中另外加入100克硫酸亚铁，即可满足需要。另外，圈内勤更换深层红土，效果也很好。

**（七）增加母猪妊娠后期的能量水平** 在母猪妊娠后期加喂脂肪或增加能量饲料，对繁殖力并无影响，但可提高初乳与常乳的乳脂率，并能增加胎儿体内的能量储存，有利于仔猪的成活，特别对弱小的仔猪有益。曾有报道，母猪分娩前1个月，每天补喂200～250克动物脂肪，或每天多喂1～1.3千克饲料，母猪的泌乳量及乳脂率都高，并且仔猪体内脂肪含量增加，可使初生重不足1千克的仔猪成活率大大提高。

**（八）定期给母猪注射红痢活菌苗和黄痢活菌苗** 红痢和黄痢都严重地危及初生仔猪的生命和健康。为防止这两种疾病的发生，在母猪妊娠第十周和第十四周时，接种上述两种疫苗各1次，可有效地预防这两种疾病的发生。

## 五、提高母猪的年繁殖力

**（一）母猪年繁殖力的定义** 过去评定母猪的生产性能，常以母猪窝产仔数、泌乳力及仔猪断奶窝重等指标来衡量。这些指标固然重要，但不能完全确切地反映母猪的年生产能力。以母猪年产断奶仔猪头数的多少，作为评定母猪生产性能的主要依据，这就是母猪的年繁殖力。母猪年繁殖力的高低直接影响着瘦肉的产量。任何提高母猪年繁殖力的措施，对于发展瘦肉猪的生产，都具有重要的现实意义。

**（二）影响母猪年繁殖力的因素**

1．母猪的排卵数和产仔数 一般来说，产仔数多的母猪有可能得到较多的断奶仔猪头数。但排卵数和产仔数受品种及遗传特性的制约。当前母猪繁殖力的现状与生物学极限距离很大，排卵数尽管很多，但不能都成为受精卵，而所有的受精卵也不能全部成活，到仔猪出生时头数就很少了。窝产仔数属遗传力低的性状，驰名世界的兰德瑞斯（长白）猪，经过长时间反复的选择，产仔数仅提高了1头，这一事实足以说明企图通过世代选育来提高产仔数，是几乎得不到什么进展的。

2. 仔猪死亡数 养猪生产的发展要求仔猪生得多、死亡少。即使高繁殖力猪种的母猪，虽然所生的仔猪很多，如果仔猪死亡率很高，也会影响每窝断奶仔猪头数，以致直接影响母猪的年生产能力。

3. 母猪年产胎数 这是决定母猪年生产能力的主要因素。显而易见，母猪年产胎数多，所得断奶仔猪头数必然多。决定年产胎数的主要因素是繁殖周期的长短，繁殖周期是由妊娠天数、哺乳天数和断奶至配种天数组成的。妊娠天数（约114天）和断奶至配种天数（5～7天）是无法改变的，惟有哺乳期的长短，也就是仔猪断奶日龄，是可以控制的。它对母猪的年产胎次起决定性影响，母猪哺乳期长短与母猪年生产能力之间存在负相关，哺乳期越长年生产能力就越低。通过缩短母猪哺乳期使仔猪早期断奶来提高母猪年生产能力是最简单最有效的办法，也是我国养猪生产上的重大技术改革措施之一。

以上3个因素是相互制约的，如果忽视其中一方面而试图把另一方面搞得更好一些，往往导致得不偿失。

### （三）仔猪提早断奶的生理依据

1. 母猪产仔比产乳的生理功能负担轻 首先比较一下猪胎儿和猪乳的化学成分，见表5-25，表5-26。

**表5-25 猪胎儿化学成分**

| 妊娠天数 | 每个胎儿重（千克） | 干物质（%） | 粗蛋白质（%） | 粗脂肪（%） | 灰 分（%） |
|---|---|---|---|---|---|
| 112 | 1.3 | 17.4 | 10.1 | 0.95 | 3.4 |

表 5-26 猪乳化学成分 （%）

| 项 目 | 水 分 | 干物质 | 蛋白质 | 脂 肪 | 乳 糖 | 灰 分 |
|---|---|---|---|---|---|---|
| 初 乳 | 70.8 | 29.2 | 20.0 | 4.7 | 3.9 | 0.6 |
| 常 乳 | 81.0 | 19.0 | 5.4 | 7.5 | 5.2 | 0.9 |

2. *注意适时补饲* 由于母猪泌乳高峰出现在产后 3～5 周，3 周龄以后的仔猪必须补饲，以弥补母乳的不足。早期断奶的仔猪直接利用饲料中的营养，比通过母乳（少一次饲料转化过程）更为经济。所以仔猪早期断奶又是提高饲料利用率的好办法。

**（四）仔猪断奶的适宜日龄** 仔猪早期断奶日龄可根据生产任务和生产水平自行规定。就母猪和仔猪生理要求而言，仔猪于 4～5 周龄断奶是可行的。据中国农业科学院畜牧研究所近几年试验，母猪产后不早于 3 周断奶，就不会导致以后的繁殖障碍。仔猪满 3 周龄，体重不小于 5 千克，生长发育正常，有一定抵抗力，不致为人工培育带来很多困难。关于仔猪适宜的断奶周龄，多数意见认为，在目前的条件下，仔猪在 4～5 周龄断奶较为有利，母猪的繁殖力和经济效益都较高。过早断奶会导致母猪下一胎窝产仔数减少，尽管年产胎数增加，但年产仔头数并未增加。

1. *仔猪断奶周龄与母猪年生产能力及经济效益的关系* 仔猪于 3～4 周龄断奶，母猪生产能力最高，经济效益也最好。中国农业科学院畜牧研究所进行了母猪连续 5 胎繁殖力试验，试验结果是仔猪 3 周龄断奶，母猪 1 个繁殖周期为 144 天，可达到年产 2.5 胎，年产断奶仔猪头数约 22 头，比 6 周龄断奶母猪 1 年可多得仔猪 4～6 头。表 5-27 和表 5-28 可供参考。

2. *母猪哺乳期长短对再次妊娠胚胎数的影响* 据报道，对 5 695 头母猪的研究，从第一胎到第三胎，其窝产仔数随着哺乳期从 46 天减少到 20.2 天而降低，哺乳期每减少 10 天，窝产仔数大

表 5-27 仔猪断奶周龄与母猪年生产能力的比较

| 断奶周龄 | 每年产胎窝数 | 母猪年产断奶仔猪数 |
| --- | --- | --- |
| 1 | 2.70 | 24.1 |
| 2 | 2.62 | 24.9 |
| 3 | 2.55 | 25.4 |
| 4 | 2.44 | 25.0 |
| 5 | 2.35 | 24.6 |
| 6 | 2.22 | 22.5 |
| 7 | 2.15 | 22.5 |
| 8 | 2.07 | 21.6 |

表 5-28 仔猪断奶周龄与母猪经济收益比较 (英国)

| 断奶周龄 | 年产仔窝数 | 年产断奶仔猪数 | 每头母猪经济收益(英镑) |
| --- | --- | --- | --- |
| 3～4 | 2.24 | 17.9 | 72.55 |
| 5～6 | 1.98 | 17.4 | 58.50 |
| 7～8 | 1.78 | 15.5 | 34.03 |

约降低 0.16 头，但 3 胎以上母猪则不明显。更多的资料报道，仔猪 21 日龄后断奶时，下一胎窝产仔数为 12.7 头，而在 21 日龄内断奶时，下一胎窝产仔数仅为 9.6 头。有人认为，只有仔猪在 7～10 日龄或更早断奶时，母猪下一胎窝产仔数才会减少 1～2 头。

由图 5-2 可见，哺乳期长短对母猪排卵数没有影响，这是因为激素的分泌量没有差别。还可以看出在胚胎形成前期，数量上的差别没有交配后 20 天那样大，这是因为作为胚胎的危险期，即胚胎定植时的子宫环境对受精卵的影响最大。过早断奶母猪的子宫恢复不充分，对受精卵有不利影响，严重的胚胎死亡发生于妊娠后 7～21 天的定植期。

称量 2 天、13 天、24 天和 35 天断奶母猪的子宫重量，分别为

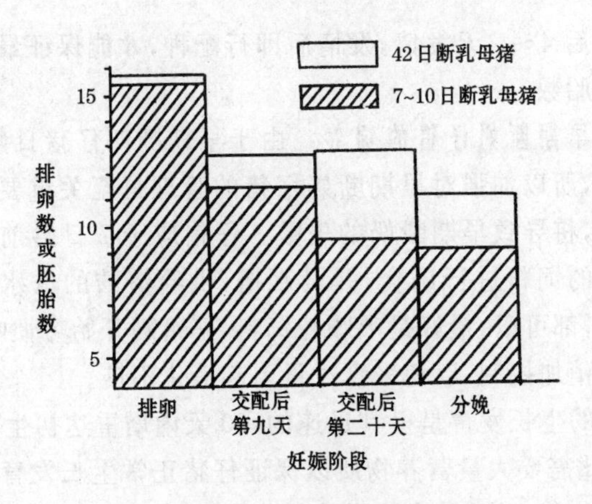


**图 5-2　哺乳期长短对母猪再次妊娠各阶段胚胎数的影响**

660 克、514 克、436 克和 425 克，说明分娩后 24 天左右子宫已基本恢复，35 天左右已完全恢复。

另外，超早期断奶母猪的囊肿卵泡有所增加，会造成受胎率和受精率降低。

这些足以说明，在现代养猪技术水平尚不能解决仔猪超早期断奶使母猪下一胎繁殖力降低问题的情况下，不宜提倡仔猪早于 21 日龄断奶。

**（五）早期断奶母猪的饲养**　对早期断奶母猪无须特殊管理，与常规断奶母猪的饲养方法大致相同。在妊娠期和空怀期可进行限量饲养（参照饲养标准），哺乳期则进行充分饲养，产后第四天开始渐渐增加饲料喂量，直至哺乳期结束前的 2～3 天。然后减料，喂给原量的 1/3～1/2。断奶方式可采取在断奶前 4～5 天逐渐减少每天的哺乳次数，但这样太麻烦，因为需要母仔分开。也可采取一次突然断奶，断奶后的母猪调离原圈，仔猪留在原圈。断奶的当天母猪停喂饲料，避免发生乳腺炎，然后恢复空怀期的限量饲养，母猪断奶后 4～5 天发情，发情后即行配种，才能保证最大限度地增加产仔胎数。

**(六)早期断奶仔猪的饲养**　由于早期断奶仔猪日龄较小，抵抗力较差，所以加强对早期断奶仔猪的管理是至关重要的。如果管理不当，将导致早期断奶的失败。仔猪应于 7 日龄前后开始以营养全面的饲料进行诱食，并设水槽，供给清洁的饮水。用干粉料、湿拌料都可以，最好是喂颗粒饲料，仔猪刚开始习惯吃料时，对采食量应稍加控制，以免采食过量引起消化不良。

仔猪的生长发育是极其迅速的，60 天内增重达初生重的 11～17 倍，因此需要大量营养物质以保证仔猪正常生长发育。哺乳仔猪在 2 周龄前，母乳基本能满足仔猪生长需要，但随着仔猪日龄的增长，母乳对仔猪的营养需要就供不应求了(表 5-29)，故必须进行提早补料。

**表 5-29　母猪对不同周龄仔猪提供的营养**

| 仔猪周龄 | 3 | 4 | 5 | 6 | 7 | 8 |
|---|---|---|---|---|---|---|
| 母乳提供的营养(%) | 97 | 84 | 66 | 50 | 37 | 27 |

**(七)仔猪早期断奶的利弊**

1. 有利方面

(1)提高了母猪的年生产能力　使母猪由原来年产不足 2 胎，提高到年产 2.3 胎(5 周断奶)甚至 2.5 胎(3 周断奶)，年产断奶仔猪头数相应增多，每胎产仔按 10 头计，一年可增加仔猪 3～5 头，这对提高产肉效率有积极意义。

(2)减少垫窝猪的损失，提高仔猪成活率　多数仔猪死亡于生后不久或最初的几天内，早期断奶与正常断奶一样阻止不了这类损失。然而，早期断奶仔猪由于与母猪接触时间短，因而可以避免由于母猪死亡或干奶，或由于母猪所哺育的仔猪数超过了它力所能及的范围等原因成为“孤儿猪”(失去母乳哺育的仔猪)而死亡,因而仔猪成活率较高。试验证明,早期断奶仔猪体重达到20千克时的日龄,与常规断奶仔猪几乎无差别,并且生长均匀。这是因为仔猪早期断奶能较早得到更多按仔猪生理需要配制的饲料的缘故。

(3)降低培育仔猪的成本　在养猪生产的成本中,绝大部分是饲料开支,在1年内,1头3周龄断奶的母猪比6～8周龄断奶的母猪少吃200千克以上的饲料,而又多产小猪5头左右。母猪在哺乳期多加饲料,才能满足泌乳需要,提早断奶缩短了大量采食的哺乳期,饲料用量也随之大大减少了。提早断奶的仔猪需要多吃些料,但肯定比母猪省下来的饲料少得多。据试验,仔猪3周龄断奶时,仔猪饲料加母猪饲料,比仔猪6周龄断奶,总计节约饲料20%～25%,总饲料成本降低4%～9%(表5-30)。

表5-30　不同断奶期仔猪的采食量对比

| 断奶周龄 | 每头仔猪采食量(千克) | 每头母猪采食量(千克) | 每头体重20千克仔猪培育成本 | |
|---|---|---|---|---|
| | | | 饲料(千克) | 人民币(元)* |
| 3 | 29.9 | 397 | 72.3 | 78.6 |
| 6 | 19.5 | 547 | 94.8 | 84.4 |

*按2002年猪饲料平均价格计算

若1头母猪每胎育成仔猪数按8.5头计,饲养100头母猪,每年可得断奶仔猪1700头。通过仔猪3周龄断奶,则只需饲养80头母猪即能得到同样多的仔猪。除节省20头母猪的饲养费用外,其他费用也随之减少。例如,可同时减少饲养员1人及少占用猪舍1栋。

(4)保持了母猪的良好体况　仔猪早期断奶后,母猪发情立即配种,能全年繁殖,1年内可均衡供应仔猪;并且由于哺乳期缩短而使母猪失重少,母猪保持了良好的体况,有利于下一繁殖周期的配种。

2. 不利方面

(1)对母猪的繁殖可产生下列不利影响

第一，母猪从断奶至发情配种的间隔时间可能有所延长。其延长的天数随断奶日龄不同而异，一般断奶日龄越早，延迟发情的天数越增加。

第二，每窝仔猪头数会减少。把固定开支和其他各种因素考虑进去，如果每窝平均损失 0.75 头仔猪，则提早至 3 周龄断奶的大部分效益就会丧失。如果 1 窝减少 1 头仔猪，则早期断奶的全部优点就成为泡影。

此外，管理条件、环境和畜舍等在各猪场均不同。因此，在一种情况下成功的经验，在另一种情况下就不一定如此。

(2)要求配制营养全面的饲料　早期断奶仔猪饲料成本比常规断奶仔猪的要高，特别是人工乳的配制，会给饲料增添不少成本。即使是用普通饲料，由于考虑到饲料的可消化性，还需在饲料中添加适量的酶制剂、酵母及其他必需的添加剂，这势必提高了饲料的成本。

(3)需要较高的管理水平和实际技能　母猪哺育仔猪期间，在一定范围内能掩盖较差的管理条件、不适当的日粮和无规律的饲喂。然而一旦仔猪离开了母猪，除非能有一个像母猪一样的好条件，否则母、仔分开是不好的。比如，要有适宜的温度、适当的日粮和清洁的圈舍等。早期断奶制度需要高标准的卫生措施，要及时清除粪尿等污物，一些危害仔猪健康的疾病如白痢、肠炎等，往往都是由于圈舍卫生状况差而引起的。

## 第四节　生长肥育猪的饲养管理

### 一、生长肥育猪的饲养标准

生长肥育猪的饲养标准见表 5-31，表 5-32；推荐生长肥育猪饲料配方,见表 5-33。

**表 5-31 中国生长肥育猪饲养标准** (每千克饲粮养分含量)

(20～90 千克体重阶段)

| 体重阶段,千克 | 20～35 | 35～60 | 60～90 |
|---|---|---|---|
| 日增重,千克/天 | 0.61 | 0.69 | 0.80 |
| 采食量,千克/天 | 1.43 | 1.90 | 2.50 |
| 饲料/增重 | 2.34 | 2.75 | 3.13 |
| 消化能,兆焦/千克 | 13.39 | 13.39 | 13.39 |
| 代谢能,兆焦/千克 | 12.86 | 12.86 | 12.86 |
| 粗蛋白,% | 17.8 | 16.4 | 14.5 |
| 赖氨酸/消化能 | 0.68 | 0.61 | 0.53 |
| 赖氨酸,% | 0.90 | 0.82 | 0.70 |
| 蛋氨酸,% | 0.24 | 0.22 | 0.19 |
| 蛋氨酸+胱氨酸,% | 0.51 | 0.48 | 0.40 |
| 苏氨酸,% | 0.58 | 0.56 | 0.48 |
| 色氨酸,% | 0.16 | 0.15 | 0.13 |
| 异亮氨酸,% | 0.48 | 0.46 | 0.39 |
| 亮氨酸,% | 0.85 | 0.78 | 0.63 |
| 精氨酸,% | 0.35 | 0.30 | 0.21 |
| 缬氨酸,% | 0.61 | 0.57 | 0.47 |
| 组氨酸,% | 0.28 | 0.26 | 0.21 |
| 苯丙氨酸,% | 0.52 | 0.48 | 0.40 |
| 苯丙氨酸+酪氨酸,% | 0.82 | 0.77 | 0.64 |
| 钙,% | 0.62 | 0.55 | 0.49 |
| 总磷,% | 0.53 | 0.48 | 0.43 |
| 非植酸磷,% | 0.25 | 0.20 | 0.17 |

续表 5-31

| 体重阶段,千克 | 20～35 | 35～60 | 60～90 |
| --- | --- | --- | --- |
| 钠,% | 0.12 | 0.10 | 0.10 |
| 氯,% | 0.10 | 0.09 | 0.08 |
| 镁,% | 0.04 | 0.04 | 0.04 |
| 钾,% | 0.24 | 0.21 | 0.18 |
| 铜,毫克/千克 | 4.5 | 4.0 | 3.5 |
| 碘,毫克/千克 | 0.14 | 0.14 | 0.14 |
| 铁,毫克/千克 | 70 | 60 | 50 |
| 锰,毫克/千克 | 3.0 | 2.0 | 2.0 |
| 硒,毫克/千克 | 0.30 | 0.25 | 0.25 |
| 锌,毫克/千克 | 70 | 60 | 50 |
| 维生素 A,单位/千克 | 1500 | 1400 | 1300 |
| 维生素 $D_3$,单位/千克 | 170 | 160 | 150 |
| 维生素 E,单位/千克 | 11 | 11 | 11 |
| 维生素 K,毫克/千克 | 0.5 | 0.5 | 0.5 |
| 硫胺素,毫克/千克 | 1.0 | 1.0 | 1.0 |
| 核黄素,毫克/千克 | 2.5 | 2.0 | 2.0 |
| 泛酸,毫克/千克 | 8.0 | 7.5 | 7.0 |
| 烟酸,毫克/千克 | 10.0 | 8.5 | 7.5 |
| 吡哆醇,毫克/千克 | 1.0 | 1.0 | 1.0 |
| 生物素,毫克/千克 | 0.05 | 0.05 | 0.05 |
| 叶酸,毫克/千克 | 0.3 | 0.3 | 0.3 |
| 维生素 $B_{12}$,微克/千克 | 11.0 | 8.0 | 6.0 |
| 胆碱,克/千克 | 0.35 | 0.3 | 0.3 |
| 亚油酸,% | 0.1 | 0.1 | 0.1 |

**表 5-32 中国生长肥育猪饲养标准** （每头每天养分需要量）

（20～90 千克体重阶段）

| 体重阶段,千克 | 20～35 | 35～60 | 60～90 |
| --- | --- | --- | --- |
| 日增重,千克/天 | 0.61 | 0.69 | 0.80 |
| 采食量,千克/天 | 1.43 | 1.90 | 2.50 |
| 饲料/增重 | 2.34 | 2.75 | 3.13 |
| 消化能,兆焦/天 | 19.15 | 25.44 | 33.48 |
| 代谢能,兆焦/天 | 18.39 | 24.43 | 32.15 |
| 粗蛋白质,克/天 | 255 | 312 | 363 |
| 赖氨酸,克/天 | 12.9 | 15.6 | 17.5 |
| 蛋氨酸,克/天 | 3.4 | 4.2 | 4.8 |
| 蛋氨酸+胱氨酸,克/天 | 7.3 | 9.1 | 10.0 |
| 苏氨酸,克/天 | 8.3 | 10.6 | 12.0 |
| 色氨酸,克/天 | 2.3 | 2.9 | 3.3 |
| 异亮氨酸,克/天 | 6.7 | 8.7 | 9.8 |
| 亮氨酸,克/天 | 12.2 | 14.8 | 15.8 |
| 精氨酸,克/天 | 5.0 | 5.7 | 5.5 |
| 缬氨酸,克/天 | 8.7 | 10.8 | 11.8 |
| 组氨酸,克/天 | 4.0 | 4.9 | 5.5 |
| 苯丙氨酸,克/天 | 7.4 | 9.1 | 10.0 |
| 苯丙氨酸+酪氨酸,克/天 | 11.7 | 14.6 | 16.0 |
| 钙,克/天 | 8.87 | 10.45 | 12.25 |
| 总磷,克/天 | 7.58 | 9.12 | 10.75 |
| 非植酸磷,克/天 | 3.58 | 3.80 | 4.25 |
| 钠,克/天 | 1.72 | 1.90 | 2.5 |

续表 5-32

| 体重阶段，千克 | 20～35 | 35～60 | 60～90 |
| --- | --- | --- | --- |
| 氯，克/天 | 1.43 | 1.71 | 2.0 |
| 镁，克/天 | 0.57 | 0.76 | 1.0 |
| 钾，克/天 | 3.43 | 3.99 | 4.5 |
| 铜，毫克/天 | 6.44 | 7.60 | 8.75 |
| 碘，毫克/天 | 0.20 | 0.27 | 0.35 |
| 铁，毫克/天 | 100 | 114 | 125 |
| 锰，毫克/天 | 4.29 | 3.80 | 5.0 |
| 硒，毫克/天 | 0.43 | 0.48 | 0.63 |
| 锌，毫克/天 | 100 | 114 | 125 |
| 维生素 A，单位/天 | 2145 | 2660 | 3250 |
| 维生素 $D_3$，单位/天 | 243 | 304 | 375 |
| 维生素 E，单位/天 | 16 | 21 | 28 |
| 维生素 K，毫克/天 | 0.72 | 0.95 | 1.25 |
| 硫胺素，毫克/天 | 1.43 | 1.90 | 2.5 |
| 核黄素，毫克/天 | 3.58 | 3.80 | 5.0 |
| 泛酸，毫克/天 | 11.44 | 14.25 | 17.5 |
| 烟酸，毫克/天 | 14.30 | 16.15 | 18.75 |
| 吡哆醇，毫克/天 | 1.43 | 1.90 | 2.5 |
| 生物素，毫克/天 | 0.07 | 0.10 | 0.13 |
| 叶酸，毫克/天 | 0.43 | 0.57 | 0.75 |
| 维生素 $B_{12}$，微克/天 | 15.73 | 15.20 | 15.0 |
| 胆碱，克/天 | 0.50 | 0.57 | 0.75 |
| 亚油酸，克/天 | 1.43 | 1.90 | 2.50 |

**表 5-33 推荐的生长肥育猪饲料配方**

| 饲料名称 | 饲料配合比例(%) | | |
|---|---|---|---|
| 体重阶段(千克) | 20～35 | 35～60 | 60～90 |
| 玉 米 | 65.0 | 68.0 | 72.0 |
| 麦 麸 | 5.0 | 6.0 | 8.0 |
| 豆 粕 | 26.0 | 22.0 | 16.0 |
| 预混料 | 4.0 | 4.0 | 4.0 |

说明：1. 部分玉米可由小麦、高粱、碎大米代替

2. 部分或全部麦麸可由米糠、次粉、干啤酒糟替代

3. 1/3 的豆粕可由杂粕(菜籽粕、棉籽粕、花生粕)代替

4. 预混料必须提供 0.15%～0.10%的赖氨酸

## 二、生长肥育猪饲料的配制

**(一)配制生长肥育猪饲料应注意的问题** 当猪的体重达 25 千克以上、日龄达 70 天左右，一般进入生长肥育阶段。这一阶段的养殖目的就是尽可能用少的饲料生产高质量的胴体。一般情况下，当猪的体重达到 80～110 千克时屠宰，无论从经济上还是从胴体质量上都比较合理。具体的屠宰体重要根据猪的品种、饲料和肥猪的价格来综合考虑。由于猪从 22～100 千克对饲料蛋白质、氨基酸、矿物质和维生素等需要量逐渐下降，一般推荐将生长肥育猪饲料分成 2 个阶段，即 60 千克体重之前饲喂 1 号料，60 千克以后饲喂 2 号料。如果为了图省事，从始至终饲喂一种料，会导致营养不足或浪费。

配制猪饲料，首先要了解猪的营养需要。可根据所养的猪瘦肉生长速度和健康状况，参考现行饲养标准，但不应照搬。例如，美国标准能量定得很高，中国的情况则不同于美国。

要配制出好的饲料，还要了解饲料原料的营养特点、消化率和

适口性等因素。当然必须考虑饲料的价格。如何配制出价低而营养平衡的饲料是一门学问。饲料原料可分为能量饲料、蛋白质饲料和辅料。如果以玉米代表能量饲料，豆粕代表蛋白质饲料，其他能量饲料和蛋白质饲料的相对营养价值必须在选用时考虑，同时还必须考虑最大替代比例(表 5-34)。

**表 5-34　猪饲料原料相对营养价值及最大替代比例**

| 能量饲料 | | | 蛋白质饲料 | | |
|---|---|---|---|---|---|
| 原料名称 | 相对营养价值(%) | 最大替代(%) | 原料名称 | 相对营养价值(%) | 最大替代(%) |
| 玉　米 | 100 | 100 | 豆　粕 | 100 | 100 |
| 大　麦 | 90～95 | 100 | 血　粉 | 120～130 | 20 |
| 大米糠 | 100 | 33 | 棉籽粕 | 85 | 33 |
| 高　粱 | 95 | 100 | 鱼　粉 | 115 | 100 |
| 小　麦 | 100～110 | 100 | 花生粕 | 95 | 50 |
| 麦　麸 | 65～75 | 15～25 | 菜籽粕 | 80～90 | 33 |
| 苜蓿草粉 | 75～85 | 10～50 | | | |

对于饲养规模较小的养猪户或专业户，可以用从饲料公司购买全价饲料饲喂生长肥育猪。这样做的好处是质量稳定，缺点是成本较高。另一种方法是从饲料公司购买蛋白质浓缩料，再利用自产的或购入的谷物及副产品配制饲料饲喂肥育猪。蛋白质浓缩料中应含有矿物质、微量元素、维生素、氨基酸、保健促生长添加剂和抗氧化剂等。

原则上我们可以有两种饲喂方法。第一种方法是将蛋白质浓缩料和谷物及副产品分开喂。首先确定每天每头猪蛋白质浓缩料的饲喂量。一般蛋白质浓缩料含粗蛋白质 38%，那么每天每头猪可喂蛋白质浓缩料 0.3 千克，保持这个量一直到肥育结束。如果蛋白质浓缩料的蛋白质含量高于或低于38%，每天的喂量可适当减增。而谷物(玉米)及副产品(麸皮10%～20%)的喂量要逐渐增加。比如开始猪体重25千克，第一周每天给1千克，以后每周增加0.15千克，直至上市。此法理论上看很合理，但比较麻烦，一般不用。第二种方法，利用蛋白质浓缩料和谷物及副产品配制成全价饲料。可以配制前期、中期和后期3种饲料或前期和后期2种饲料。假如有36%和38%两种蛋白质浓缩料，谷物及副产品为玉米和麦麸(10%～20%)，可根据表5-35或根据浓缩料厂家的建议来配制所需要的全价饲料。

**表5-35　利用蛋白质浓缩料配制不同蛋白质水平的猪全价饲料表**

| 饲料蛋白质水平(%) | 38%蛋白质浓缩料 | | 36%蛋白质浓缩料 | |
|---|---|---|---|---|
| | 浓缩料配比(%) | 玉米加麦麸配比(%) | 浓缩料配比(%) | 玉米加麦麸配比(%) |
| 11 | 4.6 | 95.4 | 4.9 | 95.1 |
| 12 | 8.1 | 91.9 | 8.7 | 91.3 |
| 13 | 11.6 | 88.4 | 12.5 | 87.5 |
| 14 | 15.2 | 84.8 | 16.3 | 83.7 |
| 15 | 18.7 | 81.3 | 20.2 | 79.8 |
| 16 | 22.3 | 77.7 | 24.0 | 76.0 |
| 17 | 25.6 | 74.4 | 27.7 | 72.3 |
| 18 | 29.3 | 70.7 | 31.5 | 68.5 |
| 19 | 32.8 | 67.2 | 35.4 | 64.6 |

**(二)利用预混料配制生长肥育猪配合料**　对于更大一些猪场，自己有饲料加工机组，技术水平较高，有条件自己利用购买的预混料、能量饲料、蛋白质饲料以及矿物质饲料加工配制配合料。

这样做的优点是能降低饲料成本，而且配合料营养更符合具体猪场猪的需要。但要求有全面的营养知识，有化验分析饲料质量的能力。由于市场上有不少饲料原料掺假、质次，不经过严格的检查容易出问题。配合饲料的关键是根据猪的营养需要设计一套营养全价、平衡的饲料配方。可以利用饲料配方程序软件，但也需要有营养知识和经验。首先必须满足猪的营养需要，这可参考饲养标准。对于所用饲料原料的特性必须了解。大部分饲料原料要限制配入的比例，如粗饲料、棉籽粕、菜籽粕、鱼粉、血粉和油脂等。除了营养水平的最低标准应满足外，生长肥育猪饲料粗纤维含量一般不要超过 6%，粗脂肪的含量一般不应超过 8%。肥育后期饲料粗纤维水平应低于 7%，粗脂肪的水平不宜超过 10%。

一般根据饲料加工机器的情况可以选用 4%或 1%的生长肥育猪用预混料。1%预混料含有肥育猪所需要的维生素、微量元素、氨基酸、保健促生长添加剂等。4%预混料除含以上物质外，还含钙、磷和食盐等。

**(三)利用马铃薯饲喂生长肥育猪**　马铃薯在饲喂之前应蒸熟。在肥育期，必须为猪配制一个含蛋白质水平 17%的全价料，每天每头猪可以饲喂 1 千克全价饲料，不足部分让猪吃马铃薯。

**(四)利用甜菜饲喂生长肥育猪**　利用甜菜喂猪的方法和马铃薯差不多。甜菜在饲喂前应洗净、切碎。每天每头猪饲喂 1.5 千克蛋白质水平为 17%的配合料，不足部分让猪吃甜菜。

**(五)利用啤酒糟饲喂生长肥育猪**　在啤酒厂周围地区，可以利用啤酒糟饲喂肥育猪。啤酒糟消化率低，粗纤维含量高，能量浓度低，一般更多的用于喂牛，新鲜的啤酒糟也可喂猪。一般要求在猪体重 40 千克开始喂啤酒糟，整个肥育期饲喂量不超过 200 千克。同时应饲喂精料，精料的蛋白质可稍低，但消化率和能量浓度应高一些。

### 三、生长肥育猪饲养管理要点

**(一)生长肥育猪的饲料调制**　生长肥育猪饲料的消耗占猪场饲料消耗的大部分,合理的饲料调制有助于节省饲料,提高饲料利用率。饲料的原料,如谷物、饼粕类,必须事先进行粉碎。粉碎过细或过粗都会影响猪的生长。粉碎过细,猪不爱采食,同时会造成消化道溃疡;粉碎过粗,猪不能很好消化,部分粗颗粒穿肠而过,浪费饲料,造成营养失衡。生长肥育猪最佳粉碎粒度是700～800微米。对于麦麸和次粉,可能其粒度超过800微米,一般不必粉碎,直接混合。混合均匀的饲料可以直接饲喂,即饲喂干粉料。一般猪场采用自由采食饲喂方法,常常用干粉料。干粉料喂猪省事,成本低;缺点是易起粉尘,猪有时可以挑食(当饲料中配有大量粗饲料,或有很细的料面时)。农家养猪以及小规模猪场也可以用湿拌料喂猪。湿拌料的料水比以1∶1～3为宜,不要过稀。可以在喂猪之前用水浸泡几个小时,再分顿喂猪。如果饲喂得当,用此法喂猪获得的饲料利用率比喂干粉料更高。大型饲料厂生产的颗粒饲料,饲喂简单,不起粉尘,猪不能挑食,饲料利用率一般也略高于干粉料,但制粒增加了饲料成本。过去曾用发酵饲料喂猪,不加控制的发酵损失部分营养,现在一般不用。至于饲料生喂还是熟喂的问题,一般情况下应当生喂,不必煮熟。但有些饲料应当煮熟。如泔水煮熟喂猪比较安全;马铃薯在饲喂之前应当蒸熟,锅底的水应倒掉;大豆应熟喂,否则影响消化。

**(二)保证生长肥育猪的充足饮水**　水实际上是最重要的营养,缺乏水会影响猪的消化、吸收、排泄及体温调节等一切代谢活动。因此,一定要保证水的供应。猪饲喂干饲料和环境温度较高时,需水较多。一般猪的水需要量为采食干料的4倍,夏天为5倍。饮水设备有水槽和饮水器。如用水槽给水,应保证水充足,保持水干净。在夏天,饮水槽易被猪当做澡盆来降温,很快把水弄脏。饮水器比较好，能保证随时供应干净的饮水。要注意饮水器的流量，饮水器的流量应在每分钟 800 毫升以上，否则会影响猪的生长。

**(三)限制性饲养技术**　现代猪种瘦肉率很高，而采食量往往较低，一般不必限制饲喂。但对于瘦肉率较低的猪种，为了防止猪后期变肥，获得较瘦的胴体，有必要合理地限饲。限饲的时机应在后期(体重 60 千克后)，限饲的比例应在 20%之内，限料过多会影响饲料报酬。限制饲喂一般用湿拌料，分顿饲喂。同时，注意每头猪有足够的采食空间，防止个别强者吃得多，小弱猪吃不上，导致大小不均。

**(四)自由采食饲养技术**　自由采食饲喂技术是在饲料箱或饲槽中经常保持有饲料，猪可以随时采食。这种方法省工省力。肥育猪腹部下垂，屠宰率高。所有的猪都能吃饱，肥育猪大小均匀。饲养瘦肉型品种猪一般采取自由采食法。如果饲料的营养浓度较低，或者饲料的适口性较差，或者由于环境不好猪的采食量较低，则应当让猪自由采食。自由采食有时会造成饲料浪费，注意不要让猪把饲料拱出饲料箱(槽)外。如果采用湿拌料，每天喂 3 顿，虽然不能做到自由采食，但可以让猪充分采食。每顿的给料量以猪在 15 分钟左右吃净料为宜，这样猪能吃饱而不剩料，不浪费料。

**(五)生长肥育猪对环境的要求**　生长肥育猪相对于仔猪而言，对不利环境的抵抗力较强。但是，如果猪的小环境不理想，猪的生长速度会减慢，饲料的利用率会变差，猪的抗病力会降低，猪的饲养成本会上升。因此，为猪提供一个较为理想的生长环境是必需的。

1. 温度　温度是最重要的环境因素。在低温条件下，猪为了维持恒定的体温，必须通过加强分解代谢，即通过“燃烧”饲料获得能量来维持体温，这意味着饲料能量一部分被用于维持体温，而不是用于生长，使猪的饲料利用率降低。在高温环境下，猪代谢所产生的热量散发到环境中成为负担，猪必须通过加强呼吸，加强外周血液循环增加散热，同时必须减少热的产生（表现为采食减少），这样猪的生长会明显减慢，饲料利用率降低。因此，为猪提供适宜的温度环境非常重要。理论上，猪只需物理调节（身体姿势改变，如猪分散或挤在一起躺卧等）即可调节体温，不需要化学调节（代谢增加）时的环境温度最好。猪的适宜温度可以用下式表示：

$$T=26-0.06W$$

式中：T 表示最适环境温度；W 表示猪的体重（千克）。

根据上面公式，30 千克的猪最适宜的温度是 24℃；体重增加至 100 千克时，最适宜的环境温度为 20℃。温度低于临界温度（亦称下限临界温度。环境温度低于这一温度时，畜体代谢率开始升高），维持需要增加。有人估计，环境温度每低于临界温度 1℃，每千克代谢体重（$W^{0.75}$）多消耗饲料消化能 15.48～18.83 千焦。如果在冬天环境，温度低于临界温度 10℃，料重比增加 0.3～0.4。可见环境温度对饲料利用率的影响有多大。这就是为什么在冬天猪只吃不长的原因。实际上，在寒冷的环境中养猪等于用燃烧饲料来维持体温。合理的做法是，提高猪舍隔热保温性能，减少热量散失。猪本身能产生大量的热量，如果猪舍的保温性能好，猪舍内的温度会明显高于舍外。不过，由于必须通风换气，热量损失是难免的，所以给猪舍提供能源是需要的。烧煤供暖虽然增加成本，但比"烧"饲料合算。环境温度实际上与其他环境因素是相互作用的，十分复杂。有时人们引入有效温度的概念。大意是指猪的适宜温度受到其他环境因素的影响。如高湿度环境加快猪热量的散失；墙壁和顶棚的温度很低，使猪的热辐射损失增加；风速加快猪的热散失。地面的情况对最适宜温度也有影响。漏粪地板和潮湿的地面会增加猪的热损失。如果有垫草，热损失大为降低。另外，猪如果单个饲养，适宜的温度要高于群养的猪。例如，1 头 36 千克的猪，如果墙壁和顶棚的温度比空气低 3℃，风速为每秒 0.3 米，其有效温度要低于空气温度 8℃（美国谷物协会和大豆协会）。实际上气流速度和辐射是造成猪体热损失的主要原因。因此，不要只量猪舍空气的温度，而低估辐射的热损失。有人估计，墙壁和顶棚的温度降低 11℃，猪的热消耗增加 20%。建议今后在建猪舍时考虑猪舍的隔热保温问题，利用隔热材料，特别在我国北方地区尤为必要。

2. 气流　气流能影响猪的热散失速度，条件是空气的温度低于体表的温度。气流的形成可以是自然通风的结果（空气温度差异形成或风压形成），也可以是机械通风的结果（风扇）。在炎热的夏季，气流有助于猪体散热，对猪的健康和生长是有利的。因此，夏天应加强通风（打开窗户和风扇）。但在冬天，低温度的气流加速猪的热散失，加重低温对猪的不利影响。因此，冬天猪舍内的气流速度应以每秒 0.1～0.25 米为宜。风速的分布也很重要，风速分布应均匀。如果风速分布不均匀，有疾风存在，外界寒冷的空气不经混合直接吹向猪体，使猪产生冷应激。夏天如果有通风的死角，猪会感到闷热。如果没有风压，猪舍内的空气流动主要靠空气的温差。在冬天，外面的空气温度比猪舍内低很多，冷空气密度高，比重大，进入猪舍后向下走，而猪舍内的热空气密度小，比重轻，向上走。如果顶棚上有天窗（或不严实），热空气就逸出，并且将猪舍内的有害气体排出。在冬天，顶棚的天窗和合理的进风口有助于控制猪舍内的空气质量，进气口的位置应高一些，这样冷空气在进入猪舍后有机会与舍内的空气混合，而不是直接吹向猪身。

3. 湿度　一般指的是相对湿度，即空气中水气的饱和度。猪舍内的水气主要来自地面上的水分蒸发和猪呼出的水气。湿度影响猪的温度调节。高湿环境在夏天减少蒸发散热，在冬天增加空气导热，猪的热散失增加。高湿度环境下微生物的繁殖加快，猪易患疾病。所以，一般猪舍空气干燥比空气潮湿好。不过，过分干燥的空气会导致猪的黏膜干燥，灰尘增加，这也不利于猪的健康。一般生长肥育猪舍空气相对湿度以60%～80%比较合适。

控制湿度的方法是：①尽量减少地面水的存在，如减少冲洗猪圈；②排出猪舍内的湿气（天窗或排风扇）；③提高猪舍温度（加温）。冬天外面的冷空气含水量少（相对湿度不一定低），进入猪舍内由于温度升高，湿度明显降低。

4. 微生物环境　无论是猪直接接触的地面、墙壁或是空气都有大量的有害微生物。特别在集约化的条件下，猪向小环境中排放大量的有害微生物。如果其浓度太大，微生物不断侵袭猪体，不断激活猪的免疫系统，轻则降低生长速度，重则发病死亡。因此，加强消毒，及时清除舍内污物和控制灰尘（灰尘上有大量有害微生物）等，对保护猪的健康十分重要。

5. 有害气体　冬天为了保温，通风换气往往不够，空气中有害气体的含量可能升高。只要人进入猪舍，能感觉到刺激性气味，说明有害气体已经超标。应当通过换气，及时清出粪、尿等，减少有害气体的释放。

**（六）生长肥育猪的适宜饲养密度和头数**　合理的饲养密度是生长肥育猪正常生长的重要条件。虽然高密度饲养猪舍的利用效率高，但会抑制猪的生长，会出现“赖猪”。高密度养猪在夏天对猪的不利影响更大。当然，饲养密度过小，会降低猪舍的利用效率，经济上不合算。每头猪的有效躺卧面积（不包括水槽、料槽和排粪区）随体重的增加而增加。体重25～45千克的猪，每头猪占地面积0.5平方米；体重45～70千克的猪，每头猪占地面积0.56平方米；体重70～100千克的猪，每头占地面积0.75平方米。

在夏天，猪为了散热，身体伸展，需要面积大，每栏猪数可减少1～2头。否则，猪躺卧所需面积大，无法分开躺卧区和排泄区，结果猪到处排泄，猪舍会非常脏。

随着猪的长大，所需面积逐渐增大。理论上可以在开始时每栏多养几头猪，在后期等猪长大面积不够时，再减少猪的头数。但实际操作时行不通。在后期分群时，必须进行不同栏猪的合并，将一些猪转移到另一栋猪舍，这样又会与全进全出有矛盾，引起猪的打斗，造成疾病传播，实际效果不理想。因此，一般以出栏体重的面积需要提供入栏生长猪的面积，这样在前期给猪提供的面积大于所需要的面积，在整个肥育期不再调整猪群。

即便每头猪有足够的面积，有足够的饲槽和水槽，每个栏内的猪数也不宜太多，一般每个栏 10 头。现在猪都在封闭的栏舍内饲养，如果群太大，不易建立稳定的群体位次，常常打斗，不利于生长发育。

**（七）生长肥育猪的日常管理**　生长肥育猪的管理相对比较简单，只要饲养员细心、勤快，养好肥育猪并不难。在饲喂技术上，生长肥育猪如果采用湿料饲喂，每天可以喂 2～3 次，最好每天饲喂 3 顿。超过 3 次没有必要。如果采用干粉料或颗粒料，每天加 1 次料即可。无论是饲喂什么形态的饲料，每天的饲喂时间应当固定。定时饲喂使猪形成条件反射。因此，在猪刚刚调入肥育猪舍后，一项很重要的工作是调教。调教得好，猪在固定的地方躺卧、采食、排泄，猪显得很干净，也减轻了饲养员的劳动强度。否则，猪到处排泄，毛病一旦形成，很难改正。因此，应从进圈时调教。关键是调教猪在排泄区排泄。调教的方法：将新栏舍的排泄区弄湿，饲养员要将猪赶到排泄区，守候，让猪在排泄区排泄。如果个别猪在别的地方排泄，马上将粪铲到排泄区；开始几天排泄区的粪不要清走，强化排泄区的地位。待猪养成定点排泄习惯后，每天上午和下午应至少清扫圈舍 2 次，将猪圈内的积粪清出舍外，保持圈舍的干净和干燥。饲养人员平时注意观察猪的表现和采食情况。如果是分顿喂湿拌料，不吃料的猪应当进一步观察，看看是否发热、生病。一般猪不吃料说明猪生病了。如果是自由采食,不易发现不吃料的猪。当猪的腹部很瘪,呆卧一旁,很可能是猪生病了,要进一步仔细观察。发现生病猪应及时治疗,可以减少损失。也应注意检查饮水器,有时饮水器不出水,猪的采食也会减少。有经验的饲养员可以通过猪的表现发现是否缺水。

**(八)生长肥育猪转栏及并群** 将不同窝的猪转入肥育栏时,往往会引起打架,如果不加注意,可能导致弱小猪伤亡。在入栏和并窝时,应将体重、强弱相近的猪合在一起。如果将大小不一的猪并入一栏,弱小猪很有可能备受欺负,变成赖猪。刚刚合群时,猪之间互相打斗是不可避免的,用水冲掉猪身上的气味能减少打斗。晚上合群可减少打斗。刚刚并群要有人看管,防止激烈的打架,对个别被激烈攻击的猪要进行保护,以防被咬伤、咬死。对较大的猪并群时千万不能大意。大公猪并圈时十分危险,一般不要并圈。只有从小养在一起的公猪,才可在一起饲养。

**(九)减少环境应激,促进猪快速生长** 现代猪的生长潜力很高,在十分理想的条件下,猪每天长1千克是可能的。在实际生产中,猪的生长潜力由于环境的应激不能完全发挥出来。尽量减少这些应激是管理者的重要任务。影响猪生长的环境应激很多,主要有以下几个方面。

*1. 有害微生物的应激* 猪舍小环境的有害微生物时时会刺激猪的免疫系统,激活其免疫系统,产生一系列生理生化反应,造成猪的体温升高,食欲降低,生长减慢。如果有害微生物的致病力很强,而猪的抵抗力较弱,猪会发病,甚至死亡。因此,必须加强猪舍的消毒和卫生工作,降低猪舍内有害微生物的浓度,减少对猪的应激,提高猪的健康水平。只有非常健康的猪才能吃得多,长得快,饲料利用率好。在集约化饲养环境下,这一问题非常重要。

*2. 温度的应激* 环境温度的过热、过冷或忽冷忽热,会明显影响猪的生长潜力发挥。这方面的要求在前面已经讲过,此处不

再重复。

3. 其他应激 猪舍内的有害气体和灰尘，地面不平或太滑，漏粪地板宽窄不一等，所有这些应激因素都会不同程度地限制猪生长潜力的发挥。管理者应设法排除这些应激因素。否则，一系列的应激因素一旦形成恶性循环，猪场的生产水平将很难提高。在日常管理上，对猪粗暴、突然改变饲料、惊吓或改变光照等，均可引起猪的应激反应，即肾上腺素大量分泌，动员机体应付应激源，用于生长的营养减少。这是饲养者不希望看到的。

# 第六章　现代化养猪

## 第一节　现代化养猪概述

### 一、现代化养猪的概念

现代化养猪，包括规模化养猪、工厂化养猪等经营方式。规模化养猪是现代化养猪的初级阶段，工厂化养猪是现代化养猪的高级阶段。现代化养猪，就是采用先进的养猪科学技术，即采用先进的选种育种技术、先进的饲料营养配制技术、先进的猪舍环境调控技术、先进的粪污处理技术、先进的卫生防疫制度、先进的饲养管理工艺以及相应的产品加工、市场预测和市场营销等。采用先进的科学技术，可以给猪创造适宜的生活、生产环境，有利于发挥出高的生产水平、高的劳动效益、高的经济效益，生产出优质产品。

现代化养猪，是按现代化工业生产方式来进行猪的生产，实行流水生产工艺。将各生产群组织起具有工业生产方式特征的全进全出流水式生产，以期达到高生产水平、高劳动生产效益和优质产品质量的"两高一优"的养猪生产。

### 二、现代化养猪的特点

第一，应用现代化科学技术理论，将各生产工艺的猪群组成有工业生产方式的流水式生产工艺过程。按一定的生产节律和繁殖周期，按企业的生产计划均衡地进行养猪生产。

第二，把养猪生产中的母猪配种、妊娠、分娩、仔猪哺乳、仔猪育成和肥育等生产环节有机地联系起来。按照从母猪配种、妊娠、哺乳、仔猪保育、育成、肥育和销售等生产环节，形成一条连续流水式的生产线，有计划有节律地长年均衡生产。

第三，建立能适应各类猪群生理和生产要求的，与猪群相适应的专用猪舍。如后备母猪群和配种母猪群的配种猪舍、妊娠母猪舍、分娩哺乳猪舍、仔猪保育舍、生长猪肥育舍等。

第四，应用遗传素质优良和生产性能高的猪种，按繁育计划建立好的繁育体系。也就是说，现代化养猪生产，必须使用有较高生产性能的猪种和杂交配套系，使猪主要的经济性状有稳定的遗传力和健康的体质，以保证有计划、有节律地均衡生产，从而达到最高的经济效益。

第五，按照猪群的划分，配制不同型号的饲料，保证均衡而稳定地供应各类猪群所需要的各种全价配合饲料。满足猪的营养需要，最大限度地发挥猪的生产潜力，提高饲料利用效率，降低生产成本和提高生产率。

第六，建立健全兽医卫生防疫制度和措施。建立符合卫生要求的污物、粪便处理系统，具有严格的科学的疫病免疫程序和驱虫程序，确保猪群健康，提高生产效率。

第七，具有合理组织和专业分工明确的高效率营销体制。利用先进的科学管理技术和合理的劳动组织，充分调动人的积极性，保证企业管理的高水平，才能保证养猪的高效益。

第八，现代化养猪可以规模地、均衡地生产出符合质量标准要求的猪种或商品猪，满足市场的需求。

第九，由于现代化养猪采用先进科学的饲养管理技术，形成规模标准化生产，降低饲养成本，从而增加了在市场上尤其在外向型经济市场上的竞争力。

### 三、现代化养猪的优点

**（一）使养猪生产变成企业化商品化生产，可以追求最大的经济效益** 由于实行规模生产，以规模求效益，从规模上提高工效和生产水平，降低生产成本，求得利润效益。例如，饲养出栏1头肉猪，可获利50元，年饲养出栏肉猪1000头，可获利5万元；年饲养出栏肉猪2000头，可获利10万元；年饲养出栏肉猪10000头，可获利50万元。

**（二）可以采用先进的科学饲养管理制度与技术，使养猪生产水平大大提高** 母猪年产仔猪2～2.5胎，母猪年提供商品猪18～22.5头，仔猪成活率提高至95%以上。仔猪体重25千克左右开始肥育，肥育期100～110天，平均体重达90千克左右，肥育期成活率在98%以上，料重比3.5∶1以下。

**（三）可以批量供应商品猪，保障市场的稳定** 由于现代化养猪的饲养设施完备，可有计划、有步骤地进行商品生产，按期批量向市场提供猪肉和产品，从根本上保证了城镇居民对猪肉产品的需求。

**（四）可以消除自然气候的影响，有利于生产效率的提高** 我国南方地区夏季气候炎热，北方地区冬季气候寒冷，不利于猪的生长发育。在传统养猪时，东北地区用“一年养猪半年长”与“过个冬一半空”来形容严寒对养猪生产的影响。采用规模化养猪后，因为有了防寒保暖设施，避免了严冬季节的自然温度的影响，使养猪生产水平有了很大的提高。

**（五）可以有效地促进先进养猪科学技术的应用** 在母猪繁殖方面，可采用同期发情及时配种，妊娠母猪在限位栏固定饲养，产前5～7天转入产房，仔猪断奶后转进保育舍饲养。任何阶段的猪都采用全进、全出的饲养方式，从而大大地提高了养猪生产水平。采用科学技术的猪场比传统养猪场的母猪产仔数提高15%，仔猪成活率提高20%,商品猪出栏率提高50%,并提高饲料利用效率,缩短了肥育期,节省了劳动力,降低了饲养成本。

**(六)可以有效地节省土地资源**　规模化猪场,可比传统养猪场提高土地和人工的利用率。以饲养繁殖母猪100头的猪场为例,在规模化养猪场中,占耕地一般不超过3 334平方米,猪舍建筑约1 500平方米,需要4～6名饲养人员;而传统养猪则需占地2～3公顷,需猪舍建筑6 000～8 000平方米,需饲养人员20多名。

## 四、现代化养猪的关键技术措施

**(一)猪舍建筑及设施设备对规模化、工厂化养猪影响极大**　由于现代化养猪占地少,不受气候条件的限制,猪群集约,全进全出,就要求有现代化的环境调控设施,也就是要求猪舍的建筑要保温隔热、冬暖夏凉、干燥不潮湿、空气新鲜和通风透光。所有设施设备都要符合猪的生理要求,不使猪产生应激,影响生产和生长。猪生长在舒适的环境中才能充分发挥其生产潜力,获得最大经济效益。

**(二)建立健全猪场的防疫免疫制度**　猪的传染病对规模化、工厂化养猪是最大威胁。由于猪群高度集约,猪只所处的环境高度集中,一旦发生传染病,后果不堪设想。我国最早建立的一些大型工厂化养猪场,都曾发生过传染病,给生产造成不可弥补的损失。因此,现代化养猪场应把猪疫病的防治摆在首位,建立完善的防疫免疫制度和疫苗使用监测制度,保证猪群的健康。健康是现代化养猪的生命线。如果防疫制度不完善,一旦暴发传染病,将会造成重大的经济损失。

**(三)采用好的猪种和高产配套品系**　养猪生产发展到工厂化阶段,必须选用多产和高效猪种或专门化配套品系,以生产优良种猪和商品杂优猪。繁殖性能高的猪种或品系,1头猪1年可育成仔猪25头左右,而1头繁殖力低的母猪,1年育成仔猪还不到15

头。高产猪种或配套品系，具有繁殖力高、生长快、饲料利用效率高、胴体瘦肉率高和适应性强等优点。因此，在规模化、工厂化养猪场要选定优良猪种生产杂优猪，建立健全杂交繁育体系和良好的种猪繁育体系是十分重要的。

**（四）生产全价饲料或优质配合饲料** 在规模化、工厂化养猪场中，一般饲养优良的猪种和配套系，这些猪种的生产和生长潜力的正常发挥，首要的任务是抓好饲料的供应，也就是抓好营养物质的供给。只有按猪的不同生产、生长阶段供给足够的平衡的营养，猪才能发挥最大的生产潜力，获得最大的经济效益。如果饲料营养水平过低，营养物质不平衡或缺少某些营养物质，不但限制猪生产、生长潜力的充分发挥，还可导致猪抵抗力下降，发生疾病，造成经济损失。

**（五）母猪的同步发情与配种** 在现代化养猪生产中，所有建筑设施、人员的安排都按一定规模有计划、有秩序的流水式工艺流程进行的。如果母猪不能同步发情配种，就会影响到妊娠、分娩阶段的生产，从而影响仔猪、生长肥育猪的全进全出工艺的发挥。因此，母猪的同步发情和配种是现代化养猪十分重要的技术环节。

**（六）严格的流水式工艺流程** 现代化养猪的一个特点是采用流水式饲养工艺流程，也就是在母猪同步发情配种的基础上，以后各阶段的饲养管理都是有一定期限的。如一个万头猪场，每周有24头母猪分娩，并进入产房，在产房中饲养4周，仔猪断奶转入保育舍，母猪返回繁殖母猪舍等待发情配种。对空出的产房进行清洗消毒。进入保育舍的仔猪饲养5～6周后整批转入生长猪舍，保育舍空出进行清洗消毒。生长猪舍的幼猪饲养6～8周后，整批转入肥育舍，空出的生长舍进行清洗消毒。生长猪在肥育舍饲养7～8周后全部出栏，空出的肥育舍也进行清洗消毒。如此安排，仔猪从出生至出栏共饲养22～26周，体重可达90～100千克。这种流水式工艺便于管理和严格消毒。

**(七)采用仔猪早期断奶措施**　实行仔猪早期断奶是提高母猪生产力的重要措施,也是现代化养猪关键性措施。仔猪3周龄断奶,母猪的繁殖周期为142天左右,母猪年产仔胎次2.5窝左右,1头猪1年可提供仔猪25头左右;仔猪4周龄断奶,母猪的繁殖周期为149天左右,母猪年产仔胎次2.4窝左右,年提供仔猪数24头左右;仔猪5周龄断奶,母猪繁殖周期为156天左右,母猪年产仔胎次2.3窝左右,年提供仔猪数23头左右;仔猪6周龄断奶,母猪繁殖周期163天左右,母猪年产仔胎次为2.2窝左右,年提供仔猪数22头左右。我国在现阶段养猪条件下,规模化、工厂化养猪场,仔猪多于28～35日龄断奶。

**(八)采用直线肥育方法**　断奶仔猪饲养至出栏,应按日龄和体重,划分3个阶段(6～25千克体重阶段、25～60千克体重阶段和60～90千克体重阶段)配制饲料,为其提供相应的营养物质,使猪一直保持较快的生长速度,缩短肥育期尽快出栏,称之为直线肥育法。掌握好直线肥育法的关键技术有三点:其一,一定要按不同体重的营养标准配制饲料,充分满足猪的生长发育需要;其二,在两个阶段之间转换好饲料,使猪在换料期间的生长速度不受影响,同时注意猪的环境调控;其三,猪在肥育期间尽量采用自由采食。只要做到上述三点,猪的直线肥育方法是会成功的。

## 第二节　现代化养猪饲养工艺

由于规模化、工厂化养猪采取的饲养方法是流水式作业,猪舍、设备都是按生产流程规定的标准进行设计的。因此,每个生产环节要上下衔接,不可脱节,从母猪的配种、妊娠、分娩哺乳、仔猪保育到生长猪育成和生长猪肥育,都是预先设计好的。

## 一、三段法饲养工艺

**(一)三段法饲养定义**　三段法饲养,是指母猪配种妊娠为第一阶段,母猪分娩、仔猪断奶、仔猪保育为第二阶段,幼猪生长和肥育为第三阶段(表 6-1)。

表 6-1　三段法饲养

| 项　目 | 第一阶段(母猪空怀配种和妊娠) | 第二阶段(母猪分娩、仔猪断奶和保育) | 第三阶段(幼猪生长和肥育) |
| --- | --- | --- | --- |
| 饲养周数(周) | 15～16 | 9～10 | 14～16 |
| 体重(千克) | — | 出生至 25～30 | 25(30)～100 |

**(二)三段法饲养工艺的特点**　将母猪产仔、断奶和培育合二为一,即在同一产床上饲养仔猪 70 天。仔猪减少了从断奶转移到培育舍的环节,也就是减少了一次应激,使仔猪生长少受到影响。

**(三)三段法饲养的优点**　①可以减少从断奶转移到培育舍的应激。仔猪断奶不吃母乳换吃饲料是对仔猪生长的严重打击,加之换到一个新的环境,使仔猪再次遭到应激,势必影响仔猪的生长。管理水平较低的猪场,仔猪在这一时期会出现零增长或负增长。三阶段饲养法可减少应激,使仔猪生长少受影响。②三阶段饲养法减少了 1 次转群,也就减少了工人的劳动强度,同时减少了经费开支。③三阶段饲养法可以提高仔猪的成活率和仔猪的增重。据北京茶棚种猪场的统计证明,三阶段工艺的成活率由原来的 92%提高至 95%,70 日龄平均体重由原来的 23 千克提高至 28 千克。④三阶段饲养法在建场投资上会有所增加,但如果实行全进全出和科学的饲养管理制度,仅仔猪增重这一项,1 个月即可收回成本。实践证明,一个万头猪场仔猪从出生转到肥育舍,成活率提高 3%，1 年可多提供猪只 300 头，每头猪按 300 元计，可增加收入 9 万元。如果仔猪从出生至 70 日龄提高增重 5 千克，一个万头猪场的猪年可提高增重 50 000 千克，按仔猪每千克 12 元计算，年可增加收入 60 万元。此外，三阶段饲养法还具有可减少劳动量，缩短猪出栏时间，提高猪舍的利用率等优点。

## 二、四段法饲养工艺

**（一）四段法饲养定义**　四段法是指配种妊娠为第一阶段，母猪分娩和仔猪断奶为第二阶段，仔猪断奶后的保育为第三阶段，幼猪的生长和肥育为第四阶段（表 6-2）。

**表 6-2　四段法饲养**

| 项　目 | 第一阶段（母猪空怀配种和妊娠） | 第二阶段（母猪分娩仔猪哺乳） | 第三阶段（仔猪断奶保育） | 第四阶段（幼猪生长肥育） |
| --- | --- | --- | --- | --- |
| 饲养周数（周） | 15～16 | 4 | 5 | 14～16 |
| 体重（千克） | — | 初生至 6～9 | 8～25 | 25～100 |

**（二）四段法饲养工艺的特点**　分娩栏按 6 周计算，妊娠母猪在产前 1 周进入产房，产后仔猪哺乳 4 周，仔猪 4 周断奶后转入保育舍，产房（栏）再用 1 周清洗消毒干燥后待用。保育舍（栏）按 6 周计算，断乳仔猪在保育栏内饲养 5 周后转入生长肥育舍，再用 1 周的时间进行清洗消毒干燥待用。生长肥育舍（栏）饲养 14～16 周，猪体重达 90～100 千克出栏。

四段法饲养的空怀和妊娠母猪可每栏 3～5 头小群饲养，也可单栏限饲饲养。单栏限饲方法，便于饲养和管理，母猪不争食和不打架，减少应激，减少流产，比小群饲养节省猪舍面积。小群饲养的优点是母猪断奶后增加活动量，互相接触和爬跨，易发情，便于及时配种；缺点是管理不方便。如果猪训练不好到处排泄会使猪栏不卫生，并且母猪之间会争食打斗。

**(三)四段法饲养的优点**　①适用规模较小的养猪场；②猪群调动较小；③母猪产仔哺乳舍与保育舍相近，便于保暖设施的安装；④工艺简单易行，便于广大饲养人员掌握；⑤将待配母猪、公猪、妊娠母猪及后备母猪饲养在同一猪舍内分区管理，不需要增加独特的设备，减少了猪舍种类，降低了猪舍造价。

## 三、五段法和六段法饲养工艺

五段法或六段法饲养工艺，一般适用于较大规模和分工较细的养猪场。例如，我国从美国三德公司引进的成套养猪设备与饲养工艺，就是使用这种饲养法。

**(一)五段法饲养定义**　五段法饲养是指空怀母猪配种妊娠是第一阶段，妊娠母猪分娩哺乳是第二阶段，仔猪断奶保育是第三阶段，幼猪生长育成是第四阶段，生长猪肥育是第五阶段(表6-3)。

**表6-3　五段法饲养**

| 项　目 | 第一阶段（空怀母猪配种妊娠） | 第二阶段（母猪分娩及仔猪哺乳断奶） | 第三阶段（断奶仔猪保育） | 第四阶段（幼猪的育成） | 第五阶段（生长猪的肥育） |
|---|---|---|---|---|---|
| 时间(周) | | 4～6 | 5 | 5～7 | 7～8 |
| 体重(千克) | | 6～9 | 6～25 | 25～60 | 60～90 |

**(二)五段法饲养的特点**　把猪从生长到肥育分为3个阶段，也是与四段法饲养的区别所在。猪只175日龄体重达90千克左右。其优点是可以减少猪舍面积，通过肥育期两次转群，可以充分利用猪舍。但缺点是猪多次转群，增加应激，影响猪的生长，延长生长肥育期。

**(三)六段法饲养工艺**　六段法饲养与五段法饲养的区别在于把空怀母猪和配种母猪分别单独饲养,以利于空怀母猪的配种。其优点:一是断奶母猪膘情恢复快,第一情期配种受胎率高,保证母猪的充分利用;二是空怀待配母猪可饲养在敞开式猪舍里,使母猪得到充足的阳光,有充足的运动场地,有利于发情配种;三是便于观察母猪的发情,易于控制配种时间,提高受胎率;四是断奶保育阶段完成后转入幼猪生长阶段,一般还是在网床上饲养,不因下地调群使猪受应激而影响生长。

以上四段、五段和六段饲养法都是在同一地点一条流水线作业,故称为"一点一线"生产工艺。其优点是地点集中、管理方便、转群容易。缺点是猪群过于集中,各类猪群都在同一生产线上,有一个环节出现问题会影响其他环节。尤其是对仔猪的健康生长带来不利影响。

## 四、"二点三点"饲养工艺

"二点三点"饲养工艺,是美国研究出的一种适合仔猪早期断奶隔离饲养的养猪生产方法。英文为"Segregated earlyweaning",缩写 SEW,即早期断奶隔离饲养之意。所谓"二点三点"饲养工艺,就是把整个饲养工艺流程按阶段分散在两地或三地进行,且两地或三地保持一定的距离,避免疫病的交叉感染。

"二点"饲养工艺流程:

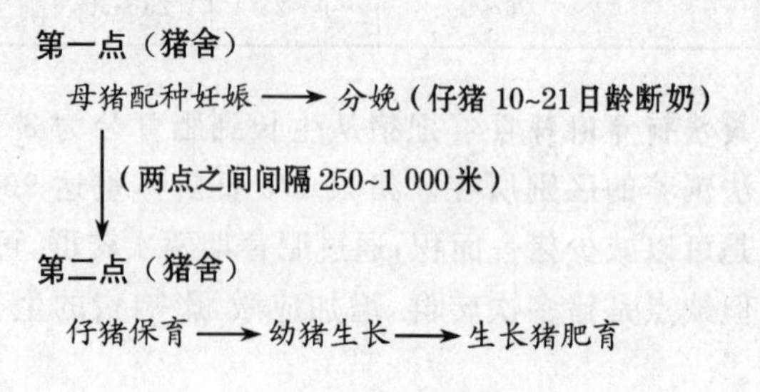

"三点"饲养工艺流程：

**第一点（猪舍）**

母猪配种妊娠 ——→ 分娩（仔猪10~21日龄断奶）

↓ （两点之间间隔250~1000米）

**第二点（猪舍）**

断奶仔猪保育

↓ （两点之间间隔大于250米）

**第三点（猪舍）**

幼猪生长 ——→ 生长猪肥育

"二点三点"饲喂法的优点是：哺乳仔猪21天前断奶，此时仔猪体内的特殊疾病免疫抗体还没有完全消失，就转移到远离原生产区、干净清洁的保育猪舍饲养，使仔猪处于好的环境中生长发育，不受病原微生物的干扰，健康无病，成活率高，生长快。一般生后10周龄体重可达30～35千克。比"一点一线"饲喂法提高生产率。但其最大的缺点是猪场造价成本高。

## 五、小规模猪场的工艺参数

以饲养100头基础母猪，年存栏1100头猪左右，年出栏商品猪1500头左右的猪场为例。

**（一）生产指标**　每头母猪平均年产仔2窝，每窝产活仔数10头；仔猪35日龄断奶，成活率90％以上；仔猪断奶后在保育舍培育35天左右，育成率95％；育成猪70日龄转入肥育猪舍，肥育期105天左右，平均体重达90千克左右时出栏，肥育期成活率98％，肥育期每增重1千克活重消耗配合饲料3.5千克以下。

**（二）猪群结构**　成年母猪100头，后备母猪10头，成年公猪2头，后备公猪1头，哺乳仔猪230头，育成仔猪216头，肥育猪510头，合计存栏数1069头。

**（三）猪舍占地面积**　猪舍分为母猪空怀配种和妊娠舍、分娩哺乳舍、断奶仔猪保育舍、生长猪肥育舍。总占地面积为 2 500～3 300 平方米，建筑面积约为 1 500 平方米。与传统养猪所占土地面积比较，仅为 1/10 左右，建筑面积仅为 1/4 或 1/5。

**（四）猪的饲养方式和猪群周转**　空怀、妊娠母猪单栏小群饲养，每栏 3～5 头；妊娠母猪也可单栏固定饲养；公猪单栏饲养，每栏 1 头；分娩母猪网上产栏饲养；断奶仔猪赶母不赶仔原产栏饲养或断奶仔猪进保育舍同窝转群饲养，每窝一栏，不要混群，避免出现断奶混群应激。肥育猪由保育舍同栏转群，每栏一群 8～10 头。如转出的同栏猪数太少，也可混群，但要有专人看护，防止打斗出现应激。

猪群周转必须坚持全进全出的方式。母猪临产前 1 周进入产房，分娩哺乳 28～35 天，然后将断乳奶猪转入保育舍，断奶母猪返回配种舍；断奶仔猪在保育舍培育 35 天左右，后转入生长肥育舍。

## 六、万头商品猪场的工艺参数

详见表 6-4。

**表 6-4　万头商品猪场的工艺参数**

| 项　目 | 指　标 | 项　目 | 指　标 |
|---|---|---|---|
| 妊娠期（天） | 114 | 70 日龄幼猪重（千克） | 25 |
| 哺乳期（天） | 35 | 180 日龄肥育猪重（千克） | 100 |
| 保育期（天） | 28～35 | 每头母猪年产仔数（头） | 20～22 |
| 母猪断奶至配种受胎（天） | 7～10 | 35 日龄时的头数（头） | 18～19.8 |
| 母猪繁殖周期（天） | 169～163 | 70 日龄时的头数（头） | 17.1～18.8 |
| 母猪年产仔胎次（窝） | 2.0～2.2 | 180 日龄时的头数（头） | 16.7～18.4 |
| 母猪窝产仔数（头） | 10 | 公、母猪年更新率（%） | 33 |
| 母猪窝产活仔数（头） | 9 | 母猪情期受胎率（%） | 85 |

续表 6-4

| 项目 | 指标 | 项目 | 指标 |
|---|---|---|---|
| 哺乳仔猪成活率(%) | 90 | 公、母猪比例 | 1∶25 |
| 断乳育成猪成活率(%) | 92 | 圈舍清洗消毒时间(天) | 7 |
| 生长肥育猪成活率(%) | 98 | 母猪临产前进产房时间(天) | 7 |
| 仔猪初生重(千克) | 1.2 | 母猪配种后原圈观察时间(天) | 21 |
| 35 日龄仔猪重(千克) | 8 | | |

引自赵书广主编《中国养猪大成》,2000 年

## 七、现代化猪场生产指标

**母猪生产周期** 妊娠期 114 天,哺乳期分别为 35 天、28 天和 21 天,配种期 7 天,母猪繁殖周期分别为 156 天、149 天和 142 天。

**母猪年产仔胎次(窝)** 365÷156=2.34;365÷149=2.45;365÷142=2.57。

**母猪实际分娩胎次(窝)(0.9 为受胎率)** 0.9×2.34=2.1;0.9×2.45=2.2;0.9×2.57=2.3。

**猪场全年应产仔窝数(600 头基础母猪)** 600×2.1=1 260;600×2.2=1 320;600×2.3=1 380。

**每周配种妊娠头数(全年 52 周)** 1 260÷52=24;1 320÷52=25;1 380÷52=26。

**每周应配种头数(发情配种率 85%)** 24÷0.85=28;25÷0.85=29;26÷0.85=30。

**年产仔猪数(产活仔数 9 头)** 1 260×9=11 340;1 320×9=11 880;1 380×9=12 420。

**年育成数(育成率 90%)** 11 340×0.9=10 206;11 880×

0.9=10 692；12 420×0.9=11 178。

**每周肥育数** 10 206÷52=196；10 692÷52=206；11 178÷52=215。

**每周出栏数(肥育率98%)** 196×0.98=192；206×0.98=202；215×0.98=211。

**全年出栏数** 192×52=9 984；202×52=10 504；211×52=10 972。

现代化猪场生产指标详见表6-5。

**表6-5 现代化猪场生产指标**

| 项 目 | 指 标 | 项 目 | 指 标 |
|---|---|---|---|
| 母猪年产仔胎次(窝) | 2.2 | 哺乳天数(天) | 30～35 |
| 每窝平均产仔数(头) | 10.0 | 仔猪育成率(%) | 94 |
| 每窝平均断奶活仔数(头) | 9.0 | 仔猪保育期(天) | 30～35 |
| 30日龄平均个体重(千克) | 8～9 | 仔猪60日龄体重(千克) | 20 |
| 母猪产后42天配种率(%) | 95 | 20～90千克肥育天数(天) | 90～100 |
| 母猪连产率(%) | 90 | 肥育猪平均日增重(克) | 700～770 |
| 母猪产仔窝数(胎) | 7～8 | 料重比 | 1∶3～3.5 |

引自赵书广主编《中国养猪大成》,2000年

## 八、万头商品猪场猪群结构与存栏头数计算

成年母猪数=万头商品猪÷每头成年母猪提供商品猪。如果每头母猪年提供商品猪18头,共需饲养母猪约556头;若每头母猪年产16头,共需要饲养母猪625头。

后备母猪头数=年总母猪数×年更新率。

如果年更新率为33%,那么,后备母猪数分别应为：556×0.33=183(头),或625×0.33=206(头)。

公猪头数=母猪总头数×公、母猪比例。

如果公、母猪比例为1∶25,则公猪头数分别为:556÷25=22(头),或625÷25=25(头);后备公猪头数=公猪总头数×年更新率。

如果公猪年更新率为33%,则后备公猪头数分别为:22×0.33≈7(头),或25×0.33=8(头)。

空怀母猪头数=[总母猪头数×年产胎次×(产后猪配种天数+观察天数)]÷365。

如果母猪年产仔胎次为2.2窝,产后母猪配种天数为10天,观察天数为21天,则空怀母猪数分别为:

[556×2.2×(10+21)]÷365=104(头),[625×2.2×(10+21)]÷365=117(头)。

妊娠母猪头数=(总母猪数×年产胎次×饲养日)÷365;

如果年产胎次为2.2窝,饲养天数为155(114+21+10)天,则妊娠母猪数分别为:

(556×2.2×155)÷365=519(头),(625×2.2×155)÷365=584(头)。

分娩哺乳母猪头数=(总母猪数×年产胎次×饲养日)÷365。

如果母猪年产仔胎次2.2窝,饲养日42(7+35)天,则分娩哺乳母猪分别为:(556×2.2×42)÷365=141(头),(625×2.2×42)÷365=158(头)。

哺乳仔猪头数=(总母猪数×年产胎次×每胎产仔数×成活率×饲养日)÷365;

如果母猪年产仔胎次2.2窝、窝产仔10头,哺乳成活率90%,饲养日35天,则哺乳仔猪数分别为:

(556×2.2×10×0.9×35)÷365=1 056(头),(625×2.2×10×0.9×35)÷365=1 187(头)。

35～70日龄保育仔猪数=(总母猪数×年产胎次×窝产仔猪数×哺乳仔猪成活率×断奶育成猪成活率×饲养日)÷365。

如果母猪年产仔胎次2.2窝，窝产活仔数10头，哺乳仔猪成活率90％，断奶育成猪成活率95％，饲养日35天，则保育仔猪数分别为：

(556×2.2×10×0.9×0.95×35)÷365＝1 003(头)，(625×2.2×10×0.9×0.95×35)÷365＝1 127(头)。

70～180日龄肥育猪头数＝(总母猪数×年产胎次×窝产仔数×哺乳仔猪成活率×断奶育成猪成活率×生长肥育猪成活率×饲养日)÷365。

如果母猪年产仔胎次2.2窝，窝产仔10头，哺乳成活率为90％，断奶育成猪成活率为95％，生产肥育猪成活率为98％，饲养日110天，则肥育猪头数分别为：

(556×2.2×10×0.9×0.95×0.98×35)÷365＝983(头)，(625×2.2×10×0.9×0.95×0.98×35)÷365＝1 105(头)。

各种猪的存栏量可参考表6-6。

**表6-6　不同规模猪场猪群结构　(单位:头)**

| 猪群类别 | 母猪场 | | | | | |
|---|---|---|---|---|---|---|
| | 100 | 200 | 300 | 400 | 500 | 600 |
| 空怀配种母猪 | 25 | 50 | 75 | 100 | 125 | 150 |
| 妊娠母猪 | 51 | 102 | 165 | 204 | 252 | 312 |
| 分娩母猪 | 24 | 48 | 72 | 96 | 126 | 144 |
| 后备母猪 | 10 | 20 | 26 | 39 | 46 | 52 |
| 种公猪及后备公猪 | 5 | 10 | 15 | 20 | 25 | 30 |
| 哺乳仔猪 | 200 | 400 | 600 | 800 | 1000 | 1200 |
| 幼　猪 | 216 | 438 | 654 | 876 | 1092 | 1308 |
| 肥育猪 | 495 | 990 | 1500 | 2010 | 2505 | 3015 |
| 合计存栏 | 1026 | 2058 | 3107 | 4145 | 5171 | 6211 |
| 全年上市商品猪 | 1621 | 3432 | 5148 | 6916 | 8632 | 10348 |

引自赵书广主编《中国养猪大成》，2000年

# 第七章　猪场建设与环境

## 第一节　猪场场址的选择与布局

### 一、猪场场址的选择

**(一)地势和位置**　猪场应选在高燥、背风、向阳的地方。地势高燥有利于排出场内雨水和污水,有利于保持圈舍干燥与环境卫生;背风可以避免或减少冬季西北风对猪群的侵袭;向阳可以充分地利用太阳能采暖,减少能源消耗,降低饲养成本。

猪场的位置应选在距居民区、工作区、生产区较远(一般在500米以外)的地方,并在下风方向。这样既有利于自身的安全,又可减少猪场污水、污物和有害气体对居民健康的危害。

新建猪场不宜在发生过疾病的旧场基础上重建,以防旧病复发。应选择土质坚实、渗水性强、未被病原体污染的地方建场。

**(二)水资源和水质**　猪场用水量较大,需要有丰富的水源。水质应符合生活饮用水的卫生标准,并确保未来若干年不受污染。

**(三)交通运输**　猪场的饲料和商品猪等的进出量较大,故猪场应建在交通比较方便的地区。但应避开交通主要干道。

**(四)能源供应**　现代化程度较高的规模化猪场,机电设备较为完善,需要有足够的电力,才能确保养猪生产正常运转。所以,猪场需要靠近电源,供电有保障。

### 二、猪场的布局

**(一)总体规划与布局**　独立性强、设施较为完善的规模化猪场，在总体规划与布局上，应从有利生产、方便生活等方面来考虑。

1. 生产区　应包括消毒室（更衣室、洗澡间、紫外线消毒通道）、消毒池、兽医卫生室、值班室、各种类型的猪舍、病猪（或购入猪）隔离舍、尸体处理室、粪尿处理系统等。

2. 生活区　应包括职工宿舍、食堂、文化娱乐室、运动场等。中小型猪场及集体猪场，一般不另设生活区。

3. 生产辅助区　包括饲料加工调配车间、饲料贮存仓库、办公室、后勤保障用房、发电机房、门卫室及消毒池等。

**（二）生产区各类猪舍的布局**　猪舍的合理布局，是根据猪的不同生长时期的生理特点与其对环境的不同要求确定的，一般可划分为 5 种类型：公猪舍与空怀母猪配种舍、妊娠母猪舍、分娩猪舍、保育仔猪舍、生长肥育猪舍。其中公猪舍、空怀配种猪舍以前敞式或半敞式带运动场的形式为好；妊娠母猪舍既可为有窗封闭式，也可为前敞式；分娩猪舍和保育仔猪舍为有窗封闭式，并备有夏季防暑、冬季保温设备；生长肥育猪舍可为有窗封闭式或是敞开式。各类猪舍之间有中央通道相连。种猪舍一般要建在上风方向，生长肥育猪舍建于下风方向。

## 第二节　猪舍建设的原则和类型设计

### 一、猪舍建设的原则

猪舍的建设应本着为各种类型的猪创造良好的生长发育和生产的环境，降低建筑成本，有利于防疫消毒和粪污处理的原则。

**（一）为猪创造良好的生长发育和生产环境**

1. 公猪舍建设　由于公猪的作用主要是为母猪配种或为母猪配种提供精液。故公猪舍的建设应考虑如何有利于公猪的生长发育和提高公猪配种能力及精液品质等。公猪在生长发育阶段可采用群养,但达到性成熟后要单圈或单栏饲养。公猪舍(栏)的设计要求:①有足够的运动场地;②要冬暖夏凉,尤其是在炎热的夏天,要安装降温设备,因为高温不利于提高精液质量;③公猪舍(栏)的地面应保持干燥和有弹性,有利于保护公猪四肢和蹄;④公猪舍(栏)要清洁卫生,无蚊蝇和螨虫等;⑤公猪舍应设外运动场,有利于公猪户外运动和健康;⑥公猪舍应与母猪舍有一段距离,以减少母猪对公猪的性刺激。

2. 后备母猪、空怀、妊娠母猪舍的建设

(1)后备母猪和空怀母猪舍(栏)的建设　要求不是很高,只要有利于后备母猪生长发育和饲喂便利就行,但必须使其有足够的生活空间,保持通风和冬暖夏凉,防止应激;有利于空怀母猪的发情鉴定和试情。

(2)妊娠母猪舍(栏)的建设　标准要比后备和空怀母猪舍要高一些。除符合后备和空怀母猪舍(栏)的要求外,更应注重保胎防流产。也就是猪舍布局、地面建设和设备设施都应有利于妊娠母猪生活,如地面倾斜度不要过大,地面不要过于光滑等。

3. 分娩猪舍的建设　分娩猪舍的建设工艺要求比其他猪舍要严格。因为分娩猪舍中,既要饲养泌乳母猪,又要饲养哺乳的仔猪。母猪和哺乳仔猪对环境要求完全不同,尤其是对温度的要求相差很大。母猪一般要求 15℃～25℃的温度,而仔猪从出生至断奶则需要 35℃～28℃。因此,在分娩猪舍中应为哺乳仔猪创造一个适宜的小环境。另外,建筑单元不要太大,太大不利于实行猪的全进全出饲养方式。

4. 保育猪舍的建设　保育舍建设除了要通风透光、冬暖夏凉外,还应注意保暖和防潮湿。尤其是保暖对保育舍要求更严。由于仔猪脱离母猪后,造成断奶、补料等一系列的应激,如果温度降低,就会使仔猪抵抗力、免疫力下降,易被病毒和细菌感染而生病、死亡。

5. 育成和育肥猪舍的建设　育成猪舍建设工艺应比保育猪舍要求低，但比其他猪舍的要求严格，只要求有一定活动空间，通风透光，冬暖夏凉，有利于管理消毒等。

(二)猪舍建设要实用和低成本　猪舍建设和工艺一定要考虑实际需要和因地制宜，要根据猪只饲养规模缜密地计划各类猪舍的建设面积和配套设施，猪舍建完投入使用后要有利于猪的饲养和调换，有利于粪污的处理和消毒等。

1. 规模养猪的猪舍建设　农村养猪一般规模较小，但只要是规模养猪，就应按照建设猪场的原则，有规划按各类猪的饲养量配套建设猪舍。这样，可以节约土地，节约劳力，节约资金，降低建设成本(图 7-1)。

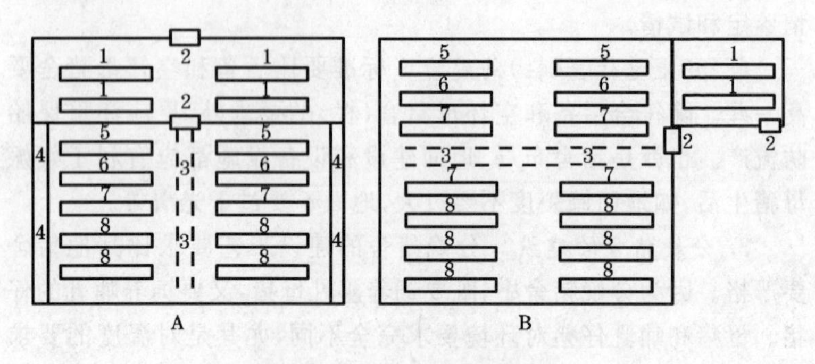


**图 7-1　小型规模猪场布局**

A. 第一种布局　B. 第二种布局

1. 生活区的办公室、饲料间等　2. 消毒、更衣室和大门　3. 净道供饲料运输用　4. 污道供排粪尿用　5. 空怀配种猪舍和公猪舍　6. 分娩猪舍　7. 保育猪舍　8. 育成和育肥猪舍

2. 农村个体饲养户猪舍建设　个体养猪户的猪舍建设多为因地制宜。由于饲养猪只不多，因而猪舍占地空间不大。这种猪舍的建设主要应考虑：炎热夏天防暑降温，寒冬防寒保暖，猪舍干燥和饮水清洁，方便饲喂、清洁卫生和消毒工作。由于我国地域广

阔，经济发展不平衡，传统养猪方式各异，故农村个体养猪使用的猪舍也不尽相同。但大致可分为下列几种类型：①在养猪生产极不发达地区，农村个体养猪还是延续传统的土圈饲养、拴系饲养及放牧饲养方式，对猪舍的建设未加重视；②在养猪生产中等发达地区，养猪户已开始重视猪舍建设，用低成本的投入为猪创造较舒适的生活环境，提高养猪的生产效益，商品化生产的思路正在形成；③在养猪生产发达地区，养猪专业户高度重视猪舍的建设，积极改善猪舍小环境，为猪创造优良的生长发育和生产条件，提高生产率和出栏率，创造好的经济效益。

目前，农村养猪已不是单纯地为解决农副产品的消耗和农民吃饭后剩余的下脚料，而是逐渐转向商品化生产。因此，农户养猪也逐渐开始推广优良的饲养管理技术。在猪舍建设方面，从过去的坑圈向水泥地面圈舍发展，从敞开向半封闭、封闭猪舍转变，从无环境控制向有环境控制转变。所以，农村养猪舍建设也正在经历一场变革。

## 二、农村猪舍建设类型设计

由于我国地域广大，传统的养猪方式不尽相同，猪舍类型设计很不一样。南方地区的猪舍设计多为敞开式的，而北方地区为了抵御冬天的寒冷多为封闭式的。但不管是南方地区还是和北方地区，猪舍设计一定要符合夏天防暑降温和除湿、冬天保暖防寒的原则。

1. 单列式猪舍　在我国农村传统养猪生产中，单列式猪舍在我国中部偏北地区占有主导地位。单列式养猪舍根据形式可分为带走廊和不带走廊两种。这种类型猪舍具有结构简单、投资少、通风透光好、维修方便等优点，适用于农村养猪专业户和个体户。

(1)前敞式　前敞式猪舍根据屋顶的型式可分单坡式、拱式和双坡式等。这类型猪舍主要由猪躺卧的休息处和运动场、排粪处两部分组成。如果房内带走廊，猪的饲槽可放在猪休息的地方，如果不带走廊，猪的饲槽可放在运动场一边(见图 7-2)。

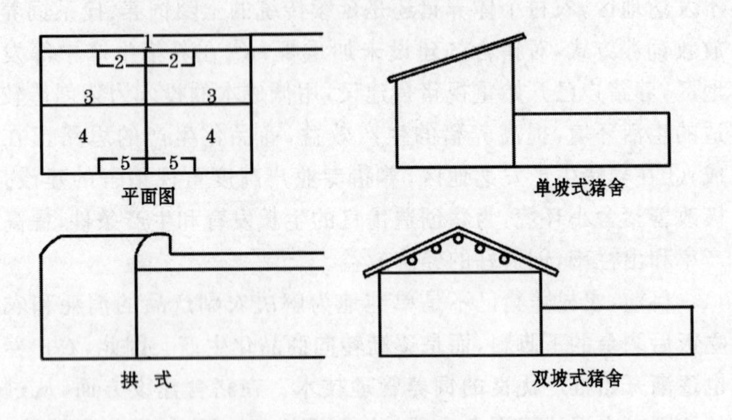


图 7-2 单列前敞式猪舍示意

1. 走廊 2. 饲槽 3. 猪炕 4. 运动场 5. 自动饮水器

(2)半敞式 半敞式猪舍的形状与前敞式猪舍的结构和外形基本相同，不同之处是把猪躺卧休息的猪炕与运动场相隔，隔开处建墙和窗户，墙体留一小门供猪出入(图 7-3)。

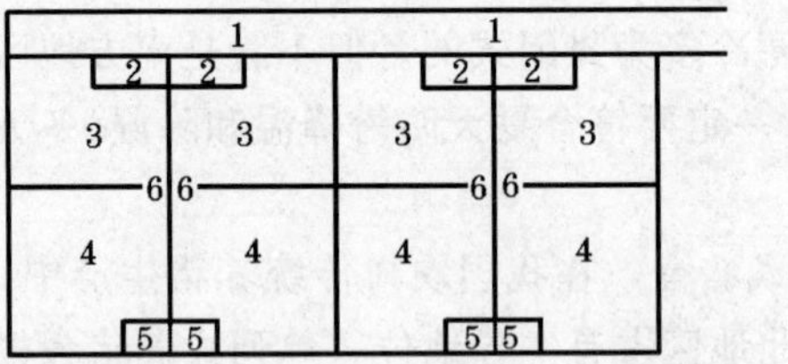

图 7-3 单列半敞式猪舍平面示意

1. 走廊 2. 饲槽 3. 猪炕 4. 运动场 5. 自动饮水器 6. 小门

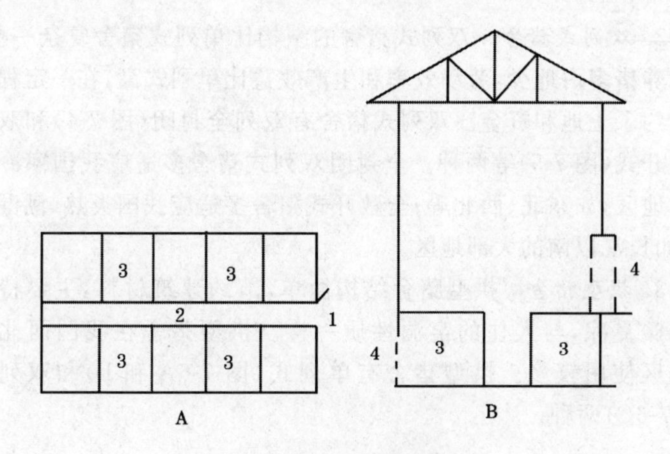


**图 7-4 双列全封闭式猪舍**

A. 平面图 B. 立面图

1. 门 2. 走道 3. 猪栏 4. 窗户

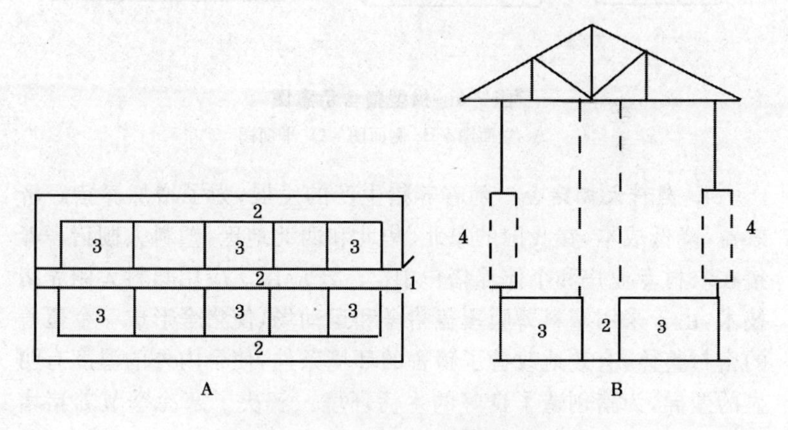


**图 7-5 双列全敞开式猪舍示意**

A. 平面图 B. 立面图

1. 门 2. 走道 3. 猪栏 4. 无墙无窗两边通透

2. 双列式猪舍 双列式猪舍的结构比单列式猪舍复杂一些，但饲养猪多占地少，劳动效率和生产效益比单列式高，在一定程度上节约了土地和资金。双列式猪舍有双列全封闭(图 7-4)和双列全敞开式(图 7-5)等两种。全封闭双列式猪舍多适应我国寒冷的北方地区，如东北、西北等；全敞开式猪舍多适应我国炎热、潮湿地区，如长江以南的大部地区。

3. 拱型猪舍 拱型猪舍结构简单，节约建筑材料，主要特点是冬暖夏凉，与人住的窑洞性质一样。拱型猪舍在我国西北中部地区使用较多。拱型猪舍有单列式(图 7-6A 和 B)和双列式(图 7-6C)两种。

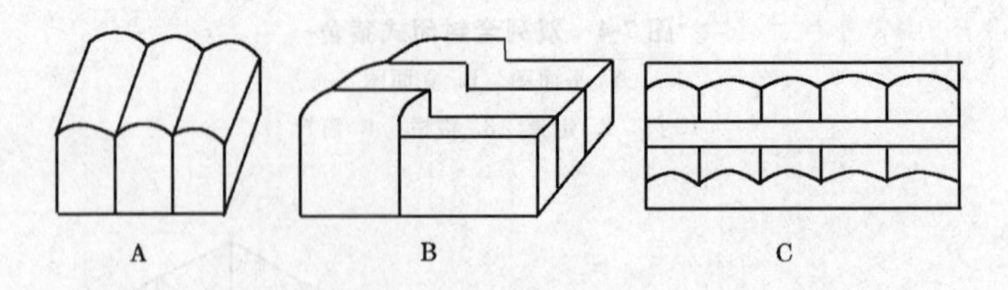


**图 7-6 拱型猪舍示意图**

A. 立面图 B. 侧面图 C. 平面图

4. 塑料大棚猪舍 随着养猪生产的发展，为了增加养猪经济效益，降低成本，在我国的东北、华北和西北地区，塑料大棚猪舍养猪在农村专业户和个体养猪户中已广泛应用。应用塑料大棚养猪技术，由于采用塑料薄膜覆盖猪舍和运动场，使猪舍形成一个覆盖的密封整体，有效地改善了猪舍的环境条件，使舍内外的温度有明显的差异，为猪创造了良好的生活环境。解决了寒冷季节养猪增重慢、耗料多、效益低的问题，由过去 1 年养猪半年长变成现在 1 年养猪全年长，大大地缩短了肥猪出栏时间，也显著地降低了猪只的发病和死亡率，取得了很好的养猪效果。塑料棚舍养猪另一个优点是投资少，见效快，建造简易，很受农村养猪户的欢迎。

(1)简易塑料棚舍　这种猪舍的建造比较简单。以敞开式、拱型式猪舍为基础,冬季将敞开的地方用塑料薄膜遮盖起来(图 7-7)。

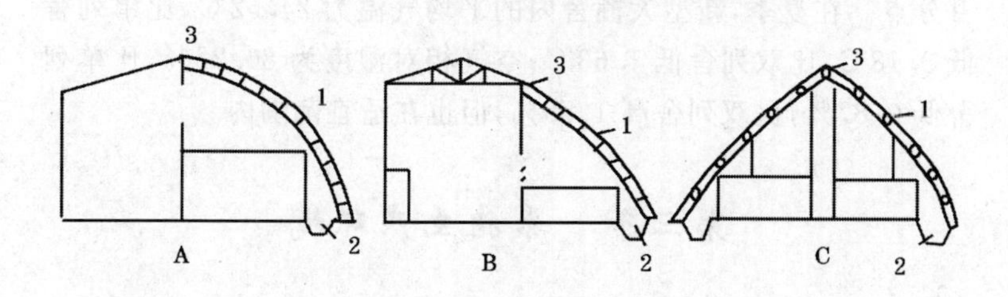


**图 7-7　简易塑料棚猪舍**

A. 单列塑料棚猪舍之一　B. 单列塑料棚猪舍之二　C. 双列塑料棚猪舍

1. 塑料棚面　2. 下水沟　3. 通风孔

(2)新型塑料棚猪舍　在农村规模比较大的专业户可采用新型塑料薄膜大棚猪舍养猪。据山东畜牧职业学院徐相亭等介绍:在冬季,新型大棚猪舍和以砖瓦结构建造的半开放单列式猪舍、半开放双列式猪舍比较,生长肥育猪的平均日增重分别为 785.16 克、632.50 克和 592.58 克,新型大棚猪舍比单列式和双列式猪舍分别提高 24.14%和 32.50%;每千克增重分别消耗饲料 3.16 千克、3.50 千克和 3.63 千克,新型塑料棚猪舍与单列式和双列式塑料棚猪舍比较,生长肥育猪每千克增重饲料消耗分别降低 10.76%和 14.87%。

在夏季,新型塑料大棚舍、单列式和双列式舍饲养的生长肥育猪的平均日增重分别为 747.66 克、645.62 克和 721.8 克,大棚舍比单列舍和双列舍分别提高 15.80%和 3.67%;每千克增重分别消耗饲料 3.12 千克、3.43 千克和 3.24 千克,大棚舍比单列舍和双列舍的饲料消耗分别降低 9.94%和 3.85%。

据测定,在冬季,新型大棚猪舍内的平均气温为 12.32℃,比单列舍和双列舍分别高 4.87℃和 9.03℃；相对湿度为 72.43%，在适宜范围内，但比单列舍高 2.26 个百分点，比双列舍高 3.29 个百分点。在夏季，新型大棚舍内的平均气温为 24.52℃，比单列舍低 3.18℃，比双列舍低 1.63℃；空气相对湿度为 80.22%，比单列舍低 0.87%，比双列舍高 1.59%，但也在适宜范围内。

## 第三节　养猪生产环境

### 一、猪对环境的基本要求

猪的环境指养猪场中一切影响猪只生态反应及生长发育的所有外界因素的总和。主要包括热环境(温度、湿度、气流和太阳辐射)、舍内空气质量(有害气体、灰尘和空气微生物的含量)、光照、噪声、土壤、供水和饲料条件，以及饲养密度和人对猪的管理等。从狭义上讲，猪场环境主要指热环境、舍内空气质量、光照和噪声。

**(一)温度和湿度**　温度是最重要的环境因素。在低温条件下，猪为了维持恒定的体温，必须通过加强分解代谢，即通过“燃烧”饲料获得能量来维持体温，这意味着饲料能量一部分被用于维持体温，而不是用于生长，使猪的饲料利用率降低。在高温环境下，猪代谢所产生的热量散发到环境中已成负担，猪必须通过加强呼吸，加强外周血液循环增加散热，同时必须减少热的产生(表现为采食减少)，这样猪的生长会明显减慢，饲料利用率降低。

空气湿度过低对猪的影响：导致猪舍内灰尘增多，特别是在饲喂干粉料的情况下会使饲料末飞扬。在低湿、高温的条件下，由于水分的过量蒸发，易使猪皮肤和外露黏膜组织干裂，皮肤落屑，从而降低其对病原微生物的抵抗力。但只要空气湿度不是过低，则在高温时有利于猪的蒸发散热；低温时则可降低空气的导热性，减少猪体体热的散失，从而减轻高温或低温对猪的不利影响。

空气湿度过高对猪的影响：有利于各种病原微生物、寄生虫的繁殖，猪易患疥癣、湿疹等皮肤病，也易造成仔猪副伤寒、猪丹毒、仔猪下痢、猪瘟等传染性疾病的流行；使猪的抗病能力减弱，发病率增高，并且使病情加重；造成饲料霉烂和猪舍建筑受潮等。在猪的体热调节方面，在高温环境中，空气湿度过高使猪体表面散热更为困难，加剧了热应激；在低温环境中，空气湿度过高会使猪体的散热量增加，使冷应激加剧。此外，空气湿度过高会使得猪舍围护结构的保温性能下降，使猪舍的失热量增加，进一步使舍温降低，造成恶性循环。因此，无论高温还是低温，空气湿度过高对猪的体热调节都是不利的，从而使其生产力受到严重影响。

在适宜的环境温度中，空气湿度对猪的生长、增重等没有明显影响，空气湿度稍高些有助于灰尘降落，使得空气较为干净。有利于防止和控制呼吸道感染。总而言之，空气湿度过高或过低，对猪都是不利的。

**（二）有害气体**　猪舍中对猪的健康和生产有不良作用的气体统称为有害气体。猪舍中的有害气体除少量由舍外空气带来外，绝大部分由猪只呼吸、排泄物和生产过程中有机物的分解而产生。由于猪只饲养密度大，舍内有害气体的浓度往往是很大的，在通风换气不良的情况下，甚至可能达到使猪中毒或慢性中毒的程度。在猪舍中存在的有害气体主要有氨、硫化氢、一氧化碳和二氧化碳。

1. 氨（$NH_3$）　无色气体，有刺激性臭味，比空气轻，易溶于水，是猪舍中各种含氮有机物的分解产物。氨常溶解在猪的呼吸道黏膜和眼结膜上，使黏膜充血、水肿，引起结膜炎、支气管炎、肺炎和肺水肿等。氨含量在 38 毫克/米$^3$ 时，对猪的增重产生不良影响；70～150 毫克/米$^3$ 时可引起猪摇头、流涎、打喷嚏和丧失食欲，对呼吸道疾病敏感；300 毫克/米$^3$ 时猪长期停留会使黏膜因角蛋白、脂肪和胆固醇被分解而受到破坏。氨的密度虽然低于空气，但由于它产自地面，因此主要分布在猪所触及的空气范围，而且越接近地面，浓度越高，所以对猪的危害极大。

2. 硫化氢($H_2S$)　无色易挥发气体，具有恶臭气味，比空气重，易溶于水，主要由含硫有机物分解而来。硫化氢产自地面，且密度较大，因此愈接近地面浓度愈高。硫化氢主要刺激猪的黏膜，但接触到黏膜上的水分时就很快溶解，并与黏液中的钠离子结合生成硫化钠，对黏膜产生刺激作用，引起结膜炎、角膜混浊、畏光等症状，同时引起鼻炎、气管炎、咽喉灼伤，甚至肺水肿。硫化氢被猪吸入肺泡内后很快就进入血液，氧化成硫酸盐或硫代硫酸盐等，还能和细胞色素氧化酶中的三价铁结合，使酶失去活性，以至影响细胞的氧化过程，造成组织缺氧。高浓度的硫化氢可直接抑制猪的呼吸中枢，引起窒息死亡。当空气中硫化氢含量在30毫克/米$^3$时，猪变得畏光、丧失食欲和神经质；75～300毫克/米$^3$时，猪会突然呕吐，失去知觉，接着因呼吸中枢和血管运动中枢麻痹而死亡。猪在脱离硫化氢的毒害后，对肺炎和其他呼吸道疾病仍很敏感，经常引起气管炎和咳嗽等症状。

3. 一氧化碳(CO)　无色无味的气体，比空气略轻。猪舍中的一氧化碳主要由在猪舍中直接采用矿物燃料燃烧采暖时燃烧不充分而产生。一氧化碳对猪的危害是其极易与血液中输送氧的血红蛋白结合而使猪处于缺氧状态，引起呼吸、循环和神经系统发生病变，导致中毒。为了避免一氧化碳中毒，在猪舍中不宜直接使用矿物燃料采暖，而是利用散热器、热风炉(燃烧部分在舍外)和电加热器等设备为猪舍加热。

4. 二氧化碳($CO_2$)　无色无臭略带酸味的气体，比空气重。猪舍中二氧化碳的主要来源是猪呼吸排出的，此外猪排泄物的分解也产生部分二氧化碳。二氧化碳本身无毒，其主要危害是造成舍内缺氧，引起猪的慢性中毒。在一般情况下，猪舍中二氧化碳的浓度不会达到使猪中毒的程度。二氧化碳浓度的卫生意义在于，它表明舍内空气的污浊程度，同时表明舍内还存在着其他有害气体。因此，二氧化碳浓度可作为评价猪舍空气质量的一项间接指标。

上述有害气体浓度较低时，不会对猪引起明显的外观不良症状，但长期下去会使猪的体质变差，抵抗力降低，发病率和死亡率升高，同时采食量和增重降低。这种影响不易察觉，但可使生产受到重大损失，应予以高度重视。

**（三）灰尘**　灰尘是飘浮于空气中的固形物。大气中的灰尘来自飞扬的干燥土壤和烟囱排出的烟尘，多为无机物。猪舍中的灰尘除来自大气外，主要来源于猪体脱落的皮屑、飞扬的饲料和清扫时扬起的尘土，多为有机物。灰尘的含量通常以单位体积空气中所含灰尘的质量或单位体积空气中所含灰尘的粒数表示，前者的单位是毫克/米$^3$，后者是粒/米$^3$。

灰尘在猪舍中停留的时间与其直径有关。直径大于 10 微米的灰尘容易降落，称为落尘；直径小于 10 微米的灰尘下降时的重力几乎与空气的摩擦力相等，使其很难降落，可在空气中停留很长时间，称为飘尘；直径小于 0.1 微米的灰尘不受重力影响，如无降水冲落永不下沉。灰尘的降落还与风速和空气湿度有关，潮湿的空气和低风速有利于灰尘的降落。

灰尘对猪的危害表现在以下几个方面。

1. **呼吸系统**　直径大于 10 微米的灰尘一般停留在猪的鼻腔中，直径为 5～10 微米的灰尘可进入支气管，直径小于 5 微米的灰尘可到达细支气管直至肺泡。停留在呼吸道及细支气管中的灰尘过多时，对鼻腔黏膜、气管和支气管产生刺激作用，导致猪患呼吸道炎症。进入肺部的灰尘过多可引起尘肺病或肺炎，肥育猪的肺炎有 87%发生在灰尘最多的猪舍。

2. **眼睛**　灰尘侵入猪的眼睛后可引起灰尘性结膜炎。

3. **皮肤**　降落在猪皮肤上的灰尘与皮脂腺分泌物、皮屑和微生物等混合，引起皮肤发炎，甚至可能发生炎症。灰尘还可堵塞皮脂腺，不利于猪的体热调节，同时使皮肤变得干燥，易破损，使其抵抗力下降。

4. 微生物的繁殖　由于猪舍灰尘含有大量的有机物，这就为空气中微生物的生长繁殖提供了良好的条件，使猪的患病率增加。

**(四)空气中的微生物**　在舍外大气中，由于阳光中的紫外线、干燥和缺乏营养，使微生物大多在较短时间内死亡。但在猪舍中，紫外线被阻挡、空气较为潮湿、飘浮着大量富含有机物的灰尘和猪只喷出的飞沫，这就为空气中微生物的生长繁殖提供了良好的条件。空气中的病原微生物易造成疫病的传播流行。空气中的病原微生物附着在灰尘上进行传播称为灰尘传播，附着在猪只喷出的飞沫上传播称为飞沫传播。

**(五)噪声**　噪声是不愉快声音的统称。猪舍噪声的来源主要有3种：一是外界传入的；二是舍内机械设备产生的；三是猪本身和工作人员操作引起的。

猪舍内噪声经常在65分贝(dB)以上时，会使仔猪血液中的白细胞和胆固醇上升。猪群对重复的噪声会很快适应，其食欲、增重、采食量和饲料转化率不会受到明显的影响。突然的噪声会使猪受到惊吓而狂奔，发生撞伤、跌伤或损坏设备。突然的强噪声还会使猪的死亡率增加，母猪受胎率下降，妊娠母猪流产、早产现象增多。此外，强烈的噪声会影响养猪场工作人员的身心健康，并使其工作效率降低。

**(六)气流**　空气流动简称气流。空气经常处于水平或垂直流动状态，空气的水平流动又称之为风。气流主要影响猪体的对流散热和蒸发散热。

在低温环境中，气流促进猪体的散热，使其抗寒能力减弱，加剧冷应激。猪的采食量增加，体内代谢加速，增加产热量以维持体热平衡；但生长和增重速率降低，饲料转化率下降，对猪的生产不利。在寒冷季节里，要特别防止猪舍中出现“贼风”（一种高速低温的气流），贼风易引起猪的感冒、肠炎、腹泻、关节炎和仔猪下痢等疾病的发生。

在高温环境中，增大气流速度有助于猪体热量的散发，使其感到凉快舒适，对猪的生产有利。但当环境温度等于或大于猪体表温度时，猪体的对流散热消失甚至逆转（即猪通过对流从环境中获得热量），此时单独加大气流速度对猪是不利的，而应采用喷淋或滴水的方式往猪身上布水，然后加大气流速度，通过猪皮肤上的水分蒸发达到帮助猪体散热的目的。

无论什么条件下，猪舍中都应保持一定的气流速度，这不仅使舍内的温度、湿度和空气成分均匀一致，而且有利于通风换气。

各类猪群所要求的主要环境参数见表 7-1。

**（七）光照**　借助于太阳光线或人工光源使猪舍内获得一定光照强度和光照时间的措施。前者叫自然采光，后者称为人工照明。

自然采光不需要专门的设备，也不消耗能源，是比较经济的光源，但受季节（夏季光照时间长，冬季时间短）、猪舍朝向、窗户面积、入射角、透光角、猪舍跨度等诸多因素的影响，往往不能满足猪舍所要求的采光。而人工光照完全可以按照猪对光照的要求进行，克服了自然采光的缺陷，但需要专门的设备，投资及能源消耗也较高。在养猪生产中通常以自然采光为主，以人工照明为辅来弥补自然采光的不足，但在无窗猪舍中只能实行人工照明。

太阳光按其波长可分为红外线（波长＞760 纳米）、可见光（波长 760～400 纳米）和紫外线（波长＜400 纳米）。除紫外线灯外，人工光源发出的光线均为红外线和可见光。红外线和可见光可对机体产生光热效应，光热效应对猪的体热调节有较大的影响。在低温环境下，光照可以减缓猪的冷应激；但在高温环境下，过量的太阳光照会使猪的体热调节发生障碍，加剧热应激。太阳光中的紫外线具有灭菌、预防佝偻病的作用。由此可见，适量的太阳光照，

**表 7-1　各类猪群所要求的主要环境参数**

| 猪群类别 | 环境温度（℃） | | | 空气相对湿度（%） | | | 气流速度（米/秒） | | 有害气体 | | | | 灰尘（毫克/米³） | 细菌总数（毫克/米³） | 噪声（分贝） |
|---|---|---|---|---|---|---|---|---|---|---|---|---|---|---|---|
| | 适宜 | 最高 | 最低 | 适宜 | 最高 | 最低 | 夏季 | 冬季 | 氨（毫克/米³） | 硫化氢（毫克/米³） | 一氧化碳（毫克/米³） | 二氧化碳（毫克/米³） | | | |
| 公猪 | 13～19 | 25 | 10 | 60～80 | 85 | 40 | 1.0 | 0.20 | 26 | 10 | 15 | 0.2 | 1.5 | 6 | 80 |
| 后备公猪及母猪 | 14～20 | 27 | 10 | 60～80 | 85 | 40 | 1.0 | 0.20 | 26 | 10 | 15 | 0.2 | 1.5 | 5 | 80 |
| 空怀及妊娠前期母猪 | 13～19 | 27 | 10 | 60～80 | 85 | 40 | 1.0 | 0.25 | 26 | 10 | 15 | 0.2 | 1.5 | 10 | 80 |
| 妊娠后期母猪 | 16～20 | 27 | 10 | 60～70 | 80 | 40 | 1.0 | 0.20 | 26 | 10 | 5 | 0.2 | 1.5 | 10 | 80 |
| 分娩哺乳母猪 | 18～22 | 27 | 13 | 60～70 | 80 | 40 | 0.4 | 0.15 | 15 | 10 | 5 | 0.2 | 1.5 | 5 | 80 |
| 哺乳仔猪 | 30～32 | 34 | 28 | 60～70 | 80 | 40 | 0.4 | 0.15 | 15 | 10 | 5 | 0.2 | 1.5 | 5 | 80 |
| 保育猪 | 18～22 | 30 | 16 | 60～70 | 80 | 40 | 0.8 | 0.20 | 26 | 10 | 5 | 0.2 | 1.5 | 5 | 80 |
| 生长猪 | 18～20 | 27 | 13 | 60～70 | 80 | 40 | 1.0 | 0.25 | 26 | 10 | 15 | 0.2 | 1.5 | 5 | 80 |
| 肥育猪 | 16～18 | 27 | 10 | 60～80 | 85 | 40 | 1.0 | 0.25 | 26 | 10 | 20 | 0.2 | 1.5 | 5 | 80 |

对猪舍的灭菌消毒、提高猪的抗病能力及预防佝偻病等都具有很好的作用。光照时间和强度对猪的繁殖性能有一定的影响。较长时间适当强度的光照可增强母猪的性欲，使其发情期长，发情也比较规则。光照时间对肥育猪的影响不太明显，一般认为适当缩短光照时间可使生长肥育猪多吃多睡少活动，从而可提高其日增重。

**（八）猪舍的垫草**　在养猪生产中，特别是农村中小规模养殖者，有丰富的资源，使用垫草对改善猪舍环境条件具有多方面的意义，是猪舍内空气环境控制的重要辅助性措施。

垫草的作用主要体现在保温、吸湿、吸收有害气体、保持猪体清洁等方面。

垫草的导热性一般都比较低，冬季在导热性高的地面上铺以垫草，可以显著减少猪体的传导散热，达到保温的目的（表 7-2）。

**表 7-2　地面类型对仔猪有效温度的影响**

| 地面类型 | 对有效温度的调整 |
| --- | --- |
| 湿的水泥地面 | −10℃ |
| 干的水泥地面 | −5℃ |
| 垫草水泥地面 | +4℃ |
| 漏缝地面 | −2℃ |
| 木板和塑料地面 | +5℃ |

垫草的吸水力一般为 200%，高者可达 400%，对保持地面干燥有非常好的作用；垫草还可以直接吸收空气中的有害气体，使有害气体的浓度下降。

作为垫草，应具备导热性低、吸水力强、柔软、无毒、对皮肤无刺激性等。常用的垫草有秸秆类、树叶、锯末、干土等。广泛存在于农村的稻草、麦秸、玉米秸都可以作为垫草。

## 二、环境对猪的影响

**(一)温度对猪的影响**　猪的生长与生产潜力,只有在适宜的外界温度条件下,才能得到充分发挥。温度过高或过低,不但会影响猪的生长发育和生产,而且使猪的免疫力和抵抗力降低,使健康受到威胁,甚至造成死亡,加大养猪成本,降低经济效益。

1. 气温影响猪的采食量和饲料转化效率　气温高时,猪维持自己生命的需要量减少,采食量降低。据法国科学家报道,生长肥育猪在气温从20℃升高至32℃时,温度每升高1℃,日采食量下降39克。高温造成猪胃肠道蠕动减弱,消化液分泌减少,消化酶活性下降,引起饲料消化率下降。故在高温季节,需要为猪降低环境温度。在气温低时,由于猪维持生命需要量增加,猪只需要消耗更多的饲料,造成胃肠道蠕动加快,饲料消化不全,导致消化率降低(表7-3)。

**表7-3　气温对不同体重猪增重和饲料转化效率的影响**

| 气温(℃) | 体重45千克 | | 体重90千克 | |
|---|---|---|---|---|
| | 日增重(克) | 每千克增重耗料(千克) | 日增重(克) | 每千克增重耗料(千克) |
| 5 | 420 | 5.20 | 540 | 6.00 |
| 10 | 610 | 4.10 | 712 | 5.00 |
| 16 | 716 | 3.20 | 866 | 3.00 |
| 21 | 907 | 2.56 | 966 | 4.00 |
| 27 | 893 | 3.11 | 757 | 5.00 |
| 32 | 635 | 4.70 | 400 | 6.50 |

2. 气温影响猪的繁殖　气温过高对公猪精液品质(表7-4)、母猪的受胎率和胚胎早期死亡都有很大影响。

表 7-4　气温对公猪射精量和母猪分娩率的影响

| 气温(℃) | 射精量(毫升) | 精子数量($10^9$) | 母猪分娩率(%) |
|---|---|---|---|
| 15 | 290 | 67.7 | 57.0 |
| 35 | 265 | 59.9 | 49.4 |

从表 7-4 中看出，高气温对公猪的射精和精子数量都有影响。

3. 高温对生长肥育猪的影响　见表 7-5。

表 7-5　高温对生长肥育猪日均采食量的影响

| 体重阶段(千克) | 不同温度下的日均采食量(克/天) | | | | | 23℃和35℃之差 | 占 23℃时% |
|---|---|---|---|---|---|---|---|
| | 23℃ | 26℃ | 29℃ | 32℃ | 35℃ | | |
| 20～40 | 1172 | 1193 | 1069 | 1052 | 918 | 254 | 21.67 |
| 40～60 | 2110 | 1859 | 1684 | 1585 | 1059 | 1051 | 49.81 |
| 60～80 | 2335 | 2030 | 1795 | 1727 | 1434 | 901 | 38.59 |
| 80～100 | 2477 | 2075 | 1980 | 1610 | 1264 | 1213 | 48.97 |
| 20～100 | 1929 | 1756 | 1611 | 1478 | 1153 | 776 | 40.23 |

从表 7-5 中看出，生长肥育猪体重在 20～40 千克阶段时，在 35℃下比 23℃日均采食量减少 21.67%；在体重 40～100 千克阶段时，日均采食量减少了 38%～50%。

4. 仔猪和各种猪舍适宜温度　见表 7-6 和表 7-7。

表 7-6　仔猪不同日龄时的适宜温度

| 日龄(天) | 1 | 2～3 | 4～7 | 8～20 | 21～40 |
|---|---|---|---|---|---|
| 温度(℃) | 35 | 33～30 | 30～28 | 28～26 | 26～24 |

表 7-7　各种猪舍的适宜温度

| 种猪舍 | 产　房 | 产房中仔猪保温箱 | 仔猪培育间 | 肥育舍 |
|---|---|---|---|---|
| 10℃～15℃ | 15℃～22℃ | 32℃～35℃ | 22℃～28℃ | 15℃～20℃ |

5. 气温对初产母猪受胎率的影响　见表 7-8。

表 7-8　气温对初产母猪受胎率的影响

| 项　目 | 温度(℃) | | |
|---|---|---|---|
| | 26.7 | 30.0 | 33.3 |
| 母猪头数 | 74 | 80 | 80 |
| 配种头数 | 74 | 78 | 73 |
| 妊娠头数 | 67 | 67 | 62 |
| 受胎率(%) | 90.5 | 85.9 | 84.6 |

从表 7-8 中看出，高气温对初产母猪的受胎率有直接影响。

**(二)湿度对猪的影响**　湿度在同温度下对猪生产力和健康产生不同的影响。在高温情况下，猪以蒸发散热为主，高湿度可阻碍蒸发散热，使猪发生热应激；在常温下，高湿度还有利于病原微生物和寄生虫孳生，使猪易发生皮肤病；高湿度常使饲料等发霉和酸败，对猪健康和生产不利。无论在任何温度下，高湿(相对湿度超过 80%)都将影响猪的生产力和健康。

猪舍的适宜湿度，一般认为气温在 14℃～23℃之间时，相对湿度 50%～80%对猪的肥育效果较好(表 7-9)。

**表 7-9　各类猪舍适宜的湿度**

| 猪舍种类 | 适宜的相对湿度(%) |
| --- | --- |
| 公猪舍 | 60～70 |
| 母猪舍 | 60～70 |
| 幼猪舍 | 60～70 |
| 肥猪舍 | 65～75 |

**(三)猪的饲养密度**

1. 猪的饲养密度与猪行为　猪的饲养密度是指猪舍内猪只的密集程度,一般用每头猪占用的面积表示。每头猪占用面积的大小,对猪起卧、采食、睡眠等各种行为有直接影响。猪的饲养密度增大,猪采食时间拖长,睡眠时间缩短,互相争斗频繁。猪舍内有害气体增加,造成猪的各种应激增加,使猪的免疫力下降,疾病发生的概率增加。

2. 饲养密度对猪生长的影响　猪的饲养密度过大,对猪的增重、采食量和饲料转化效率都有影响(表 7-10)。

**表 7-10　饲养密度对猪的增重、采食量和饲养转化效率的影响**

| | 组　别 | 试验一组 | 二　组 | 对照组 |
| --- | --- | --- | --- | --- |
| 每头猪所占面积(平方米) | 断乳至 50 千克 | 0.27 | 0.54 | 0.36 |
| | 50～68 千克 | 0.36 | 0.72 | 0.54 |
| | 68～100 千克 | 0.45 | 0.90 | 0.72 |
| 平均日增重(千克) | 阉　猪 | 0.61 | 0.72 | 0.70 |
| | 母　猪 | 0.55 | 0.61 | 0.61 |
| 平均采食量(千克) | 阉　猪 | 2.08 | 2.41 | 2.36 |
| | 母　猪 | 1.90 | 1.98 | 1.92 |
| 饲料增重比 | 阉　猪 | 1∶3.40 | 1∶3.13 | 1∶3.39 |
| | 母　猪 | 1∶3.41 | 1∶3.25 | 1∶3.15 |

3. 猪只适宜的饲养密度 猪只的饲养密度取决于猪的类型、品种、年龄和体重、猪舍形式、季节气候和饲养方式等。一般规律是粗放饲养条件下,密度可以低一些,集约饲养条件下,密度高一些(表 7-11)。

表 7-11 猪的饲养密度

| 猪的种类 | 体重(千克) | 地面结构及每头猪所占面积(平方米) | | 每栏头数 |
|---|---|---|---|---|
| | | 水泥地面 | 局部或全部漏缝地板 | |
| 小 猪 | 4～11 | 0.37 | 0.26 | 20～30 |
| | 11～18 | 0.56 | 0.28 | 20～30 |
| 肥育猪 | 18～45 | 0.47 | 0.37 | 20～30 |
| | 45～68 | 0.93 | 0.56 | 10～15 |
| | 68～95 | 1.11 | 0.74 | 10～15 |
| 后备母猪 | 113～136 | 1.39 | 1.11 | 6～10 |
| 青年妊娠母猪 | — | 1.58 | 1.30 | 5～8 |
| 成年母猪 | 136～227 | 1.67 | 1.39 | 4～6 |
| 带仔母猪 | — | 3.25 | 3.25 | — |

## 三、猪舍内的环境控制

(一)农村个体养猪户猪舍 多采用敞开式猪舍养猪,此类猪舍的环境控制,主要是在炎热的夏季防热、防潮湿,在寒冷的冬季防寒。

在炎热多雨的季节,猪舍环境控制主要是降温和除湿。农村建造的猪舍应使用隔热性能好的材料,猪圈要坐北向南,设自然通风窗,有条件的可在猪圈内设一小型浴池,供猪洗浴用。另外,还可在猪圈周围种植大叶树木,或种植爬秧水果和瓜类,为猪遮阴取凉。

在寒冷的冬季，猪舍的环境控制主要是保暖防风。农村建造猪舍时，一定要考虑阳光照射时间。要为猪准备好垫草，垫草要切碎，一般厚度为10～20厘米。在使用垫草为猪取暖时，一定要训练猪只不尿窝。如果猪只尿窝，要经常更换垫草并用生石灰等除湿消毒。在特别寒冷的地区，应为猪圈加盖保暖的塑料薄膜。

**（二）农村专业养猪户或规模养猪场** 在北方寒冷地区，一般多采用封闭式或半封闭式猪舍养猪。在炎热多雨的南方地区，一般多采用大窗或无窗前后开放式的猪舍养猪。对于封闭或半封闭猪舍的环境控制，在建造猪舍时既要考虑建筑材料的隔热性能和猪舍的通风性能，又要使用既经济又具隔热性能好的材料，还可加强猪舍顶部的隔热层建设，利用空气隔热。猪舍的北立面可设地窗，在夏季利用地窗实行自然通风降温。在特别炎热的气温下也可用接触冷却、蒸发冷却和喷雾冷却等方法为猪降温。也就是让猪在水池中洗澡，往猪身上洒水或用喷雾方法直接为猪降温，但这些降温措施最好在猪舍的外运动场进行。在寒冷季节，有条件的猪场应在封闭或半封闭猪舍中设置通风、供暖设备，提高猪舍的温度。条件较差的猪场可用塑料薄膜建成大棚式的猪舍，改善环境条件，保证猪只正常生长和生产。

在猪舍周围种植树木和花草，做好绿化工作。绿化除具有净化空气、防风、美化环境等作用，还具有改善小气候状况、缓和太阳辐射、降低环境温度的作用。由于树木的树叶面积是树木所占面积的大约75倍，草地上的草叶面积是草地面积的25～35倍。在水蒸发时，就会大量吸收太阳辐射热，从而显著降低空气中的温度。同时，种植的树木和植物可以直接遮挡太阳照射，茂盛的树木能遮挡住50％～90％的太阳光。因此，可有效地防止猪舍和地面温度升高。

在太阳光强照射的炎热夏季，可在猪舍上方加设遮阳网，防止太阳光的直接照射。据实践使用证明，遮阳网可有效地降低猪舍的温度,可使猪舍的有效温度降低30%～50%。

## 第四节　生态养猪

### 一、发展生态养猪,走循环经济之路

规模化集约化养猪,使我国的养猪生产水平有了很大的提高,但同时也带来很多问题。如大型猪场,猪排出粪尿及污物的污染问题,是急需解决的问题之一。由于养猪商品化意识的增强,农村养猪户的养猪思路,也正朝着大型养猪场的方向发展。对于较大的养猪专业户,出售商品猪越多,造成的环境污染也越大。猪粪尿和污物不能综合利用,不仅污染环境,也是资源的极大浪费。所以,应该提倡综合利用,生态养猪,发展循环经济。

**(一)生态养猪的概念及发展**　生态养猪的概念,是在我国大型规模化猪场养猪发展过程中出现了环境污染问题后新提出的概念问题。其实,我国几千年的养猪历史,一直是生态养猪的发展史。几千年来,在养猪生产过程中,充分利用我国特有的农业资源发展养猪,不但解决了人民的肉食,还解决了农业的肥料问题;并一直保持良好的农业生态环境,使我国农业环境几千年来一直没有遭到破坏。过去农村流传的"养猪不赚钱,回头看看田"的谚语和"种地不上粪,等于瞎胡混"的农谚,说明施用猪粪等有机肥,对于改善土壤结构、保持地力和提高农作物产量起着重要作用。也就是说,走农牧结合的道路就是生态养猪之路。但随着社会的发展,简单地把走农牧结合的道路当做生态养猪还是不够的,还必须对养猪生产的污物资源再利用和再开发,以对环境保护做出新的贡献。因此,生态养猪的概念可理解为:粮(草)—猪—土壤(粪肥)—粮(草)—猪;或者是粮(草)—猪—新能源—环境。

目前,由于大型规模化养猪的粪污对环境的污染,已引起养猪

界和社会的广泛关注。一些有条件的养猪企业已开始对粪污进行治理，投入相当大的资金建立污水处理装置，进行沼气发电，沼液施肥，沼渣制作清洁的有机肥料。这种变污染源为能源的过程就是生态养猪。

农村一家一户的养猪户或小规模的养猪专业户，在发展养猪商品经济的同时，走生态养猪之路。把猪和粮紧密结合，发挥一头猪就是一个小化肥厂的作用。养猪为积肥，种粮多使用有机肥，少用化肥，生产无公害粮食、蔬菜、水果等，用无公害的粮食喂猪，生产无公害安全优质的猪肉。

**（二）农村生态养猪的做法** 农村生态养猪的道路一般可按养猪—堆肥—改良土壤—增产粮食、养猪—生产沼气—增加能源—沼液和沼渣—生产水果（生产蔬菜）两种途径进行。主要形式有：猪—沼—蔬、猪—沼—果、猪—沼—能源（烧水、做饭、照明）。

在农村一些地区，由于气候、土壤等环境条件适于种植果树生产水果。为了生产优质水果，利用猪的粪尿等发酵生产沼气，把沼液和沼渣给果树施肥，取得良好效果。具体做法是把猪场建在果园内或果园附近，在猪圈（舍）下面修建沼气池，冬天寒冷时可在猪圈（舍）上加盖塑料薄膜保温。猪粪尿变成甲烷气，用甲烷气烧水、做饭或照明，解决了部分能源问题；用发酵的沼液、沼渣给果树施肥，不但为果树增加肥力，改良土壤，改善生长环境，而且不会使果树感染病虫害。

在一些适合种植蔬菜的地区，沼液或沼渣用作肥料，生产优质安全蔬菜。

在一些退耕还林还草进行生态保护的地区，可利用养猪的粪尿进行沼气发酵，解决烧水、做饭和照明的能源。据调查，1个3口之家的农户，1年出栏2～3头肥猪，猪的饲料以精料为主，适当搭配一些青绿多汁饲料和农副产品，在猪圈（舍）和厕所下面建沼气池，沼气池所产甲烷气，可满足3口之家的烧水、做饭和部分照明能源的需要。

**(三)用生态养猪法生产优质安全猪肉,增加市场竞争力**　农村养猪户应发挥自己的优势,按当地市场的需求,选择适合的猪品种,实行生态养猪,净化环境,生产优质安全有竞争力的猪肉。为此,应做好以下几方面的工作。

第一,养猪户修建的猪圈(舍)应符合既简单低成本、清洁卫生,又冬暖夏凉的原则。猪粪尿进行无害化处理和综合利用,给猪创造生长发育和繁殖的良好环境。

第二,猪的饲料原料、添加剂及饮水,不受农药和有害物质的污染,应符合国家规定的标准。不要用鱼塘水喂猪或冲洗猪舍(栏),以免猪饮用而感染疾病。如果饲养的肉猪是土洋二元或三元杂交猪,一般含地方猪种25%或12.5%的血缘,可考虑饲喂一些优质青绿饲料,改善猪的肉质。

第三,饲养猪的品种一定要符合市场需求。有出口任务的农村养猪基地,可饲养土洋三元杂种猪。只在国内销售的猪肉,应考虑当地居民对猪肉的需求,选择不同品种的杂种猪饲养。农村养猪户不要过于追求猪的瘦肉率和生长速度,在小城镇和农村,猪的瘦肉率在55%～60%就能满足居民的需求。而在经济不发达地区,饲养含50%左右瘦肉率的猪就行了。生长速度不必要求过快,一般饲养6～8个月时间,猪体重达80～100千克就可以了。土洋二元或三元杂交猪,适合农村加喂适量优质青饲料条件下饲养。

第四,坚持自繁自养,尽量不从外地引猪,减少疫病发生,少用疫苗和兽药。兽药使用必须符合有关部门规定的标准。在肉猪出售前1个月或更长时间必须停止用兽药或易残留的添加剂。

第五,饲养土洋二元杂种商品猪的养猪户,可根据肉猪或母猪生长情况,适当喂一些优质青饲料和多利用一些农副产品如酒糟、豆腐渣等喂猪,有利于猪肉品质的改善。优质青饲料包括:苜蓿草、红三叶、白三叶、籽粒苋、菊苣、黑麦草等。农村养猪户饲喂这些鲜嫩的青饲料可替代部分精饲料，在饲喂比例合适的情况下，不但不影响肥育猪的生长和母猪的妊娠，而且会降低饲养成本，生产优质猪肉和有利于母猪发情配种。

## 二、发酵床养猪技术

**(一)发酵床技术的由来** 到目前为止，发酵床养猪技术来源于两个渠道。一是日本洛东生物发酵床养猪技术。该技术是由畜禽排泄物的堆肥化处理技术演变而来，经过30多年的发展已形成了稳定的技术体系。该技术于2005年由福建省莆田市优利可农牧发展有限公司引进，并获得试养成功。现已推广到全国25个省(市)。经过3年多的推广，使洛东生物发酵床养猪技术进一步得到完善，并对该技术的概念、原理、发酵床的制作和管理等做了较系统的阐述。其二是韩国自然农业养猪技术。该项技术于1997年由吉林延边黎明农业大学引进。为推广此技术而成立北方自然农业研究所(现为延边自然农业研究所)。2006年，长春市科技局下达了“生态养猪关键技术研究”课题。组织有关单位对发酵床养猪技术的生物安全性、猪舍环境指标、发酵菌液有效成分的分离、发酵床对不同生理阶段猪生长性能的影响、发酵床对猪胴体和肉质的影响等进行了系统的研究。该技术现已推广到吉林省大部分地区的养猪户，并在推广中逐步完善了生态养猪技术的标准与规程，完善了菌床管理、垫料替代、饲料配制、疾病防治、环境控制、猪舍建造和饲养管理等标准及规程。

**(二)发酵床养猪技术原理** 发酵床养猪技术是利用微生态理论和生物发酵技术，通过有益微生物的活动，在猪舍的猪床中铺设锯末、谷壳等有机垫料并添加微生物菌剂降解猪粪，结合益生菌拌料饲喂，促进猪对营养物质的消化吸收，抑制有害微生物的生长繁殖，构建猪消化道及生长环境的良性微生态平衡。该技术可为猪创造舒适的生活环境，全面改善猪胃肠道及发酵床的微生态结构，保证猪的健康和促进猪的快速生长。由于猪床上的猪粪尿得到降解，使猪舍内几乎没有臭味和污水。

**（三）发酵床技术使用的微生物**　目前国内推广的发酵床使用的微生物菌料分2个支系。一种是来自韩国的从自然界采集的土著菌作为发酵菌料；另一种是针对发酵床分解猪粪尿的需求，特殊甄选功能性有益微生物复配生产的发酵剂产品。

**（四）发酵床养猪技术的主要优点**

第一，发酵床养猪技术有效地控制了中、小规模猪场粪尿严重污染环境问题。该技术利用有机垫料中含有相当活性的土壤微生物，迅速有效地降解猪的粪尿，不需要再将猪的粪尿清扫排出，也不需要用水冲洗猪舍，大大减少了猪粪尿的排放量，也就减少了猪场对周边环境的污染。

第二，在北方采用发酵床养猪技术，就是利用猪粪尿与有机垫料的混合物，在微生物的作用下迅速发酵分解产生热量，使猪床表面温度长期维持在20℃以上，床的中心区温度可达到40℃～50℃。从而有效地提高了猪舍内空气和地面温度，节约了大量的煤、电等取暖费用。

第三，发酵床养猪技术减少了猪舍内氨等有害气体的数量和浓度，减少了有害微生物在空气中的大量繁殖，从而净化了环境减少猪的应激，提高了猪的免疫力，保证猪的健康生长和发育。

第四，发酵床养猪技术增加了每只猪的占地面积和基本不使用抗生素等药物，从而改善了猪的生活环境，提高了猪的福利待遇，有利于安全猪肉的生产。

**（五）发酵床养猪技术需要进一步完善的问题**

1．垫料资源的制约问题　目前应用的发酵床养猪技术，使用了大量的锯末作为床的垫料。如果此项技术在全国普遍推广，则需相当数量的锯末，且锯末不应受到任何的污染。故锯末的来源受到制约，由此将影响该项技术的推广。因此，需要进行多方试验研究和开发新的垫料物质，避免受到垫料资源短缺的影响。

2. 疾病控制和生物安全问题　由于发酵床养猪的床面不能带猪进行多次消毒，饲料中也不能添加抗生素药物，故猪一旦发生疾病，治疗就成了一大难题。另外，由于使用了大量的外来菌种，是否对农业土壤的生物安全构成一定威胁，也应在推广中做进一步的研究。

3. 发酵床的管理较复杂　发酵床养猪的成败，关键在于对发酵床体的日常管理和维护。如果床体维护和管理不当，就会影响床体的发酵，严重者可造成床体死床，造成发酵床养猪技术的失败。

4. 温、湿度控制和垫料清理问题　在北方冬季特别寒冷的地方，猪舍封闭较严密，使用发酵床技术会造成猪舍内湿度过高，不但影响该技术的应用，而且影响猪的生长发育和健康；在炎热的南方夏季，由于气温过高，也影响该技术的推广应用。因此，为了避免上述情况的发生，应在建造猪舍时考虑降温和除湿设施与设备。

**（六）应用发酵床养猪技术的猪舍建造**

第一，猪舍应建造在地势较高、干燥、向阳、土质透水性强，水质较好的地方。

第二，猪舍应具有良好的通风透光条件，要根据当地风向和阳光射入角度建造。

第三，根据当地地下水位的情况，确定采用地上式还是地下式。

第四，舍内饲槽和饮水器应设在不影响猪运动和发酵床发酵的地方。

第五，北方寒冷地区的猪舍应考虑冬季猪舍的通风，防止猪舍内湿度过大；南方应考虑夏季炎热的高温高湿。

第六，如果采用地下式发酵床，应尽可能考虑清料的简易性。

第七，猪舍的高度为2.4～2.7米（从床面至屋檐）。

### （七）发酵床的建造

1. 发酵床的几种形式

（1）地上式　将垫料堆放在与地面持平或稍高于地面一种发酵方式。此方式适用于地下水位较高的地区。地上式的优点是发酵床高出地面，不受地下水位高的影响，同时地面的水也不易流入到垫料上。垫料的清除比较方便。

（2）地下式　将垫料堆放在地面以下的沟槽中的方式。此方式适用于地下水位较低的地区。其优点是猪床的整体高度较低，降低建造成本，猪群周转和饲料运送方便。但垫料清除困难。

（3）半地下式　将垫料一半堆放在地面上，另一半放入地面下的沟槽中的方法。

2. 发酵床槽池的深度　槽池的深度应根据饲养猪只的种类而定。小猪（保育猪）的槽池深度一般为60～80厘米，中大猪（包括公猪、母猪、育成猪和肥育猪）一般为80～100厘米。

3. 发酵床的垫料

（1）垫料原料的选择　垫料应选择疏松性好、保水性好、营养性好、耐用、不霉变和不易被微生物酶解的原料。

（2）主要原料　未被污染和处理的锯末、树枝、树皮、谷壳、玉米秸、玉米芯等。

4. 垫料的配制与发酵床的制作

（1）垫料的配制　垫料原料的配比之一是锯末加黄土：锯末90%，黄土10%，另加0.3%的盐，每平方米垫料加菌种2千克，垫料的水分控制在65%。垫料原料的配比之二是锯末加玉米秸秆加稻壳加花生壳或玉米芯等15吨，黄土1500千克，天然盐48千克，菌种200千克，水4立方米，另外加营养液天惠绿汁、乳酸菌、鲜鱼氨基酸原液各8千克（稀释500倍）。

（2）发酵床制作　垫料铺垫方法分为2层和3层两种。如果铺垫3层,一般30厘米为1层,先铺有机物质垫料,再铺黄土,并均匀撒上天然盐和土著菌,喷洒稀释500倍的营养剂,水分控制在65%左右。如果铺垫2层,可把床分为下面的60厘米和上面的30厘米两部分,铺垫的方法同3层铺垫法。

(八)发酵床营养液的制作

1. 土著微生物的采集　在树林落叶地采集菌种,在水稻田采集菌种。具体采集方法:在木盒中装熟米饭2千克,用宣纸盖好,放在长有白色微生物的树叶或稻茬上,当米饭变成黄色、白色、彩色(黑色不能用)后,取回加入1∶1的红糖放入坛子里,制成液态原液。坛子加盖宣纸系好,放在地窖中或再加等量红糖保存,温度不超过20℃。

2. 原种制作方法　米糠1 000千克、水650升、菌种原液1.3千克,混合后堆放发酵。发酵堆高度不超过40厘米,加盖避光,3天后打开,发酵堆表层有白色菌块后进行翻堆,堆放高度不超过20厘米,4天后温度下降,打开堆摊开蒸发水分,干燥后即成原料。

3. 天惠绿汁制作方法　采集带有露水的菜或草,不用水冲洗,把菜或草切碎,放入坛子中加红糖,菜与红糖的比例为2∶1,待坛中物下沉后,用宣纸盖上,7天后过滤留液体即成。

4. 汉方营养液　用中药当归、甘草、橘皮、生姜、大蒜,按2∶1∶1∶1比例。配好后分别装入5个瓶中,用啤酒把各种药浸泡,12小时后加1/3红糖,5天后加烧酒,7天后制作成功封口保存。

5. 乳酸菌制作　将第一次淘米水0.5升倒入瓶中,用宣纸封口盖好,7天后再加入5升的鲜牛奶或豆浆,装入透明塑料桶中发酵10～15天,制作完成后桶中分3层,上层和底层为白色,中间层为棕色,称乳酸菌血清。

6. 果实酵素　水果(苹果切成2瓣或3～4瓣)与红糖按1∶1的比例,装在瓶子中加水发酵7天后,过滤去掉渣子,发酵液贮存,用时对水 500 倍。

7. 鲜鱼氨基酸　用背部发青的鱼或鱼的内脏及鳞片与红糖 1∶1 的比例发酵 10 天。用时对水 500 倍。

8. 天然钙　用 6～7 个鸡蛋皮烧黑，加 1 升米醋发酵 2 天，瓶口用宣纸封好。使用时对水 1 000 倍。

9. 米醋　使用时对水 500 倍。

10. 水溶性磷酸钙　用动物的骨头烧黑加米醋，比例为 1∶20，发酵 15～20 天。使用时对水 1 000 倍。

**（九）发酵床的地面管理**

第一，猪舍装猪以后，经过一段时间饲养，如果地面出现坚硬板结，应及时进行翻床，并补加原种菌稀释液和汉方营养剂。

第二，如遇猪粪堆积，可把猪粪埋在床面较干的地方。

第三，猪舍内良好的通风和光照，是保证微生物繁殖的必不可少的条件。

第四，禁止使用各种化学药品，保证微生物的正常繁殖。

第五，发酵床坑中应保持 65％的水分，冬季要少喷水，夏季如地面干燥可适量浇水。

第六，饲养猪的密度。冬季每头猪占地面积为 1.2 平方米左右，夏季为 1.6 平方米左右，不应过小。

# 第八章　猪群的健康管理与防疫

## 第一节　猪群的健康管理

猪的生产效率是由猪的遗传因素、营养水平、饲养设施环境和健康与疾病状况决定的。前3个环节发生了问题，很快可以得到改善，如果发生了疾病，猪场只能不断地遭受疾病带来的损失。在我国，猪的遗传潜力只发挥出了60%～80%。许多因素限制了猪遗传潜力的充分发挥，但第一限制性因素是疫病和猪群的健康水平。因此，要提高猪群的生产水平，最有效、最直接的手段就是最大限度地控制疫病，提高猪群健康水平。

猪群的健康水平最终是由猪只与病原微生物互相斗争的结果。猪舍病原剂量(浓度)和毒力的增加，猪群抗病力下降，均会导致猪群健康水平的降低甚至发病。人们无法彻底消灭病原微生物，但可以通过消毒、卫生措施和管理措施大大降低病原的浓度，使其达不到致病水平。自然界中有无数的微生物，其中绝大多数是非病原微生物，但猪在受到不良应激后，正常的微生物会变成致病菌。因此，猪群的健康管理可以通过两方面来实现：一是降低病原微生物的浓度，避免引入新的病原微生物；二是提高猪群抗病能力。

降低病原微生物浓度的主要措施有：猪场的合理选址和布局，实施"全进全出"饲养工艺，消毒，设立病猪隔离舍，慎重引种和建立严格的防疫制度。提高猪群抗病能力的主要措施有：提供舒适的生存环境；实施有效的免疫计划；控制寄生虫；认真观察，及时发现，及时隔离与治疗；提供合适的营养。这里主要介绍"全进全出"

饲养工艺和消毒。

## 一、全进全出饲养的管理

全进全出制，即同一猪舍单元只饲养同一批次的猪，同批进、出的管理制度。规模猪场全进全出工艺流程是以7天为一期，每个流程结束后猪舍进行全封闭消毒维修。全进全出是现代养猪的关键性技术管理措施，与连续生产饲养方式相比，全进全出饲养方式可以提高生产效益，减少损失。其优点：减少疾病的传播，控制疾病；有效地提高设备、设施的利用率，利于管理；便于记录；可有效地提高猪的生产性能。

**（一）减少疾病的传播，控制疾病**　全进全出是猪场控制疾病的核心。要切断猪场疾病的传染链，必须实行全进全出。因为猪舍内在有猪的情况下，始终难以彻底清洁、冲洗和消毒。另外，消毒剂的穿透能力较低，不能完全杀灭粪便中的病原体，所以在消毒前最好使用高压水枪将粪便和其他排泄物彻底冲洗干净。猪舍内有猪则不能彻底冲洗，因此消毒效果不能保证。

同一批猪具有相近日龄、相同的免疫性和疾病史。全进全出使一栋猪舍内上一批猪与下一批猪间没有接触，也使得上一批猪所有的相关微生物随着猪的移出，在猪舍经过消毒后而减到最少，下一批猪不容易感染上一批猪的疾病。全进全出饲养工艺还可以减少或消除环境的传染，因为不同群体之间设施会经过彻底的消毒和清洁。

研究表明：全进全出方式下饲养的猪比连续生产方式下提前7.6天上市。连续生产饲养方式下的阉公猪中76%的猪肺部受到严重损害，肺表面平均12.43%受肺炎感染；而全进全出饲养方式下只有26%的猪肺部受到损害，肺表面平均5.68%受肺炎感染。全进全出饲养方式与连续生产饲养方式相比，猪只可提高增重，改善整体健康水平和生长性状，无论在健康性状还是生长性状上，均优于连续生产饲养方式下的猪。

**（二）利于管理**　全进全出体系利于管理。因为同一批猪日龄相似，具有相似的营养和环境要求。封闭设施可以很好地满足猪对环境温度、通风的需求。全进全出也利于记录。当猪集中起来后，饲料的消耗、猪的生长性状和疾病的发生等记录都更加容易。健全的管理以良好的记录为基础。全进全出还利于上市时间的记录。连续生产方式下，上市时间总是不能准确记录。而全进全出体系下，这些猪可以被准确地监测直至达到肥育阶段。

**（三）提高生产性能**　在所有生产阶段，全进全出均可以很大地提高生产性能。全进全出方式，可以利用耳号或耳标标出它们的出生日期。在生长肥育阶段，全进全出能提高饲料利用率，降低饲料消耗，提高日增重，缩短上市日龄。

国外对全进全出体系进行研究，结果见表 8-1。在清洁彻底的全进全出饲养方式下，猪生长率提高 6.3%。如果批次之间清洁不彻底，猪生长率减少 1.5%。饲养在连续生产方式下的猪，生长率显著降低。

**表 8-1　生长肥育猪 3 种饲养方式的比较**

| 项　目 | 全进全出<br>清洁彻底 | 全进全出<br>清洁不彻底 | 连续生产模式 |
|---|---|---|---|
| 生长率（克/天，从断奶至出栏） | 658 | 619 | 610 |
| 尘土（毫克/米$^3$） | 1.80 | 2.31 | 2.51 |
| 可呼吸微粒（毫克/米$^3$） | 0.210 | 0.265 | 0.290 |
| 可存活细菌<br>（群体组成单位 1000/米$^3$） | 132 | 177 | 201 |
| 革兰氏阳性菌<br>（群体组成单位 1000/米$^3$） | 82 | 109 | 122 |

我国的中小规模养殖户无法做到以周为单位的“全进全出”饲养制度，但应避免建大猪舍，至少在不同批次之间或几个月彻底消毒1次。

## 二、猪场的消毒

消毒是用物理的、化学的和生物的方法杀灭病原微生物。其目的是预防和控制传染病的发生与传播。

### (一)消毒剂的种类及使用

1. 酚类消毒剂　具有臭药水味的一类消毒剂，可引起蛋白质结构变化而变性，但其与蛋白黏合并不紧密，可再游离进入深部组织而造成毒性。代表药有来苏儿和菌毒灭。该类消毒剂不受有机物影响，但遇含盐类的水（硬水）效力会减低，禁止同碱性溶液或在碱性环境下使用，也不与其他消毒液混合使用。应注意的是，苯酚对芽胞、病毒无效，而且具体消毒时需先把环境冲洗得干干净净。

(1)来苏儿　是将煤酚溶于肥皂溶液中制成的50%煤酚皂溶液，使用时加水稀释即可，常用浓度为2%～5%。其中2%来苏儿主要用于洗手、皮肤和外伤的消毒；3%～5%来苏儿用于外科手术器械、猪舍、饲槽的消毒。

(2)菌毒灭（菌毒敌、毒菌净、农乐）　是一类高效消毒药，为复合酚（含酚41%～49%，醋酸22%～26%），是酚类消毒剂中效果最好的，能彻底杀灭各种传染性病毒、细菌、真菌和寄生虫卵，主要用于猪栏、载猪车笼具、内外圈舍、排泄物等的消毒。通常施药1次，药效可维持7天，喷洒浓度为0.35%～1.0%。

2. 碱类消毒剂　作用原理为破坏细胞壁、细胞膜，并使蛋白质凝固。氢氧基离子的解离度愈大，杀菌力就愈强；一般而言，pH值9以上即有效。常用2%～3%火碱加10%～20%生石灰乳消毒及刷白猪场墙壁、屋顶、地面等。配制火碱溶液时，如提高温度和加入食盐，消毒效果更佳。消毒时必须注意防护，避免将火碱液溅到猪身上，否则会灼伤皮肤。

代表药有氢氧化钠和生石灰。

(1)氢氧化钠(火碱、苛性钠) 是一种强碱性高效消毒药，对细菌、芽胞和病毒及某些寄生虫卵都有很强的杀灭作用。具强烈腐蚀性，不能用于金属器械、纺织品的消毒。常用2%的氢氧化钠热水溶液消毒猪舍、饲槽、运输用具及车辆等；用3%，5%的氢氧化钠溶液消毒炭疽芽胞污染的场地。在对猪舍消毒时，应先将猪赶出猪舍，间隔12小时后，用水冲洗槽、地面后，方可令猪进舍，以免引起猪肢蹄、趾足和皮肤损害。

2%火碱配制：取火碱1千克，加水49升，充分溶解后即成2%的火碱水，如加入少许食盐可增强杀菌力。注意：火碱在溶解时产生大量的热，容易发生危险！正确的方法是，先在容器中放入火碱，慢慢加入水，并用木棍快速搅动。加水过快易发生危险，搅动太慢或不搅动火碱不能溶解。

(2)生石灰 干石灰不能直接用来消毒，需加水配成10%～20%石灰乳液，才具良好消毒作用，既无不良气味，也较经济。主要用于粉刷猪舍的墙壁或将石灰直接撒在阴湿地面、粪池周围及污水沟等处消毒。应现配现用，久置会失效。注意不能简单地把生石灰粉直接洒在猪舍的地面，以免造成幼猪烧伤口腔、蹄爪，甚至造成人为的呼吸道炎症。

10%～20%石灰乳配制：取生石灰5千克，加水5升，待化为糊后，再加入40～45升水即成。

3. 醛类消毒剂 可与酵素或核蛋白的活性基发生反应，使其不活化，因成气体状，所以浸透力大，杀菌力也强，是一类很好的熏蒸消毒剂，特别是甲醛。主要用于空猪舍等的熏蒸消毒。由于低于15℃时甲醛很容易聚合成聚甲醛而失去消毒功效且气体消毒穿透力较差，所以熏蒸消毒时舍温必须高于18℃，相对湿度为80%左右才有效。

代表药有福尔马林和戊二醛。

(1)福尔马林　是37%～40%甲醛溶液的商品名称,是一种广谱杀菌剂,对细菌、病毒、真菌等有杀灭作用,主要用于喷洒、洗涤与猪舍的熏蒸消毒。4%福尔马林溶液,可用于手术器械的消毒(浸泡30分钟);5%福尔马林酒精溶液可用于手术部位消毒;也可每立方米用福尔马林28毫升、高锰酸钾14克(或每立方米用福尔马林20毫升,加等量水,加热使其挥发成气体)进行密闭熏蒸消毒。注意,福尔马林长期贮存或水分蒸发后会变成白色多聚甲醛沉淀,从而失去消毒效果,需加热至100℃才可又变成甲醛。

(2)戊二醛　常用其2%溶液,消毒效果好,不受有机物影响。若用0.3%碳酸氢钠作缓冲剂,效果更好。

4. 氧化剂类消毒剂　一般的氧化剂对病原体均有效,特别是对厌氧菌最有效。主要原理是能破坏酵素或核蛋白的SH基。

代表药有过氧乙酸、高锰酸钾和过氧化氢。

(1)过氧乙酸(过醋酸)　是一种广谱杀菌剂,对细菌、病毒、芽胞、霉菌等有杀灭作用,有强烈的醋酸味,性质不稳定,易挥发,在酸性环境中作用力强,不能在碱性环境中使用。最好用市售20%浓度,生产日期不得超过6个月,而且要现配现用。0.1%溶液可用于带猪消毒;0.3%～0.5%溶液可用于猪舍、饲槽、墙壁、通道和车辆喷雾消毒。

(2)高锰酸钾(过锰酸钾)　遇有机物可放出氧,常与甲醛溶液混合用于猪舍的空气熏蒸消毒,也可用作饮水消毒。0.05%～0.1%溶液用于饮水消毒;0.1%高锰酸钾溶液用于黏膜创伤、溃疡、深部化脓创伤的冲洗消毒,也可用于洗胃,氧化毒物以解救猪生物碱和氰化物中毒;0.5%溶液可用于尿道或子宫洗涤;2%～5%水溶液用于浸泡、洗刷饮水器及饲料桶等。

(3)过氧化氢(双氧水)　具杀菌作用,速度快,且能清除碎屑;但穿透力差,杀菌力稍嫌薄弱。主要用于创伤消毒,可用3%溶液冲洗污染疮、深部化脓疮和瘘管等。

5. 卤素类消毒剂　卤素与细菌的细胞质亲和性很强，亲和后将细胞质卤化，进而氧化使细菌死亡。卤素必须是分子状才有杀菌作用，一般作为消毒剂的有氯及碘，较不稳定，有效成分易散失于空气中。优点是杀灭微生物的效力快，范围广，各种细菌、真菌、病毒均可杀灭，缺点是刺激性大，遇有机物效力大减。

(1)氯化合物　含有氯臭(漂白粉味)的一类消毒剂，消毒力特别强。因氯遇水以后，可生成盐酸和次氯酸，所以氯化合物在酸性环境中消毒力较强，在碱性环境下作用力减弱，对金属有一定的腐蚀作用，对组织有一定的刺激性。由于其性质不稳定，作用力不持久，所以使用时尽量用新制的，且要求稀释的水要干净，猪舍、地面、墙壁也要冲洗干净。

代表药有漂白粉和次氯酸钠。

①漂白粉。一般将其配成悬浊液，置 24 小时后取上清液喷雾消毒，沉淀物用于水沟、地面消毒。常用浓度为 5%～20%漂白粉混悬液，能杀灭细菌、芽胞、病毒及真菌，主要用于猪舍、饲槽、车辆消毒。此外，每升水中加入 0.3～1.5 克漂白粉便可用于饮水消毒，不但杀菌，也有除臭作用。漂白粉易潮湿分解，应现用现配。因其遇有机物则效力会大减，所以猪场消毒时多用不受有机物影响的石灰而不用漂白粉。

5%～20%漂白粉混悬液的配制：取漂白粉 2.5～10 千克，加水 47.5～40 升，充分搅匀即成。

②次氯酸钠。含有效氯量 14%，因其价廉且对病毒有较好的杀灭效果而被青睐，但需低倍使用，常用浓度为 0.05%～0.3%。其中 0.3%溶液可作为猪舍和各种器具表面消毒，也可用于带猪消毒。次氯酸钠对眼、鼻刺激性大，用时应多加小心。

(2)碘制剂　碘为灰黑色，极难溶于水，且具有挥发性。碘有较强的瞬间消毒作用，在酸性环境中杀菌力较强，在碱性环境及有机物存在时，其杀菌作用减弱。

代表药有碘酒、碘甘油、碘仿和速效碘。

①5%碘酒。外用有强大的杀菌力，主要用于猪手术部位和注射部位的消毒。用于小面积外伤消毒时，需由中间向外周涂擦，然后用70%酒精脱碘。

取碘50克，碘化钾10克，加蒸馏水10毫升，用75%酒精加至1 000毫升，充分溶解制成。

②碘甘油。主要用于创伤、黏膜炎症和溃疡部位的消毒。用碘50克，碘化钾100克，加甘油200毫升，用蒸馏水加至1 000毫升，溶解制成。

③碘仿（三碘甲烷）。是可缓慢放出碘分子的有机物，可用于创伤、火伤、溃疡和手术部位消毒。可制成软膏或制成碘仿纱布做贴敷用。

④速效碘（威力碘）。是一种新的含碘消毒药液，具有广谱速效、无毒、无刺激、无腐蚀性的优点，并具清洁功能，对人、畜无毒，可用于猪舍、猪体消毒。如用于猪舍消毒，可配制成300～400倍溶液；用于饲槽消毒，可配制成350～500倍溶液；杀灭口蹄疫病毒，可配成100～150倍溶液。

6. *表面活性剂* 又称除污剂或清洁剂。该类消毒剂能增加病原体细胞膜的通透性，降低病原体的表面张力，引起重要的酶和营养物质漏失，使病原微生物的呼吸及糖酵解过程受阻，菌体蛋白变性，水向菌体内渗入，使病原体破裂或溶解而死亡，从而达到杀灭病原微生物的目的。是目前世界上最优秀的消毒剂之一。此类产品具有安全性好，无异味，无刺激性，对设备无腐蚀性，作用快，应用范围广，对各种病原菌均有强大杀灭作用等优点。

代表药有双季铵盐（商品名：双季铵灵、百毒杀、科丰舍毒消）、双季铵盐络合碘（商品名：双季铵碘、毒霸、科丰舍毒净、劲碘百毒杀等）、新洁尔灭。

(1)百毒杀　为广谱、速效、长效消毒剂，对病毒、细菌、真菌等有杀灭作用，可用于饮水、猪舍环境、器具等的消毒。常用量为0.1%，带猪消毒常用量为0.03%，饮水消毒可用0.01%剂量。

(2)劲碘百毒杀　是在百毒杀的季铵盐双链基础上加入活性碘的中性消毒剂，消毒效果更好。其在酸、碱性环境下都有效，尤其是碱性环境下。该药不受有机物(粪便、灰尘)、光线、温度、湿度等环境因素的影响，还具有治疗真菌性皮炎和腐蹄病的作用。由于其在使用过程中不会造成应激，可用于带猪消毒(喷雾和饮水)，特别适用于产房、保育舍和母猪、仔猪的体表消毒。

(3)新洁尔灭(苯扎溴铵)　用0.1%溶液消毒手，浸泡消毒皮肤、外科手术器械和玻璃用具。用0.01%～0.05%溶液做阴道、膀胱黏膜及深部感染创伤的冲洗消毒等。浸泡器械时，应加入0.5%亚硝酸钠，以防生锈。应用新洁尔灭时，不可与肥皂、碘酊、高锰酸钾、升汞等合用。

**(二)如何正确消毒**　消毒可分为预防性消毒、临时性消毒和终端消毒。

1. 预防性消毒　预防性消毒是指未发生传染病的安全猪场，结合平时饲养管理对环境、猪舍、用具和饮水等进行的定期消毒，达到以防为主，减少猪群发病机会的目的。主要包括环境消毒、人员消毒、定期带猪消毒等。

(1)环境消毒　包括车辆、道路和场区消毒。

①车辆消毒。场门口设消毒池或装喷洒消毒设施对进出猪场的车辆，特别是运猪车辆进行消毒。可选用2%火碱、0.3%～0.5%过氧乙酸、1%菌毒敌等消毒剂进行轮换，3天更换1次，以确保消毒效果。

②道路和场区消毒。舍内走廊每周消毒2次，道路每隔1～2周用2%～3%的火碱溶液喷洒消毒，场区至少每6个月用药物消毒1次。

(2)人员消毒　猪场谢绝参观,进场的一切人员都必须经"踩、照、洗、换"四步消毒程序(踩火碱消毒垫,紫外线照射5～10分钟,消毒液洗手,更换场区工作服、鞋等并经过消毒通道),方能进入场区。工作人员在进入猪舍时也必须从脚踏消毒池走过。

(3)定期带猪消毒　主要目的是杀死和减少猪舍中飘浮的病原微生物、沉降猪舍内的尘埃、抑制氨气发生、吸附氨气及夏季降温。消毒喷洒时以猪体达到湿润欲滴的程度为宜。地面消毒每平方米喷药量要达300～500毫升,并保持30分钟以上。带猪消毒动作要轻,声音要小,防止应激反应。消毒时不应仅限于猪体表,应顾及所在的空间与环境。有条件的单位应使用电动或机动喷雾器,效果更好。可选择的药物有双季铵盐消毒剂、双季铵盐络合碘、过氧乙酸等。分娩舍及保育舍内有仔猪时,应先用铲子铲净栏面上的粪便,再用蘸有消毒水的拖把或抹布反复擦洗,直到干净为止。清洗栏面时先将仔猪放入保温箱,待外面清洗干净后,再将仔猪放出,接下来再清洗保温箱。

2. 临时性消毒　临时性消毒是指猪场内发生疫情或可能存在传染源的情况下开展的消毒工作。消毒对象包括猪舍、隔离场地、被病猪污染过的一切场所、用具和物品等,需要进行定期的多次消毒。

当怀疑或确诊有传染病时,在消除传染源后,对可能被污染的场地、物品和周围的场所进行的消毒,每周最少要进行3次。彻底的清扫是有效消毒的前提,所以要先将猪舍内的粪尿污物清扫干净,用具上的污物刷洗干净,再进行消毒。顺序是先喷洒地面,然后是墙壁和天花板,最后打开门窗通风。消毒半天后,再用清水刷洗饲料槽,除去残留消毒液。可选用下列消毒剂:0.1%～0.2%新洁尔灭、0.03%～0.1%百毒杀等。此外,患病消毒时的药物浓度比平时带猪消毒要高一倍左右;空舍消毒要用火焰消毒,消毒剂用说明书的最高浓度。

3. 终端消毒　终端消毒是指空栏消毒或在病猪解除隔离、病愈或死亡之后所进行的全面彻底的大消毒。当舍内猪全部出清后，彻底清除栏舍内的残料、垃圾和墙面、顶棚、水管等处的尘埃及粪便污物，并整理、清洗、暴晒舍内用具。舍内的地面、走道和墙壁用高压水枪或自来水管冲洗，栏棚笼具、舍壁进行洗刷和擦抹，待其自然干燥后，关闭门窗，先熏蒸消毒或火焰消毒，再使用消毒剂进行喷雾消毒。消毒完需闲置最少 2 天以上才能进猪。具体消毒剂的选用见消毒剂的使用说明。最后，恢复栏舍内的布置，并检查、维修栏舍内的设备、用具等，充分做好入猪前的准备工作。入猪前 1 天再次喷雾消毒。

## 第二节　猪的免疫

猪的免疫工作在规模养猪场做得较好，使用和操作都比较规范，而且越来越受到重视。但猪的免疫工作在广大农村个体养猪生产中重视不够，主要表现为防疫观念淡薄，对疫苗的重要性认识不足，使用操作不当，严重制约农村养猪生产的发展。

### 一、疫苗的种类

疫苗可分为灭活疫苗、弱毒疫苗、单价疫苗、多价疫苗、联合疫苗、同源疫苗和基因工程疫苗等。

**(一)灭活疫苗**　又称死疫苗。灭活疫苗分组织灭活疫苗和培养物灭活疫苗。灭活疫苗是将细菌、病毒经过处理，使其丧失感染性和毒性。但仍保持免疫原性。这种疫苗的主要特点是：易于保存运输，疫苗稳定，使用安全，但使用量较大，并要多次注射。

**(二)弱毒疫苗**　又称活疫苗。弱毒疫苗是利用自然强毒株通过处理后，丧失了对原宿主的致病力，但仍保持良好的免疫原性。这种疫苗的主要特点是：对注射的猪有较好的免疫性，但易造成新的污染。

**(三)单价疫苗**　利用同一病菌、病毒株或单一血清型菌株、毒株制备的疫苗称为单价疫苗。主要特点是:对单一血清型的病菌(毒)所致的病有免疫保护效能,不能使免疫猪获得完全的全疫保护。

**(四)多价疫苗**　指用同一种病菌、病毒中若干血清型菌(毒)株的增殖培养物制备的疫苗。主要特点是:可使免疫猪获得完全的保护力,且可在不同地区使用。

**(五)联合疫苗**　又称联苗。是利用不同种类的病菌、病毒的增殖培养物制备的疫苗。主要特点是:猪接种后能发生相应疾病的免疫保护,注射次数少,是一针防多病的疫苗。

**(六)组织苗**　是从自然感染或人工接种采取的病理组织,经过处理后加入灭活剂制备而成。

**(七)细胞苗**　是用病菌、病毒株经过细胞培养,收获培养物,经匀浆(或冻干)处理后制备而成的疫苗。

**(八)基因工程苗**　目前的基因工程疫苗中,只有基因工程亚单疫苗和基因缺失疫苗投入市场使用。

## 二、疫苗的储藏与使用注意事项

猪用疫苗一般可分为冻干苗和液体苗。

**(一)疫苗的储藏**　储藏冻干苗时随保存温度的升高,其保存时间相应缩短。在－15℃以下的温度时可保存1年以上;在0℃～8℃干燥条件下可保存6个月左右;在8℃以上时,随温度上升保存的时间越来越短。冻干苗切忌反复融化再冻,反复冻融会使疫苗效价下降。液体疫苗分油佐剂和水剂两种,此类苗切忌冻结,但也不宜储存在高温环境中,适宜环境温度为4℃～8℃。

**(二)疫苗使用注意事项**

第一,疫苗要从正规的生物制品厂或动物防疫部门购买。疫苗使用前,应仔细阅读瓶签或说明书,严格按要求使用。要记录疫苗的批准文号、生产文号或进口批准文号、生产日期、有效期等。如果发现疫苗瓶有裂纹,瓶内有异物、凝块或沉淀、分层等,此疫苗不能使用。

第二,疫苗稀释液。疫苗在使用前应先稀释。稀释剂可用蒸馏水和灭菌生理盐水进行稀释。不同的疫苗,同一种接种方法,其稀释液也不同,病毒性活疫苗注射免疫时,可用灭菌生理盐水或蒸馏水稀释;细菌性活疫苗必须使用铝胶生理盐水稀释。某些特殊的疫苗,需使用专用的稀释液。

第三,疫苗稀释后要尽快使用,最好在 2 小时内用完。因为稀释后的疫苗效价很快降低,一般在气温 15℃以上时,3 小时就会失效。

第四,免疫注射前使用的针头要严格消毒,注射时 1 猪 1 个针头,严禁 1 个针头打多头猪。打针时严禁用碘酒等消毒针头,如果用碘酒在注射部位消毒,必须用棉球擦干。严禁用大号针头注射,严禁打飞针。保育猪用 2.5 厘米长的 12 号针头,肥育猪用 2.5 厘米长 16 号针头,种猪用 3.0 厘米长的 16 号针头。

第五,猪只免疫接种时,对体弱多病的猪只暂时不接种,否则会引发严重的免疫接种反应。疫苗注射后出现食欲减退、局部肿胀体温升高时,可用消炎药物进行对症治疗;如果出现变态反应时,可立即给每头猪肌内注射肾上腺素注射液 1 毫升进行急救。

## 三、常用疫苗的使用方法

### (一)猪瘟疫苗

1. **猪瘟兔化弱毒冻干苗** 使用时皮下或肌内注射,每次每头 1 毫升,注射后 4 天产生免疫力。此苗在－15℃条件下可以保存 1 年;在 0℃～8℃条件下,可以保存 6 个月;在 10℃～25℃条件下,仅能保存 10 天。

2. 猪瘟、猪丹毒二联冻干苗　使用时肌内注射，每头每次1毫升，免疫保护期为6个月。此联苗在－15℃条件下可以保存1年；在2℃～8℃条件下，可以保存6个月；在20℃～25℃条件下，仅可以保存10天。

3. 猪瘟、猪丹毒、猪肺疫三联苗　使用时肌内注射，按瓶签标明用20%氢氧化铝胶生理盐水稀释，注射后14～21天产生免疫力，猪瘟的免疫保护期为1年，猪丹毒和猪肺疫的保护期均为6个月。此苗在－15℃条件下可以保存1年；在0℃～8℃条件下，可以保存6个月；10℃～25℃条件下，可以保存10天。

4. 猪瘟疫苗对各类猪的免疫程度

(1)仔猪猪瘟免疫　在没有发生过猪瘟的养猪地区，可采用仔猪断奶后一次性注射4头份的疫苗免疫接种。在经常发生猪瘟疫情的地区，可采用仔猪乳前免疫(或叫超前免疫、零时免疫)的方法，免疫接种猪瘟疫苗2头份，乳前免疫就是仔猪出生后先注射疫苗，疫苗注射后1.5～2小时才让仔猪哺乳。在被猪瘟污染的地区，也可采用仔猪生后20日龄时，进行第一次猪瘟疫苗注射免疫，50～60日龄时进行第二次免疫。注射剂量均为4头份。

(2)后备母猪猪瘟免疫　应在配种前30～45天进行猪瘟、猪丹毒、猪肺疫三联弱毒活苗免疫注射，注射剂量为每头猪4头份。

(3)种猪猪瘟免疫　经产母猪应在产后再配种前接种，在每年的春、秋两季用猪瘟、猪丹毒、猪肺疫三联弱毒活疫苗各注射1次，注射剂量为每头猪4头份。

### (二)仔猪腹泻疫苗

1. 常用的仔猪腹泻疫苗

(1)仔猪黄白痢疫苗　有3种，即K88-99双价苗、K88-LTB双价苗，STI-LTB双价基因工程苗，K88-STI-LTB三价基因工程疫苗。

(2)仔猪红痢疫苗　是仔猪红痢灭活苗和仔猪红痢双价基因

工程疫苗。

(3)疫苗的用法和用量　用于预防大肠埃希氏菌引起的仔猪黄白痢,可用于妊娠母猪和出生仔猪。未经疫苗免疫过的初产母猪,于产前30～40天和15～20天各注射1次,每头每次肌内注射5毫升。仔猪红痢疫苗在母猪分娩前30天和15天各注射1次,用量按瓶签说明使用。

2. 小猪副伤寒苗

(1)灭活苗　该苗免疫效果不好,故不常使用。

(2)弱毒(冻干)活疫苗　疫苗菌种为我国选育的C 500,毒力弱,免疫原性好。常发地区的仔猪在断奶前、后各免疫接种1次,间隔3～4周。

(3)使用注意事项　瓶签注明口服者不能注射使用;口服的应该用新鲜常温饲料,严禁用热料和含抗生素、酒精等影响疫苗活力的饲料,疫苗必须用冷开水稀释,用量为每头猪20毫升。本疫苗使用于30日龄以上健康小猪。

**(三)细小病毒疫苗**

1. 灭活单疫苗　为氢氧化铝苗,使用时要充分摇匀,后备猪于配种前2～3周颈部肌内注射2毫升,后备公猪于8月龄时注射。疫苗注射后14天产生免疫力,免疫期为1年。疫苗应保存在4℃～8℃冷暗处有效期为1年,严防冻结。

2. 灭活三联苗　是"蓝耳病—细小病毒—伪狂犬三联油剂灭活疫苗"。该三联苗是通过细胞培养、病毒浓缩与高压匀浆乳化等先进技术制备而成。其中蓝耳病部分双价(含美洲株和欧洲株),该疫苗免疫保护谱宽,一免可防3种病。使用时,后备母猪在配种前2～3周肌内注射,每头2毫升;仔猪于3～4周龄肌内注射,每头1毫升;断奶后可进行第二次免疫,每头2毫升。

3. 三联耐热活疫苗　是"蓝耳病—细小病毒—伪狂犬"三联耐热活疫苗。该三联苗是由这3种病毒分别经细胞培养,收获的感染细胞培养物，以一定比例混合后，加以优选免疫增强剂及最新耐热冻干保护剂，冷冻干燥制成。

（1）用法和用量　污染严重的养猪地区可进行二次免疫（一般于配种前2个月左右第一次免疫，间隔15～20天后再进行第二次免疫）；一般地区可在母猪配种前2～3周进行免疫；仔猪于18～21日龄时免疫接种1次。用生理盐水将每瓶疫苗稀释至20毫升，种猪和育成猪每头2毫升，仔猪每头1毫升，肌内注射。

（2）注意事项　疫苗应保存在2℃～8℃的条件下，可保存18个月；妊娠初期母猪禁用；公猪免疫接种后，其8周内的精液不可用于配种；疫苗稀释后应在2小时内用完。

**（四）蓝耳病疫苗**　①国内外已研制成功灭活疫苗，保护率可达80%，包括单苗（联苗见细小病毒）。后备母猪在配种前2～3周每头肌内注射2毫升；仔猪于3～4周龄肌内注射1毫升；断奶后可进行第二次免疫，每头猪2毫升。②弱毒活疫苗联苗，具体见细小病毒疫苗使用。

**（五）伪狂犬疫苗**　猪伪狂犬疫苗分为灭活疫苗、基因缺失灭活疫苗和弱毒疫苗3种。①灭活疫苗单苗，可分为铝胶佐剂和油乳佐剂两类，以油乳佐剂为好。仔猪生后7～10日龄进行首免，2～3周产生保护性免疫；仔猪断奶后进行第二次免疫接种，1周即可产生高效价抗体，免疫持续期可达1年；母猪分娩前1个月注射灭活疫苗，可使其初乳中含有较高母源抗体，初生仔猪吃到该初乳后，可在2周内获得较好的保护。②灭活疫苗联苗，见细小病毒疫苗使用。③弱毒活疫苗，单苗为细胞培养冻干疫苗。该疫苗仅限于经常发病地区应用，未发病和未受伪狂犬病毒威胁的地区，建议不要使用。④弱毒活疫苗联苗，见细小病毒疫苗使用。

**（六）乙型脑炎疫苗**　①灭活疫苗，该苗分为鼠脑灭活疫苗、鸡胚灭活疫苗和仓鼠肾细胞灭活疫苗3种。3种苗中以仓鼠肾细胞灭活疫苗效果最好。②弱毒活疫苗，是仓鼠肾细胞培养的减毒苗。

在疫区，于流行期前1～2个月进行免疫接种，5月龄以上的后备猪和成年公、母猪均可皮下或肌内注射0.1毫升。免疫接种后1个月产生坚强的免疫力。免疫接种一定要在蚊、蝇出现季节前1～2个月进行接种。为防止母体抗原干扰，种猪必须在6月龄以上接种。妊娠母猪也可使用，无不良反应。用弱毒活苗注射接种的同时，要灭蚊灭蝇，尽量减少昆虫媒介传染。

**(七)猪萎缩性鼻炎疫苗** 在疫情常发地区，主要应用灭活疫苗预防接种。应用支气管败血波氏杆菌1湘菌油佐剂灭活疫苗时，妊娠母猪在分娩前2个月和1个月各皮下注射1毫升和2毫升，以提高母原抗体水平，让仔猪通过吃初乳获得被动免疫。也可用波氏杆菌—多杀性巴氏杆菌二联灭活油佐剂疫苗进行免疫接种。妊娠母猪在分娩前25～40天，皮下注射2毫升。公猪每年免疫接种1次。已接种的母猪所生产的仔猪，在断奶前接种1次；未接种的母猪所生产的仔猪，在7～10日龄时接种1次。在萎缩性鼻炎病污染严重地区，应在第一次免疫接种后的2～3周时加强免疫1次。

**(八)猪口蹄疫疫苗** 在疫情常发地区，主要应用灭活疫苗预防接种。目前已知口蹄疫病毒有7个主型：即A，O，C，南非1、南非2、南非3和亚洲1型；每个型又有若干亚型，已发现的有70个亚型。口蹄疫疫苗不能盲目进行紧急预防疫苗注射。对猪群超过免疫保护期的可注射口蹄疫灭活苗，每头猪5毫升，注射后10～14天产生免疫力。目前应用较广的如猪O型口蹄疫细胞毒BEI灭活油佐剂疫苗，保护率在90%以上，注射后10天产生免疫力，免疫期9个月。

**(九)猪传染性胃肠炎疫苗** 应用较多是猪传染性胃肠炎和猪流行性腹泻二联油乳剂灭活苗。主要用于接种妊娠母猪，使所产仔猪获得被动免疫能力，也可用于其他不同年龄猪只的主动免疫，用于主动免疫接种的猪只，注射21天后产生免疫力，免疫期为6

个月。妊娠母猪于分娩前 30 天接种 4 毫升，体重 25～50 千克的猪注射 2 毫升，体重 50 千克以上的猪注射 4 毫升。

## 四、制订合理的免疫程序

有良好的疫苗和规范的接种技术，若没有合理的免疫程序，仍不能充分发挥疫苗应有的作用。因为一个地区、一个猪场，可能发生多种传染病，而可以用来预防这些传染病的疫苗的性质又不尽相同，有的免疫期长，有的免疫期短。所以，免疫程序应根据当地疫病流行的情况及规律，猪的用途、日龄、母源抗体水平和饲养管理条件，以及疫苗的种类、性质等方面的因素来制订。不能做硬性统一规定。规模猪场免疫程序的确定应建立在本场猪群平均免疫抗体水平的基础之上，每一个猪场都应对本场猪群的主要传染性疫病的免疫抗体水平进行定期监测，确实掌握猪群的免疫抗体状态，从而确定本场的免疫计划和免疫程序。目前，由于我国养猪水平和条件所限，有些不能及时准确地做到抗体水平监测，因而免疫程序存在较大的盲目性。但依据猪的一般生理发育过程和疾病发生规律可制订出具有普遍性的参考免疫程序。猪群常规免疫程序(建议方案)见表 8-2。

**表 8-2　猪群免疫程序(参考方案)**

| 猪　别 | 免疫疫苗名称 | 免疫时间 | 免疫剂量 |
| --- | --- | --- | --- |
| 哺乳仔猪 | 1. 伪狂犬双基因缺失活疫苗 | 2 日龄 | 每鼻孔滴 0.5 毫升 |
| | 2. 肺炎支原体活疫苗 | 12 日龄 | 1 头份(2 毫升)/头 |
| | 3. 蓝耳病弱毒活疫苗 | 14 日龄 | 1 头份/头 |
| | 4. 猪副猪嗜血杆菌多价灭活苗 | 20 日龄 | 2 毫升/头 |
| | 5. 猪瘟细胞活疫苗(牛睾丸) | 25 日龄 | 4 头份/头 |
| | 6. 伪狂犬双基因缺失活疫苗 | 35 日龄 | 1.5 头份/头 |

**续表 8-2**

| 猪 别 | 免疫疫苗名称 | 免疫时间 | 免疫剂量 |
|---|---|---|---|
| 保育猪 | 1. 口蹄疫灭活疫苗(O型) | 40日龄 | 1毫升/头 |
| | 2. 蓝耳病弱毒活疫苗 | 45日龄 | 1头份/头 |
| | 3. 猪瘟脾淋巴疫苗(兔) | 60日龄 | 2头份/头 |
| | 4. 口蹄疫灭活疫苗(O型) | 70日龄 | 1毫升/头 |
| 后备猪 | 1. 高效口蹄疫灭活疫苗(双价) | 配种前40天 | 2毫升/头 |
| | 2. 细小病毒疫苗 | 配种前28天 | 2头份(2毫升)/头 |
| | 3. 蓝耳病弱毒活疫苗 | 配种前21天 | 2头份/头 |
| | 4. 细小病毒疫苗 | 配种前16天 | 2头份(2毫升)/头 |
| | 5. 猪瘟脾淋疫苗 | 配种前10天 | 2头份/头 |
| | 6. 伪狂犬双基因缺失活疫苗 | 配种前8天 | 1.5头份/头 |
| 哺乳母猪 | 1. 细小病毒疫苗 | 产后15天 | 2毫升/头,1胎后接种,可终生免疫 |
| | 2. 猪瘟脾淋疫苗 | 产后10天 | 2头份/头 |
| | 3. 蓝耳病活疫苗 | 产后20天 | 2头份/头 |
| | 4. 口蹄疫疫苗 | 产后25天 | 3毫升/头 |
| | 5. 伪狂犬疫苗 | 2,6,10月份 | 2头份(2毫升)/头 |
| | 6. 乙型脑炎弱毒活疫苗 | 每年4月初1次 | 2毫升/头 |
| 种公猪 | 1. 猪瘟脾淋疫苗 | 3,9月份 | 6头份/头 |
| | 2. 蓝耳病弱毒活疫苗 | 每4个月1次 | 2头份/头 |
| | 3. 细小病毒疫苗 | 3,7,11月份 | 2毫升/头 |
| | 4. 口蹄疫O型灭活疫苗 | 每年3次 | 3毫升/头 |
| | 5. 伪狂犬双基因缺失活疫苗 | 每4个月1次 | 2头份/头 |
| | 6. 乙型脑炎弱毒活疫苗 | 每年4月初1次 | 2毫升/头 |

续表 8-2

| 猪 别 | 免疫疫苗名称 | 免疫时间 | 免疫剂量 |
| --- | --- | --- | --- |
| 备注 | 1. 为了降低生产成本，肺炎支原体活疫苗也可在当年 9 月份至翌年 3 月份注射；仔猪 12 日龄 1 次；留种的后备猪在 60 日龄进行第二次（2 头份）免疫注射<br>2. 母猪配种前驱虫 1 次，妊娠中期注射伪狂犬病、口蹄疫疫苗，妊娠前期（妊娠期前 1 个月）不宜注射任何疫苗 | | |

（引自侯万文《图说高效养猪关键技术》，2009.12）

## 第三节　主要寄生虫病的防治

在农村个体散养猪的情况下，猪寄生虫病的发生还相当多。寄生虫病严重影响猪的生长和发育，使幼猪生长停止，延长肥育期，增加养猪成本。寄生虫病严重者，可造成幼猪死亡，严重影响养猪经济效益。例如，患严重蛔虫病的幼猪，增重比正常仔猪约低 30%；患疥癣病严重的小猪，不但影响生长发育，严重的可使猪变成僵猪或使猪死亡。此外，有些猪寄生虫病，如姜片吸虫、猪囊虫病等是人兽共患病。因此，要做好猪寄生虫病的防治工作。

### 一、蛔 虫 病

蛔虫病是由猪蛔虫寄生在猪的小肠中而引起的一种常见的寄生虫病。在农村散养猪情况下流行较广泛，主要感染 3～6 个月的小猪。

**（一）感染与病症**　当猪只吃了被成熟蛔虫卵污染的饲料及饮水后，蛔虫卵在猪体内发育并最终寄生在猪的小肠中。蛔虫体在猪体内数量少时，猪一般无显著病变；如蛔虫体感染较多时，可引起蛔虫性肺炎，病猪表现体温升高、咳嗽、呼吸急促、食欲减退无精神；有的猪可表现为被毛粗糙、消瘦、轻微腹泻、贫血等症状。

**(二)预防** 注意猪舍环境消毒，将猪粪便堆积发酵产生高温杀死蛔虫卵；保持饲料和饮水的清洁，在被虫卵污染的地方，可用鲜石灰乳进行环境消毒。对被蛔虫污染严重的猪场，每年要进行2次驱虫工作，对生产母猪应选择空怀期进行驱虫。

**(三)治疗** ①用敌百虫按每千克体重0.1～0.15克，拌入饲料中空腹喂猪，效果很好。但在大群驱虫时，应防止猪只中毒，一旦发生中毒，可用硫酸阿托品2～5毫升进行皮下注射解毒。②鲜苦楝树根皮25克，去掉外层老皮，水煎去渣加红糖适量，空腹灌服(这是体重10～15千克猪的用量，体弱的猪可分2次灌服)。③按每千克体重8毫克左旋咪唑，混入饲料或饮水中给药。④按每千克体重皮下注射伊维菌素300微克，有良好的驱蛔虫效果。

## 二、猪囊虫病

猪囊虫病是一种危害较严重的人、兽共患寄生虫病。猪囊虫是寄生在人体内的有钩绦虫的幼虫。猪囊虫为白色半透明、黄豆大小的囊泡，囊内充满透明液体，多寄生在肌肉内。有囊虫寄生的猪肉称为“豆猪肉”或“米糁子猪”等。

**(一)感染与病症** 有钩绦虫寄生在人的小肠内，充满成熟虫卵的体节脱落下来随粪便排出体外，含有虫卵的粪便被猪吃后，猪就得了囊虫病。猪囊尾蚴少数寄生于猪体时，症状不明显，当严重感染时，病猪发育不良，血液循环障碍，运动、呼吸及吃食等困难，有的引起精神紊乱、癫痫、视觉障碍和脑炎。

**(二)预防** ①农户要彻底消灭连茅圈(厕所与猪圈相连)，防止猪吃人的粪便而感染猪绦虫。严禁猪只散养，避免猪吃人粪。②严格进行猪肉品的卫生检疫，禁止出售带有囊尾蚴的猪肉。③注意个人卫生，不吃生的或未煮熟猪肉。对有成虫寄生的病人要进行治疗，切断病原感染来源，杜绝病原的传播。

**(三)治疗** ①丙硫苯咪唑，每千克体重每日剂量为30毫克，间隔 48 小时服 1 次，共服 3 次，效果较好。②吡喹酮，每千克体重每日剂量为 30～60 毫克，共服 3 次。

### 三、猪疥(螨)癣病

猪疥(螨)癣病又名“疥疮”，是由猪疥(螨)癣虫引起的一种慢性皮肤寄生虫病。由螨虫在猪的皮肤里钻掘“隧道”而造成猪的皮肤病。大、小猪只均能感染，但以 5 月龄以下的猪最易感染。

**(一)感染与病症**　传染途径主要是带螨猪与健康猪的直接接触，或通过被螨及其卵污染的圈舍、垫草和饲养用具的间接接触等引起感染。此外，猪舍阴暗、潮湿、环境不卫生及猪只营养不良等均可促使该病的发生和发展。该病的主要症状就是癣痒症。发病初期，由于癣虫的作用，患部发红而表现剧烈的奇痒，患猪经常在墙角、栏栅等处摩擦以止痒。数日后，患部皮肤上出现大小不等的小结节，随后形成水疱或成脓疮，破溃后渗出液淤积成坚硬的痂皮。体毛脱落，皮肤粗糙肥厚或成皱褶。病情严重时，可出现皮肤枯裂、食欲减退、消瘦、发育停止和贫血等全身症状。

**(二)预防**　①猪舍应经常保持清洁干燥，冬季勤换垫草，定期消毒。②引进种猪时，应隔离观察，防止引进有螨病病猪。③发现病猪应立即隔离治疗，以防止病情蔓延。在治疗病猪的同时，应用杀螨药彻底消毒猪舍和用具。

**(三)治疗**　治疗螨病的药物很多，如有机油、硫磺粉；有机氯制剂，如林丹、马拉硫磷、敌百虫等均有一定疗效。①硫磺 1 份，油 4 份加热，冷却后涂搽。②用敌百虫 1%水溶液，直接涂搽或用喷雾器喷洒患部。③烟叶或烟梗 1 份，加水 20 份，放入锅中煮 1 小时，取烟叶水洗擦猪体患部。以上配方经济实用，但对螨虫卵杀死效果不佳。伊维菌素是一种杀死螨虫和虫卵的极佳药物。用法及用量：每千克体重 200～300 微克，皮下注射。

### 四、猪虱病

虱病是猪虱寄生于猪只体表所引起，猪虱是一种体外寄生虫。

**（一）感染与病症**　主要是直接接触感染。猪虱吸食猪的血液，刺痒皮肤使猪蹭痒，严重影响猪的采食和休息。严重者可致患猪被毛粗糙和脱落，皮肤损伤，猪体消瘦，影响猪的生长和发育。

**（二）预防与治疗**　参考猪疥螨病。

# 附录 饲料描述及常规成分

见附表1和附表2。

**附表1 中国饲料成分及营养价值(摘要)**

| 饲料号 | 饲料名称 | 饲料描述 | 干物质(%) | 粗蛋白质(%) | 粗脂肪(%) | 粗纤维(%) | 无氮浸出物(%) | 粗灰分(%) | 钙(%) | 总磷(%) | 非植酸磷(%) | 消化能(兆焦/千克) |
|---|---|---|---|---|---|---|---|---|---|---|---|---|
| 4-07-0280 | 玉 米 | 成熟，GB/T 17890-1999 2级 | 86.0 | 7.8 | 3.5 | 1.6 | 71.8 | 1.3 | 0.02 | 0.27 | 0.12 | 14.18 |
| 4-07-0272 | 高 粱 | 成熟，NY/T 1级 | 86.0 | 9.0 | 3.4 | 1.4 | 70.4 | 1.8 | 0.13 | 0.36 | 0.17 | 13.18 |
| 4-07-0270 | 小 麦 | 混合小麦，成熟 NY/T 2级 | 87.0 | 13.9 | 1.7 | 1.9 | 67.6 | 1.9 | 0.17 | 0.41 | 0.13 | 14.18 |
| 4-07-0274 | 大麦(裸) | 裸大麦，成熟 NY/T 2级 | 87.0 | 13.0 | 2.1 | 2.0 | 67.7 | 2.2 | 0.04 | 0.39 | 0.21 | 13.56 |
| 4-07-0277 | 大麦(皮) | 皮大麦，成熟 NY/T 1级 | 87.0 | 11.0 | 1.7 | 4.8 | 67.1 | 2.4 | 0.09 | 0.33 | 0.17 | 12.64 |

**续附表1**

| 饲料号 | 饲料名称 | 饲料描述 | 干物质(%) | 粗蛋白质(%) | 粗脂肪(%) | 粗纤维(%) | 无氮浸出物(%) | 粗灰分(%) | 钙(%) | 总磷(%) | 非植酸磷(%) | 消化能(兆焦/千克) |
|---|---|---|---|---|---|---|---|---|---|---|---|---|
| 4-07-0281 | 黑　麦 | 籽粒,进口 | 88.0 | 11.0 | 1.5 | 2.2 | 71.5 | 1.8 | 0.05 | 0.30 | 0.11 | 13.85 |
| 4-07-0273 | 稻　谷 | 成熟晒干NY/T 2级 | 86.0 | 7.8 | 1.6 | 8.2 | 63.8 | 4.6 | 0.03 | 0.36 | 0.20 | 11.25 |
| 4-07-0276 | 糙　米 | 良,成熟,未去米糠 | 87.0 | 8.8 | 2.0 | 0.7 | 74.2 | 1.3 | 0.03 | 0.35 | 0.15 | 14.39 |
| 4-07-0275 | 碎　米 | 良,加工精米后的副产品 | 88.0 | 10.4 | 2.2 | 1.1 | 72.7 | 1.6 | 0.06 | 0.35 | 0.15 | 15.06 |
| 4-04-0067 | 木薯干 | 木薯干片,晒干NY/T合格 | 87.0 | 2.5 | 0.7 | 2.5 | 79.4 | 1.9 | 0.27 | 0.09 | — | 13.10 |
| 4-04-0068 | 甘薯干 | 甘薯干片,晒干NY/T合格 | 87.0 | 4.0 | 0.8 | 2.8 | 76.4 | 3.0 | 0.19 | 0.02 | — | 11.80 |
| 4-08-0105 | 次　粉 | 黑面,黄粉,下面NY/T 2级 | 87.0 | 13.6 | 2.1 | 2.8 | 66.7 | 1.8 | 0.08 | 0.48 | 0.14 | 13.43 |

续附表 1

| 饲料号 | 饲料名称 | 饲料描述 | 干物质(%) | 粗蛋白质(%) | 粗脂肪(%) | 粗纤维(%) | 无氮浸出物(%) | 粗灰分(%) | 钙(%) | 总磷(%) | 非植酸磷(%) | 消化能(兆焦/千克) |
|---|---|---|---|---|---|---|---|---|---|---|---|---|
| 4-08-0070 | 小麦麸 | 传统制粉工艺 NY/T 2 级 | 87.0 | 14.3 | 4.0 | 6.8 | 57.1 | 4.8 | 0.10 | 0.93 | 0.24 | 9.33 |
| 4-08-0041 | 米　糠 | 新鲜，不脱脂 NY/T 2 级 | 87.0 | 12.8 | 16.5 | 5.7 | 44.5 | 7.5 | 0.07 | 1.43 | 1.10 | 12.64 |
| 4-10-0025 | 米糠饼 | 未脱脂，机榨 NY/T 1 级 | 88.0 | 14.7 | 9.0 | 7.4 | 48.2 | 8.7 | 0.14 | 1.69 | 0.22 | 12.51 |
| 4-10-0018 | 米糠粕 | 浸提或预压浸提，NY/T 1 级 | 87.0 | 15.1 | 2.0 | 7.5 | 53.6 | 8.8 | 0.15 | 1.82 | 0.24 | 11.55 |
| 5-09-0128 | 全脂大豆 | 湿法膨化，生大豆 NY/T 2 级 | 88.0 | 35.5 | 18.7 | 4.6 | 25.2 | 4.0 | 0.32 | 0.40 | 0.25 | 17.74 |
| 5-10-0241 | 大豆饼 | 机榨 NY/T 2 级 | 89.0 | 41.8 | 5.8 | 4.8 | 30.7 | 5.9 | 0.31 | 0.50 | 0.25 | 14.39 |
| 5-10-0103 | 大豆粕 | 去皮，浸提或预压浸提 NY/T 1 级 | 89.0 | 47.9 | 1.0 | 4.0 | 31.2 | 4.9 | 0.34 | 0.65 | 0.19 | 15.06 |

续附表1

| 饲料号 | 饲料名称 | 饲料描述 | 干物质(%) | 粗蛋白质(%) | 粗脂肪(%) | 粗纤维(%) | 无氮浸出物(%) | 粗灰分(%) | 钙(%) | 总磷(%) | 非植酸磷(%) | 消化能(兆焦/千克) |
|---|---|---|---|---|---|---|---|---|---|---|---|---|
| 5-10-0118 | 棉籽饼 | 机榨 NY/T 2级 | 88.0 | 36.3 | 7.4 | 12.5 | 26.1 | 5.7 | 0.21 | 0.83 | 0.28 | 9.92 |
| 5-10-0119 | 棉籽粕 | 浸提或预压浸提 NY/T 1级 | 90.0 | 47.0 | 0.5 | 10.2 | 26.3 | 6.0 | 0.25 | 1.10 | 0.38 | 9.41 |
| 5-10-0183 | 菜籽饼 | 机榨 NY/T 2级 | 88.0 | 35.7 | 7.4 | 11.4 | 26.3 | 7.2 | 0.59 | 0.96 | 0.33 | 12.05 |
| 5-10-0116 | 花生仁饼 | 机榨 NY/T 2级 | 88.0 | 44.7 | 7.2 | 5.9 | 25.1 | 5.1 | 0.25 | 0.53 | 0.31 | 12.89 |
| 1-10-0031 | 向日葵仁饼 | 壳仁比为35∶65 NY/T 3级 | 88.0 | 29.0 | 2.9 | 20.4 | 31.0 | 4.7 | 0.24 | 0.87 | 0.13 | 7.91 |
| 5-10-0119 | 亚麻仁饼 | 机榨 NY/T 2级 | 88.0 | 32.2 | 7.8 | 7.8 | 34.0 | 6.2 | 0.39 | 0.88 | 0.38 | 12.13 |
| 5-10-0246 | 芝麻饼 | 机榨,CP40% | 92.0 | 39.2 | 10.3 | 7.2 | 24.9 | 10.4 | 2.24 | 1.19 | 0.00 | 13.39 |
| 5-11-0002 | 玉米蛋白粉 | 同上,中等蛋白产品,CP 50% | 91.2 | 51.3 | 7.8 | 2.1 | 28.0 | 2.0 | 0.06 | 0.42 | 0.16 | 15.61 |

续附表 1

| 饲料号 | 饲料名称 | 饲料描述 | 干物质（%） | 粗蛋白质（%） | 粗脂肪（%） | 粗纤维（%） | 无氮浸出物（%） | 粗灰分（%） | 钙（%） | 总磷（%） | 非植酸磷（%） | 消化能(兆焦/千克) |
|---|---|---|---|---|---|---|---|---|---|---|---|---|
| 5-11-0003 | 玉米蛋白饲料 | 玉米去胚芽去淀粉后的含皮残渣 | 88.0 | 19.3 | 7.5 | 7.8 | 48.0 | 5.4 | 0.15 | 0.70 | — | 10.38 |
| 4-10-0026 | 玉米胚芽饼 | 玉米湿磨后的胚芽，机榨 | 90.0 | 16.7 | 9.6 | 6.3 | 50.8 | 6.6 | 0.04 | 1.45 | — | 14.69 |
| 5-11-0007 | DDGS | 玉米啤酒糟及可溶物，脱水 | 90.0 | 28.3 | 13.7 | 7.1 | 36.8 | 4.1 | 0.20 | 0.74 | 0.42 | 14.35 |
| 5-11-0009 | 蚕豆粉浆蛋白粉 | 蚕豆去皮制粉丝后的浆液，脱水 | 88.0 | 66.3 | 4.7 | 4.1 | 10.3 | 2.6 | — | 0.59 | — | 13.5 |
| 5-11-0004 | 麦芽根 | 大麦芽副产品，干燥 | 89.7 | 28.3 | 1.4 | 12.5 | 41.4 | 6.1 | 0.22 | 0.73 | — | 9.67 |
| 5-13-0044 | 鱼粉（CP 64.5%） | 7 样平均值 | 90.0 | 64.5 | 5.6 | 0.5 | 8.0 | 11.4 | 3.81 | 2.83 | 2.83 | 13.18 |
| 5-13-0045 | 鱼粉（CP 62.5%） | 8 样品平均值 | 90.0 | 62.5 | 4.0 | 0.5 | 10.0 | 12.3 | 3.96 | 3.05 | 3.05 | 12.97 |

续附表1

| 饲料号 | 饲料名称 | 饲料描述 | 干物质(%) | 粗蛋白质(%) | 粗脂肪(%) | 粗纤维(%) | 无氮浸出物(%) | 粗灰分(%) | 钙(%) | 总磷(%) | 非植酸磷(%) | 消化能(兆焦/千克) |
|---|---|---|---|---|---|---|---|---|---|---|---|---|
| 5-13-0046 | 鱼粉(CP 60.2%) | 沿海产的海鱼粉,脱脂,12样平均值 | 90.0 | 60.2 | 4.9 | 0.5 | 11.6 | 12.8 | 4.04 | 2.90 | 2.90 | 12.55 |
| 5-13-0077 | 鱼粉(CP 53.5%) | 沿海产的海鱼粉,脱脂,11样平均值 | 90.0 | 53.5 | 10.0 | 0.8 | 4.9 | 20.8 | 5.88 | 3.20 | 3.20 | 12.93 |
| 5-13-0036 | 血粉 | 鲜猪血喷雾干燥 | 88.0 | 82.8 | 0.4 | 0.0 | 1.6 | 3.2 | 0.29 | 0.31 | 0.31 | 11.42 |
| 5-13-0037 | 羽毛粉 | 纯净羽毛,水解 | 88.0 | 77.9 | 2.2 | 0.7 | 1.4 | 5.8 | 0.20 | 0.68 | 0.68 | 11.59 |
| 5-13-0038 | 皮革粉 | 废牛皮,水解 | 88.0 | 74.7 | 0.8 | 1.6 | — | 10.9 | 4.40 | 0.15 | 0.15 | 11.51 |
| 5-13-0047 | 肉骨粉 | 屠宰下脚料,带骨干燥粉碎 | 93.0 | 50.0 | 8.5 | 2.8 | — | 31.7 | 9.20 | 4.70 | 4.70 | 11.84 |
| 5-13-0048 | 肉粉 | 脱脂 | 94.0 | 54.0 | 12.0 | 1.4 | — | — | 7.69 | 3.88 | — | 11.30 |

续附表 1

| 饲料号 | 饲料名称 | 饲料描述 | 干物质（%） | 粗蛋白质（%） | 粗脂肪（%） | 粗纤维（%） | 无氮浸出物（%） | 粗灰分（%） | 钙（%） | 总磷（%） | 非植酸磷（%） | 消化能(兆焦/千克) |
|---|---|---|---|---|---|---|---|---|---|---|---|---|
| 1-05-0075 | 苜蓿草粉（CP17%） | 一茬，盛花期，烘干，NY/T 2 级 | 87.0 | 17.2 | 2.6 | 25.6 | 33.3 | 8.3 | 1.52 | 0.22 | 0.22 | 6.11 |
| 1-05-0076 | 苜蓿草粉（CP14%～15%） | NY/T 3 级 | 87.0 | 14.3 | 2.1 | 29.8 | 33.8 | 10.1 | 1.34 | 0.19 | 0.19 | 6.23 |
| 5-11-0005 | 啤酒糟 | 大麦酿造副产品 | 88.0 | 24.3 | 5.3 | 13.4 | 40.8 | 4.2 | 0.32 | 0.42 | 0.14 | 9.41 |
| 7-15-0001 | 啤酒酵母 | 啤酒酵母菌粉，QB/T 1940—94 | 91.7 | 52.4 | 0.4 | 0.6 | 33.6 | 4.7 | 0.16 | 1.02 | — | 14.81 |
| 4-13-0075 | 乳清粉 | 乳清，脱水，低乳糖含量 | 94.0 | 12.0 | 0.7 | 0.0 | 71.6 | 9.7 | 0.87 | 0.79 | 0.79 | 14.39 |
| 5-01-0162 | 酪蛋白 | 脱　水 | 91.0 | 88.7 | 0.8 | — | — | — | 0.63 | 1.01 | 0.82 | 17.27 |
| 4-06-0076 | 牛奶乳糖 | 进口，含乳糖80%以上 | 96.0 | 4.0 | 0.5 | 0.0 | 83.5 | 8.0 | 0.52 | 0.62 | 0.62 | 14.10 |

**续附表1**

| 饲料号 | 饲料名称 | 饲料描述 | 干物质(%) | 粗蛋白质(%) | 粗脂肪(%) | 粗纤维(%) | 无氮浸出物(%) | 粗灰分(%) | 钙(%) | 总磷(%) | 非植酸磷(%) | 消化能(兆焦/千克) |
|---|---|---|---|---|---|---|---|---|---|---|---|---|
| 4-06-0077 | 乳　糖 | | 96.0 | 0.3 | — | — | 95.7 | — | — | — | — | 14.77 |
| 4-06-0078 | 葡萄糖 | | 90.0 | 0.3 | — | — | 89.7 | — | — | — | — | 14.06 |
| 4-06-0079 | 蔗　糖 | | 99.0 | 0.0 | 0.0 | — | — | — | 0.04 | 0.01 | 0.01 | 15.90 |
| 4-17-0001 | 牛　脂 | | 100.0 | 0.0 | ≥99 | 0.0 | — | — | 0.0 | 0.0 | 0.0 | 33.47 |
| 4-17-0005 | 菜籽油 | | 100.0 | 0.0 | ≥99 | 0.0 | — | — | 0.0 | 0.0 | 0.0 | 36.65 |
| 4-17-0008 | 棉籽油 | | 100.0 | 0.0 | ≥99 | 0.0 | — | — | 0.0 | 0.0 | 0.0 | 35.98 |
| 4-17-0010 | 花生油 | | 100.0 | 0.0 | ≥99 | 0.0 | — | — | 0.0 | 0.0 | 0.0 | 36.53 |
| 4-17-0012 | 大豆油 | 粗　制 | 100.0 | 0.0 | ≥99 | 0.0 | — | — | 0.0 | 0.0 | 0.0 | 36.61 |

说明:资料引自《中国饲料成分及营养价值表》(2008年第19版)

**附表 2　无机来源的微量元素和估测的生物学利用率**

| 微量元素与来源 | | 化学分子式 | 元素含量（%） | 相对生物学利用率（%） |
|---|---|---|---|---|
| 铁 Fe | 一水硫酸亚铁 | $FeSO_4 \cdot H_2O$ | 30.0 | 100 |
| | 七水硫酸亚铁 | $FeSO_4 \cdot 7H_2O$ | 20.0 | 100 |
| | 碳酸亚铁 | $FeCO_3$ | 38.0 | 15～80 |
| 铜 Cu | 五水硫酸铜 | $CuSO_4 \cdot 5H_2O$ | 25.2 | 100 |
| | 氯化铜 | $Cu_2(OH)_3Cl$ | 58.0 | 100 |
| | 一水碳酸铜 | $CuCO_3 \cdot Cu(OH)_2 \cdot H_2O$ | 50.0～55.0 | 60～100 |
| | 无水硫酸铜 | $CuSO_4$ | 39.9 | 100 |
| 锰 Mn | 一水硫酸锰 | $MnSO_4 \cdot H_2O$ | 29.5 | 100 |
| | 四水氯化锰 | $MnCl_2 \cdot 4H_2O$ | 27.5 | 100 |
| 锌 Zn | 一水硫酸锌 | $ZnSO_4 \cdot H_2O$ | 35.5 | 100 |
| | 七水硫酸锌 | $ZnSO_4 \cdot 7H_2O$ | 22.3 | 100 |
| | 碳酸锌 | $ZnCO_3$ | 56.0 | 100 |
| | 氯化锌 | $ZnCl_2$ | 48.0 | 100 |
| 碘 I | 乙二胺双氢碘化物 | $C_2H_8N_22HI$ | 79.5 | 100 |
| | 碘酸钙 | $Ca(IO_3)_2$ | 63.5 | 100 |
| | 碘化钾 | $KI$ | 68.8 | 100 |
| 硒 Se | 亚硒酸钠 | $Na_2SeO_3$ | 45.0 | 100 |
| | 十水硒酸钠 | $Na_2SeO_4 \cdot 10H_2O$ | 21.4 | 100 |
| 钴 Co | 六水氯化钴 | $CoCl_2 \cdot 6H_2O$ | 24.3 | 100 |
| | 七水硫酸钴 | $CoSO_4 \cdot 7H_2O$ | 21.0 | 100 |
| | 一水硫酸钴 | $CoSO_4 \cdot H_2O$ | 34.1 | 100 |
| | 一水氯化钴 | $CoCl_2 \cdot H_2O$ | 39.9 | 100 |

说明：表中数据来源于《中国饲料学》(2000，张子仪主编)及《猪营养需要》(NRC，1998)中相关数据